21 世纪全国高等院校材料类创新型应用人才培养规划教材

材料表面处理技术与工程实训

编 著　柏云杉

参 编　邵 荣　陈 松

U0194490

北京大学出版社

PEKING UNIVERSITY PRESS

内 容 简 介

本书介绍了材料表面前处理、电镀、化学镀、转化膜、微细加工技术和电极修饰技术以及其他表面处理技术，涵盖电化学、化学、物理学和材料学等学科领域，题材来源于工程实际。

本书内容分为材料表面处理技术、材料表面处理实验和材料表面处理综合实训三部分。

本书可供高等院校应用化学、材料化学、材料物理等相关专业的师生使用，也可供其他相关专业人员参考使用。

图书在版编目(CIP)数据

材料表面处理技术与工程实训/柏云杉编著. —北京：北京大学出版社，2013.2
(21 世纪全国高等院校材料类创新型应用人才培养规划教材)
ISBN 978-7-301-22064-1

Ⅰ.①材… Ⅱ.①柏… Ⅲ.①金属表面处理—高等学校—教材 Ⅳ.①TG17

中国版本图书馆 CIP 数据核字(2013)第 022872 号

书　　　　名：材料表面处理技术与工程实训
著作责任者：柏云杉　编著
策 划 编 辑：童君鑫
责 任 编 辑：童君鑫　黄红珍
标 准 书 号：ISBN 978-7-301-22064-1/TG·0041
出 版 发 行：北京大学出版社
地　　　　址：北京市海淀区成府路 205 号　　100871
网　　　　址：http://www.pup.cn　新浪官方微博：@北京大学出版社
电 子 信 箱：pup_6@163.com
电　　　　话：邮购部 62752015　发行部 62750672　编辑部 62750667　出版部 62754962
印 刷 者：北京富生印刷厂
经 销 者：新华书店
　　　　　　787 毫米×1092 毫米　　16 开本　14 印张　318 千字
　　　　　　2013 年 2 月第 1 版　　2014 年 12 月第 2 次印刷
定　　　　价：30.00 元

21 世纪全国高等院校材料类创新型应用人才培养规划教材

编审指导与建设委员会

成员名单 （按拼音排序）

白培康 （中北大学）	陈华辉 （中国矿业大学）
崔占全 （燕山大学）	杜彦良 （石家庄铁道大学）
杜振民 （北京科技大学）	耿桂宏 （北方民族大学）
关绍康 （郑州大学）	胡志强 （大连工业大学）
李 楠 （武汉科技大学）	梁金生 （河北工业大学）
林志东 （武汉工程大学）	刘爱民 （大连理工大学）
刘开平 （长安大学）	芦 笙 （江苏科技大学）
裴 坚 （北京大学）	时海芳 （辽宁工程技术大学）
孙凤莲 （哈尔滨理工大学）	孙玉福 （郑州大学）
万发荣 （北京科技大学）	王春青 （哈尔滨工业大学）
王 峰 （北京化工大学）	王金淑 （北京工业大学）
王昆林 （清华大学）	卫英慧 （太原理工大学）
伍玉娇 （贵州大学）	夏 华 （重庆理工大学）
徐 鸿 （华北电力大学）	余心宏 （西北工业大学）
张朝晖 （北京理工大学）	张海涛 （安徽工程大学）
张敏刚 （太原科技大学）	张 锐 （郑州航空工业管理学院）
张晓燕 （贵州大学）	赵惠忠 （武汉科技大学）
赵莉萍 （内蒙古科技大学）	赵玉涛 （江苏大学）

前　言

　　"材料表面处理"是高校应用化学、材料学等专业学生必修的专业基础课程，承接了先期开设的"四大化学"、结构化学、电化学基础与电化学测量、电化学合成等课程，构成了应用化学教学体系。"材料表面处理"课程对于加深学生对理论课知识的理解、训练实验技能、掌握实验测试技术、培养解决实际问题的能力有着重要的作用。

　　本书是根据高等院校"材料表面处理"、"材料表面处理实验"和"材料表面处理综合实验"课程的教学目标，在长期从事材料表面处理教学中不断充实理论和实验教学内容、更新教学仪器和装置的基础上，经过不断总结、修改和改革创新编写而成的。

　　本书具有以下几个特点：①精选教学内容，力求涵盖面更宽，不但适合应用化学、材料化学专业学生使用，而且对化学化工、制药、环境等专业学生同样适用；②尽量吸收反映目前材料表面处理的最新成果、生成实际应用工艺和配方，采用先进且价格适中的实验仪器、装置，更新理论和实验内容；③扩充了综合设计性实验和实训内容，有利于学生综合能力的培养和提高。

　　本书的结构体系分为材料表面处理技术、材料表面处理实验和材料表面处理综合实训三部分，由盐城工学院应用化学与制药工程系组织编写。本书的编写采用分工协作，其中柏云杉负责编写第1章、第2章、第4章、第5章、第8章和第9章；邵荣编写第6章、第7章和第10章；陈松编写第3章、第11章和第12章；柏云杉完成书稿的通读、整理和定稿。本书在编写过程中得到了盐城工学院教务处、盐城工学院化学与生物工程学院的大力支持与帮助；北京大学出版社为本书的出版进行了大量细致的工作；同时，参考了国内同类教材的部分内容；选用了盐城工学院实验中心部分仪器设备照片以及其他工厂部分产品图片，在此一并表示衷心感谢！

　　本书可作为高等院校应用化学、材料化学、材料物理等相关专业的教学用书，也可供其他相关专业人员参考使用。

　　由于编著者水平所限，加之时间仓促，书中疏漏之处在所难免，恳请使用本书的师生多提宝贵意见（E-mail：bys@ycit.edu.cn）。

编著者

2012 年 10 月

目 录

第一篇

材料表面处理技术

第 1 章
材料表面处理概论和分类

 本章学习目标

★ 了解材料表面处理技术及国内外现状；
★ 了解材料表面处理的分类。

 本章教学要点

知识要点	能力要求	相关知识
材料表面处理技术现状	了解材料表面处理技术现状	了解材料表面处理技术现状
材料表面处理的分类	了解材料表面处理的分类	了解材料表面处理的分类

导入案例

人们使用表面处理技术已有悠久的历史。我国战国时就对钢制宝剑进行淬火，使钢表面获得坚硬的刃口。秦始皇的箭簇(图1.1)表面铬含量很高，既耐腐蚀又增加硬度，是表面处理的结果。又如中国古代的鎏金工艺"承旋"(图1.2)酒器，东汉建武年间制，现藏于北京故宫博物院；兽形盒砚(图1.3)，东汉制，1980年出土于陕西临潼姜寨新石器时代墓葬品，由石砚、盒身、盒盖三部分组成。

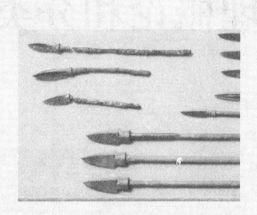

图1.1 箭簇

图1.2 承旋

金属腐蚀现象在日常生活中是司空见惯的。例如，陈旧的汽车、自行车、洗衣机产生的红锈，海边钢结构建筑物的破坏，用铝锅装盐会穿孔，夏日旅行归来，自来水管里流出红水等。金属被腐蚀后严重影响了它的使用性能，其危害的不仅仅是金属本身，更严重的是金属结构遭破坏，如金属工件腐蚀(图1.4)、磨损(图1.5)、断裂(图1.6)。有时，金属结构的价值比起金属本身要大得多，如汽车、飞机及精密仪器等，制造费用远远超过金属的价格。据估计，全世界每年因腐蚀而不能使用的金属制品的质量相当于金属年产量的1/4~1/3。我国每年因腐蚀造成的经济损失至少达200亿元。而在这些损失中，如能充分利用腐蚀与防腐知识加以保护，有近1/4是完全可以避免的。此外，由于

图1.3 兽形盒砚

图1.4 金属工件腐蚀

金属设备腐蚀而引起的停工减产，产品质量下降，爆炸以及大量有用物质（如地下管道输送的油、水、气等）的渗漏等造成的损失也是非常惊人的。因此，做好腐蚀的防护工作，不仅仅是技术问题，而是关系到保护资源、节约能源、节省材料、保护环境、保证正常生产和人身安全、发展新技术等一系列重大的社会和经济问题。

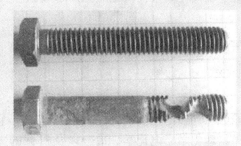

图1.5　金属工件磨损

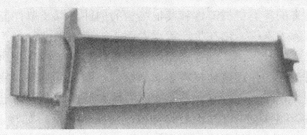

图1.6　金属工件断裂

1.1　概　　论

现代工业要求产品能在更高参数（如高温、高压、高速）、高度自动化和更恶劣的工况条件下长期稳定运转。这就必然对工件表面的抗磨损、耐腐蚀等性能提出了更高的要求。材料表面处理是材料科学与工程技术相结合的交叉学科之一，是应用物理、化学、机械等方法改变固体材料表面状态、表面成分或表面组织结构，获得所要求的性能，以提高产品的可靠性或延长其使用寿命的各种技术的总称。在机械制造、冶金、电子、化工、汽车与船舶制造、能源与动力、航空航天等工业领域中占有举足轻重的地位，越来越受到人们的重视。早在20世纪80年代后期，美国商业部就将材料表面处理技术列入影响21世纪人类生活的七大关键技术之一，与计算机科学、生命科学、新能源技术、新材料技术、信息技术和先进制造技术并列。我国也非常重视材料表面处理技术的发展、创新和应用。

现有的材料表面处理技术种类繁多，分属于不同的学科。例如，化学热处理、表面淬火技术属于金属材料学；电镀与电刷镀、涂装技术属于应用化学；而真空镀膜、离子镀等技术归类于物理电子学等。

随着材料表面处理技术的发展，基材不再局限于金属材料，而是包揽金属、有机、无机、复合等材料领域。对材料表面性能的要求也从一般的装饰防护拓展到机、电、光、声、热、磁等多种特性功能和综合功能领域。表面科学理论及材料表面分析技术的发展，为材料表面处理技术的研究提供了有利条件和科学指导依据。计算机、信息技术的发展，使材料表面处理技术可采用自动化、智能化设备，从而大大减轻了劳动强度，实现了自动化生产和智能管理。引入激光、电子束、离子束等新技术，改革了传统的表面处理工艺，进入了现代化高科技的工业生产领域。

1.2 分　类

表面处理是指为满足特定的工程需求，使材料或零部件表面具有特殊的成分、结构和性能（或功能）的化学、物理方法与工艺，它以表面科学为理论基础，利用各种物理、化学、物理化学、电化学、冶金以及机械的方法和技术，使材料表面得到我们所期望的成分、组织、性能或绚丽多彩的外观。

工业生产制造出来的各类机械零件和其他结构的构件，以及单件能独立工作，具有一定使用功能的制品统称为制件。尚在生产流程中而未竣工的制件称为工件。制件表面是制件材料与制件环境介质的分界面。制件表面的工作条件与内体相比有所不同。表面与环境介质相接触，介质对制件的作用就从材料表面开始，如腐蚀、磨损、疲劳裂纹等。某些电器元件需要改善钎焊性，某些电接触元件需要耐磨性和低接触电阻，电器元件需要改善磁学性能等。因此，改善制件、工件表面层性能的内涵极为广泛，如增进表面光亮和色泽，提高表面的耐蚀性、减摩性、耐磨性、抗氧化性、抗咬合性、耐热性及抵抗疲劳裂纹产生的能力等均在其列。因此为了使制件的表面能满足工作条件的要求，以进行安全可靠地工作，并有足够的使用寿命，在工业生产中常常需要用各种不同的技术手段对某些制件的表面进行处理，以改善制件的表面性能。

1.2.1 按原理和所用技术手段分类

表面处理工艺按其原理和所用技术手段可分为以下几类。

1. 物理处理方法

这类方法通常是通过粘贴、润湿、扩散或物理气相沉积等物理过程使覆盖材料在制件表面形成一层厚度均匀的薄膜。这层薄膜具有良好的化学稳定性，不仅自身不易腐蚀，而且将所保护的制件表面与环境介质隔绝，阻断了环境介质对制件的腐蚀。有的覆盖膜还兼有其他的性能，如耐磨性、耐热性、导电性、绝缘性等。涂漆、橡胶覆盖、塑料覆盖（俗称为"过细"）、搪瓷、热喷涂、热浸镀、真空镀膜（蒸膜）等表面处理方法均属此类。

在物理处理过程中，制件表面和覆盖材料基本上是物理性质的结合，结合的过程是物理过程，这也是本类处理方法的共同点。

2. 化学处理方法

这类方法是在无外电流作用下，利用化学物质相互作用，在工件表面形成镀覆层。其中主要的方法有①化学转化膜处理：在电解质溶液中，金属工件在无外电流作用下，由溶液中化学物质与工件相互作用而在其表面形成镀层的过程，称为化学转化膜处理，如金属表面的发蓝、磷化、钝化、铬盐处理等。②化学镀：在电解质溶液中，工件表面经催化处理，在无外电流作用下，在溶液中由于化学物质的还原作用，将某些物质沉积于工件表面而形成镀层的过程，称为化学镀，如化学镀镍、化学镀铜等。此类方法的处理过程是在特定化学成分的液态介质中进行的，制件表面所获得的保护层是通过化学反应生成的。

3. 电化学处理方法

这类方法是通过在电解液中进行电化学过程，从而对制件表面进行处理的。这类方法是利用电极反应，在工件表面形成膜层。其中主要的方法有①电镀：在电解质溶液中，工件为阴极，在外电流作用下，使工件表面形成镀层的过程，称为电镀。镀层可为金属、合金、半导体或各类固体微粒，如镀铜、镀镍等。②氧化：在电解质溶液中，工件为阳极，在外电流作用下，使其表面形成氧化膜层的过程，称为阳极氧化，如铝合金的阳极氧化。钢铁的氧化处理可用化学或电化学方法。化学方法是将工件放入氧化溶液中，依靠化学作用在工件表面形成氧化膜，如钢铁的发蓝处理。

4. 热处理方法

钢和铸铁件的表面淬火和化学热处理，都属于用热处理改善制件表面性能的方法。表面淬火通过表层预定深度的特定相变来改善制件表面的性能。表面经化学热处理的制件，其表层由于特定化学元素的渗入，除了有金相组织的变化外，还有化学成分的变化。

5. 机械处理方法

各种机械处理方法的共同点是都有力通过不同的介质或媒体作用于制件表面。喷丸和表面液压等都是长期以来在工业生产中广泛使用的机械表面处理方法。

1.2.2　按处理工艺分类

表面处理工艺按其内涵还应该包括以下几类。

1. 表面改性技术

表面改性技术即能够提高材料表面的耐磨性、耐蚀性、抗高温氧化性能，或装饰材料表面，或使材料表面具有各种特殊功能(如电性能、磁性能和光电性能等)的有关工程技术。

2. 表面加工技术

表面加工技术即能够在材料表面加工或制作各种功能结构元器件的有关技术。例如，能够在单晶硅表面制作大规模集成电路的光刻技术、离子刻蚀技术等。

3. 表面合成材料技术

表面合成材料技术即借助各种手段在材料表面合成新材料的技术，如纳米粒子制备过程中的材料表面处理技术、离子注入制备或合成新材料等。

4. 表面加工三维合成技术

表面加工三维合成技术即将二维表面加工累积成三维零件的快速原型制造技术等。

从以上论述可见，表面处理综合了材料科学、冶金学、物理、化学、表面科学各门学科的最新成果，是一门正在迅速发展的新型学科。表面处理研究对象包括固体材料表面层；加工方法为物理法、化学法、电化学法、高真空法、生物高分子法；手段有涂装、处理、扩散及固定化；研究目的及作用为形成特殊功能的表面层及覆盖层，起到装饰、防护、特殊功能(强化、韧化等)作用。表面处理内涵丰富，已在工业生产中广泛使用的表面处理工艺种类繁多，所依据的原理各不相同。在应用时必须放开视野从中选取符合技术要求，而又经济简便的方法。

材料表面处理技术既可对材料表面改性，制备多功能的涂、镀、渗、覆层，成倍延长机件的寿命；又可对产品进行装饰；还可对废旧机件进行修复。归纳起来，材料表面处理技术具有如下的技术特点：

（1）在廉价的基体材料上，对表面施以各种处理，使其获得多功能性（防腐、耐磨、耐热、耐高温、耐疲劳、耐辐射、抗氧化以及光、热、磁、电等特殊功能）、装饰性表面。例如，复合渗硼可以成倍提高材料的耐磨性、热疲劳性、红硬性以及耐蚀性。某些表面处理能使其整体材料得到难以获得的微晶、非晶态等特殊晶型。

（2）表面涂层或改性层甚薄，从微米级到毫米级，但却起到了大量昂贵整体材料难以达到的效果。大幅度节省材料、能源、资源。

（3）延长使用寿命。作为机件、构件的预保护，使之能承受腐蚀与磨损；并使高温机件、构件的耐热性大大提高，延长了使用寿命；作为废旧机件的修复，可使机件的寿命成倍延长。例如，电站的空气预热钢管不经处理，寿命仅有数月，经渗铝处理后寿命至少达10 年，产生了很大的经济效益。

总之，表面工程技术是一种内涵深、外延广、渗透力强、影响面宽的综合而通用性的工程技术。

思 考 题

1. 材料表面处理全面而确切的含意是什么？

2. 举出你比较熟悉的一个产品对材料表面处理技术的需求。

3. 在你所接触的日常生活用品中，哪一件制品的表面处理你最喜欢，为什么？能说出它的表面是怎样处理的吗？

4. 在所接触的日常生活用品中，有哪一件你认为如果能在表面处理上做一些改进，大家就会更喜欢它？你对它的改进有具体设想吗？

5. 什么是表面改性？什么是表面加工？二者有什么区别？

第 2 章
材料表面处理的理论基础

 本章学习目标

★ 了解固体的界面特点;

★ 理解金属腐蚀与防护的原理;

★ 掌握电极极化和金属的电沉积的原理。

 **本章教学要点**

知识要点	能力要求	相关知识
固体的界面特点	了解固体的界面特点	固体的界面、表面晶体结构、TLK 模型、表面扩散原理
金属腐蚀与防护的原理	理解金属腐蚀与防护的原理	各种类型的常见金属腐蚀与防护原理及金属表面的极化、钝化和活化
电极极化和金属的电沉积的原理	掌握电极极化和金属的电沉积的原理	掌握电极极化、金属的阳极过程和金属的电沉积过程原理

导入案例

埋设在地下，用低碳钢板焊接的大型储油罐，常用一根有绝缘外皮的铜导线与一大块锌板相连接（其间有良好的电接触），并一同埋于地下（图2.1）。能从理论和经济性方面说明这一举措的意义吗？

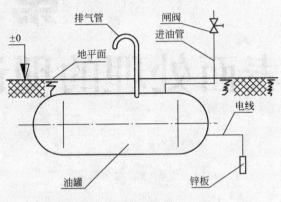

图 2.1　大型储油罐安装示意图

材料表面处理是赋予材料或零部件表面以特殊的成分、结构和性能（或功能）的化学、物理方法与工艺，它的实施对象是固体材料的表面。因此掌握材料表面与界面的基础知识是正确选择与运用材料表面处理的基础。

2.1　固体的界面

工程材料中，大部分材料属于晶体，如金属、陶瓷和许多高分子材料。一般，将固相和气相之间的分界面称为表面，把固相之间的分界面称为界面。不同凝聚相之间的分界面称为相界面，同一相中晶粒之间的分界面称为晶界。晶粒度小到微米级以下的晶粒，称为微晶；当晶粒度小到1nm数量级时，则晶体结构的远程有序消失，物质呈非晶态。一般来说，固体表面是指"固气"界面或"固液"界面。前者实际上是由凝聚态物质靠近气体或真空的一个或几个原子层（0.5～10nm）组成，是凝聚态对气体或真空的一种过渡。正是上述原因造成了固体材料表面与固体材料体内不同：原子排列不同（图2.2）和组分不同（图2.3）。

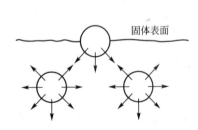

图 2.2　固体材料表面与固体材料体内原子排列不同

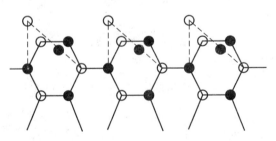

图 2.3　固体材料表面与固体材料体内原子组分不同 GaAs (110)面，实线—晶体内，虚线—晶体表面

2.1.1 典型固体表面

1. 理想表面

理想表面是理论探讨的基础，可以想象为无限晶体中插进一个平面，将其分成两部分后所形成的表面，并认为半无限晶体中的原子位置和电子密度都和原来的无限晶体一样。通俗地说，就是将晶体切开后形成的表面(图 2.4)。理想表面结构是一种理论上的结构完整的二维点阵平面。这里忽略了晶体内部周期性热场对晶体中断的影响；忽略了表面上原子的热运动以及出现的缺陷和扩散现象；忽略了表面外界环境的作用等。显然，自然界中很难获得这种理想表面。

由于在垂直于表面方向上，晶内原子排列呈周期性的变化，而表面原子的近邻原子数减少，使得其拥有的能量大于晶体内部原子的能量。超出的能量正比于减少的键数，该部分能量即为材料的表面能。表面能的存在使得材料表面易于吸附其他物质。

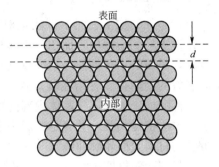

图 2.4 理想表面示意图

2. 洁净表面与清洁表面

尽管材料表层原子结构的周期性不同于体内，但如果其化学成分仍与体内相同，这种表面就称为洁净表面，它是相对于理想表面和受环境气氛污染的实际表面而言的。洁净表面允许存在吸附物，但其覆盖的概率应该非常低。显然，洁净表面只有用特殊的方法才能得到，如高温热处理、离子轰击、加热退火、真空沉积、场致蒸发等。在高洁净度的表面上，可以发生多种与体内不同的结构和成分变化，如弛豫、重构、台阶化、偏析和吸附。弛豫是指表面附近的点阵常数在垂直方向上较晶体内部发生明显的变化(图 2.5)，表面层之间以及表面和体内原子层之间的垂直间距 d_s 和体内原子层间距 d_0 相比有所膨胀和压缩的现象，可能涉及几个原子层。重构则是指表面原子在水平方向的周期性不同于体内的晶面(图 2.6)，但在垂直方向上的层间间距 d_0 与体内相同。台阶化是指实际晶体的外表面不是平面，由规则或不规则的许多密排面的台阶构成(图 2.7)，伴有新相的形成，化学组分在表面区发生变化。偏析和析出的区别在于前者结构不变，后者则伴有新相的形成。

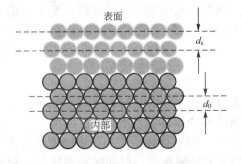

图 2.5 洁净表面弛豫示意图

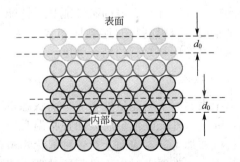

图 2.6 洁净表面重构示意图

与洁净表面相对应的概念是清洁表面。清洁表面一般指零件经过清洗(除油、除锈等)

以后的表面，与洁净表面必须用特殊的方法才能得到不同，清洁表面工业上易于实现，只要经过常规的清洗过程即可。洁净表面的"清洁程度"比清洁表面高。

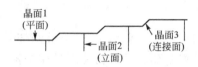

图 2.7　洁净表面台阶化示意图

洁净表面与清洁表面这一对概念很重要。在材料表面处理技术中获得各种涂层或镀膜之前，为了保证涂镀层与基体材料之间有良好的结合，常常需要采取各种预处理工艺获得清洁表面，微电子工业中的气相沉积技术和微细加工技术一般需要洁净表面甚至超洁净表面。

3. 机械加工过的表面

实际零件的加工表面不可能绝对平整光滑，而是由许多微观不规则的凸峰与凹峰组成。评价实际加工零件表面的微观形貌，一般从垂直于表面的二维截面上测量、分析其轮廓变化。表面的不平整性包括波纹度和粗糙度两个概念，前者指在一段较长距离内出现一个峰和谷的周期，后者指在较短距离内（$2\sim800\mu m$）出现的凹凸不平（$0.03\sim400\mu m$）。此外，零件的加工表面还与基体内部的物理、机械性能有关。实践表明，材料表面的粗糙度与加工方法密切相关，尤其是最后一道加工工序起着决定性的作用。图 2.8 给出了不同加工方法的材料表面轮廓曲线。

材料表面粗糙度 i 的表示方法有很多。最常用的是采用轮廓的算术平均偏差 R_a，其表达式如下：

$$R_a = \frac{1}{n}\sum_{i=1}^{n}|y_i| \qquad (2-1)$$

式中，y_i 为波峰或者波谷的绝对值；n 为测量的波峰或者波谷的个数。

描述材料表面粗糙度的另一个表达式如下：

$$i = A_i/A_1 \qquad (2-2)$$

式中，A_i 为真实面积；A_1 为 A_i 的投影面积，即理想的几何学面积。显然，$i \geqslant 1$。

材料的表面粗糙度是材料表面处理技术中最重要的概念之一。它与材料表面处理技术特征及实施前的预备工艺紧密联系，并严重影响材料的

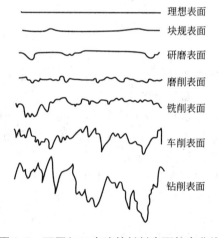

图 2.8　不同加工方法的材料表面轮廓曲线

摩擦磨损、腐蚀性能、表面磁性能和电性能等。例如，在气相沉积技术前，要求表面有很高的平整度，以提高膜的连续性和致密性。热喷涂工艺施工前则要求表面有一定的粗糙度，以提高涂层与基材的结合强度。

4. 一般表面

由于表面原子的能量处于非平衡状态，一般会在固体表面吸附一层外来原子。对金属而言，除金以外，其他金属表面在常温常压下会被氧化膜覆盖（图 2.9）。因此，一般的零件经过机械加工后，表面上有各种氧化物覆盖（图 2.10）。为此，大部分表面覆层技术在工艺实施之前，都要求对表面进行预处理，清除掉表面的氧化皮，以便提高覆层与基材的结合强度。这些预处理工艺往往是材料表面处理技术能否成功实施的关键，须引起充分重视。

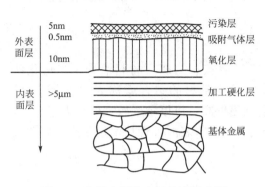

图 2.9　金属表面的实际构成示意图

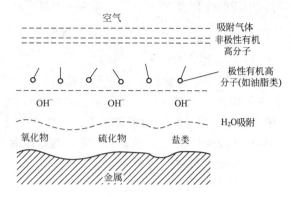

图 2.10　金属材料在工业环境中被污染的
实际表面示意图

2.1.2　典型固体界面

材料科学所定义的界面通常指两个块体相之间的过渡区，其空间尺度决定于原子间力作用影响范围的大小，其状态决定于材料和环境条件特性。按照界面的形成过程与特点，最常见的界面类型有如下几种。

1. 基于固相晶粒尺寸和微观结构差异形成的界面

当外力作用于金属表面时，在距离表面几微米范围内，其显微组织有较大的变化。例如，抛光金属的表面组织，在离表面约 5nm 的区域内，点阵发生强烈畸变，形成厚度 1～100nm 的晶粒极微小的微晶层，也称为贝尔比(Bilby)层，它具有黏性液体膜似的非晶态外观，不仅能将表面覆盖得很平滑，而且能流入裂缝或划痕等表面不规则处。贝尔比层的下面为塑变层，塑变程度与深度有关。例如，用 600 号 SiC 砂纸研磨黄铜时，其塑变层一般可达 1～10μm。单晶体的塑变层比多晶体的塑变层深，大致与材料的硬度成反比。钢的塑变层内珠光体中的碳化物破碎成微细粒状组织(图 2.11)。此外，机械加工中在高应力、高温度的作用下还可能产生孪晶、诱导相变和再结晶等。

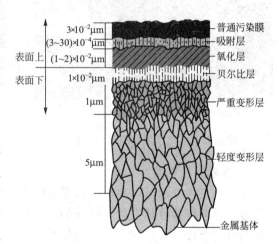

图 2.11　金属表面组成示意图

2. 基于固相组织或晶体结构差异形成的界面

这种界面的典型特征是两相之间的微观成分与组织存在很大的差异，但无宏观成分上的明显区别。例如，钢中的珠光体是由铁素体与渗碳体组成，两者的微观成分与性能存在明显差别。又如，钢表面淬火时，表层的显微组织以马氏体为主，而心部组织仍然保持着原来的退火或正火状态。在表层与心部之间存在一过渡区，由部分马氏体和部分铁素体、珠光体混合而成。这种相界面虽然在微观尺度的晶体结构上有明显的突变，但从宏观来看，组织的变化存在一个渐变区域。因此，材料在服役过程中不存在表面层剥落等情况。

3. 基于固体宏观成分差异形成的界面

1）冶金结合界面

当履层与基体材料之间的界面结合是通过处于熔融状态的履层材料沿处于半熔化状态下的固体基材表面向外凝固结晶而形成时，覆层与基材的结合就称为"冶金结合"（图2.12）。冶金结合的实质是金属键结合，结合强度很高，可以承受较大的外力或载荷，不易在服役过程中发生剥落。能够获得这种冶金结合的材料表面处理技术包括激光熔覆技术、各种堆焊与喷焊技术等。

2）扩散结合界面

两个固体直接接触，通过抽真空、加热、加压、界面扩散和反应等途径所形成的结合界面即为扩散结合界面（图2.13），其特点是覆层与基材之间的成分呈梯度变化，并形成了原子级别的混合或合金化。可以获得扩散结合界面的材料表面处理技术主要为热扩散工艺。离子注入工艺获得的界面可以看成扩散结合界面的一种特殊形式，有时也称为"类扩散"界面，因为它是靠高能量的粒子束强行进入基材内部的。扩散结合界面的实质是金属键结合，结合强度很高。因此，人们也将其看成冶金界面的形式之一。

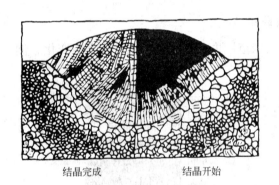

结晶完成　　　　　结晶开始

图 2.12　熔池金属的凝固（结晶）

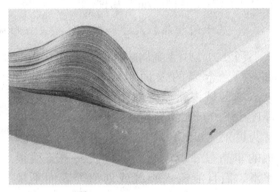

图 2.13　分子扩散焊软连接

3）外延生长界面

当工艺条件合适时，在单晶衬底表面沿原来的结晶轴生成一层晶格完整的新单晶层的工艺过程，就称为外延生长，形成的界面称为外延生长界面。外延生长工艺主要有两类：一种是气相外延，如化学气相沉积技术；另一种是液相外延，如电镀技术等（图2.14）。在

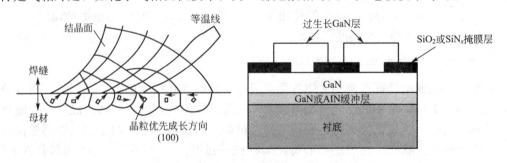

图 2.14　横向过生长方法工艺示意图

实际工艺过程中，外延的程度取决于基体或衬底材料与外延层的晶格类型和常数。以电镀为例，在两种金属是同种，或虽然不是同种但晶格常数相差不大的情况下都可以出现外延，外延厚度可达 0.1～400nm。由于外延生长界面在覆层与基材或衬底之间的晶体取向一致，因此两者原则上应有较好的结合强度。但具体的结合强度高低则应该取决于所形成的单晶层与衬底的结合键类型，如分子键、共价键、离子键或金属键等。

4) 化学键结合界面

当覆层材料与基材之间发生化学反应，形成成分固定的化合物时，两种材料的界面就称为化学键结合界面。例如，在钛合金的表面气相沉积一层 TiN 和 TiC 薄膜，TiN 和 TiC 中的碳原子将部分与基体金属中的 Ti 原子作用，形成 Ti—N、Ti—C 化学键。可以获得化学键结合的材料表面处理技术主要有物理和化学气相沉积技术、离子注入技术、扩渗技术、化学转化膜技术、阳极氧化和化学氧化技术等。化学键结合的优点是结合强度较高，缺点是界面的真心性较差，在冲击载荷或热冲击作用下，容易发生脆性断裂或剥落。此外，材料表面发生粘连、氧化、腐蚀等化学作用时也会产生化学键结合界面。

5) 分子键结合界面

分子键结合界面是指涂(镀)层与基材表面以范德华力结合的界面。这种界面的特征是覆层与基材(或衬底)之间未发生扩散或化学作用。部分物理气相沉积层(图 2.15)、涂装技术中有机粘结涂层与基材的结合界面等均属于典型的分子键结合界面。

6) 机械结合界面

机械结合界面指覆层与基材的结合界面主要通过两种材料相互镶嵌的机械边疆作用而形成。材料表面处理技术中覆层与基体之间以机械结合的主要包括热喷涂(图 2.16)与包镀技术等。

图 2.15 物理气相沉积 TiN 工件

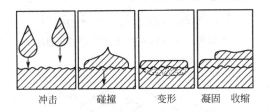

冲击　　碰撞　　变形　　凝固　收缩

图 2.16 热喷涂涂层形成过程示意图

以上所述基本上概括了各种典型的界面结合状态。实际上，表面改性层中的所形成实际界面的结合机理常常是上述几种机理的综合。

2.1.3 表面晶体结构

表面科学中，任何一个二维周期结构的重复性都可用一个二维布拉维格子(点阵)加上结点(阵点)来描述。这种晶格呈二维周期排列形成点阵，每个结点周围的情况是一样的

（表 2-1，图 2.17）。

表 2-1　5 种可能的布拉维点阵

名称	格子符号	基矢之间的关系	晶系
斜交	P	$|a| \neq |b|$；$\gamma \neq 90°$	斜方
正交	P	$|a| \neq |b|$；$\gamma = 90°$	长方
有心正交	C	$|a| \neq |b|$；$\gamma = 90°$	长方
正方	P	$|a| = |b|$；$\gamma = 90°$	正方
六方	P	$|a| = |b|$；$\gamma = 120°$	六角

晶体表面的最外层往往不是一个原子级的平面，从而造成其熵值较小，自由能比较高，所以洁净表面必然存在各种类型的表面缺陷（图 2.18）才能得到最小的表面能，如体内缺陷在表面的露头、点缺陷、台阶、弯折等（图 2.19）。

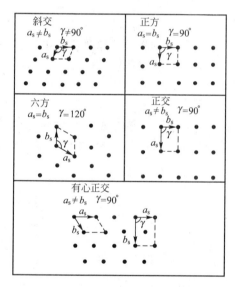

图 2.17　5 种可能的布拉维点阵
（图中画出了每种布拉维点阵初基元胞）

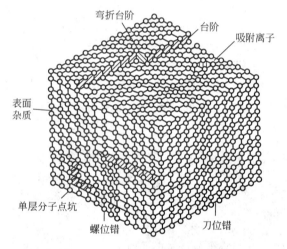

图 2.18　晶体表面缺陷示意图

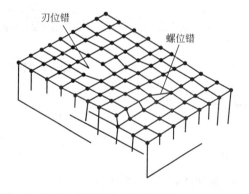

图 2.19　位错在表面平台上造成的台阶和空心示意图

在描述表面晶体结构方面有许多物理模型。其中最著名的是由考塞尔（Kossel）及斯特朗斯基（Stranski）提出的平台（terrace）—台阶（ledge）—扭折（kink）模型，又简称 TLK 模型。其基本思想是在温度相当于 0K 时，表面原子结构呈静态。表面原子层可认为是理想平面，其中的原子作完整二维周期性排列，且不存在缺陷和杂质。当温度从 0K 升到 TK 时，由于原子热运动，晶体表面将产生低晶面指数的平台、一定密度的单分子或原子高度的台阶、单分子或原子尺度的扭折以及表面吸附的单原子及表面空位等，如图 2.20 所示。

表面区的每个原子都可以用其最近邻数 N 来描述。如果平台为面心立方的(111)面，则平台上吸附原子的 N 为 3，吸附原子对所具有的 N 为 4，台阶上的吸附原子数 N 为 5，台阶扭折处的 N 为 6，台阶内原子的 N 为 7，处于平台内原子的 N 为 9，如图 2.20

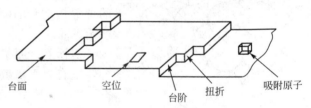

台面　　　　空位　　　台阶　扭折　　吸附原子

图 2.20　表面晶体结构

所示。根据 TLK 模型，台阶一般是比较光滑的。随着温度的升高，其中的扭折数会增加。扭折间距 λ_0 和温度 T 及晶面指数 k 有关，它可由以下关系式来描述：

$$\lambda_0 = \frac{a}{2}\exp\left(\frac{E_L}{kT}\right) \qquad (2-3)$$

式中，a 为原子间距；E_L 为台阶的生成能。据分析，面心立方晶体(111)面上台阶 $[11]$ 的 λ_0 约为 $4a$，而简单立方晶体(100)晶面上台阶 $[10]$ 的 λ_0 约为 $30a$。

除了台阶、扭折和吸附原子外，实际表面上还存在大量各种类型的缺陷，如原子空位、位错露头和晶界痕迹等物理缺陷，材料组分和杂质原子偏析等化学缺陷。它们对固体材料的表面状态和表面形成过程都有影响。

图 2.20 所示的表面晶体结构对理解表面处理工程技术的许多过程甚为重要。例如，气相沉积和电镀时，原子的沉积过程一般都是在晶体表面的扭折或台阶处率先形核，再通过扩散逐渐长大的，因为这样所需要的热力学驱动力最小。晶体表面各种缺陷浓度的高低，也直接影响表面扩散速度和物理、化学吸附过程的进行。

2.1.4　表面扩散

物质中原子(分子)的迁移现象称为扩散。物质的扩散过程遵循菲克(Fick)扩散第一定律(式(2-4)，扩散流量与浓度的关系)和扩散第二定律(式(2-5)，浓度与扩散时间的关系)。

$$J = -D\frac{\mathrm{d}C}{\mathrm{d}x} \qquad (2-4)$$

$$\frac{\partial C}{\partial t} = D_x\frac{\partial^2 C}{\partial x^2} + D_y\frac{\partial^2 C}{\partial y^2} + D_z\frac{\partial^2 C}{\partial z^2} \qquad (2-5)$$

扩散过程中原子平均(垂直)扩散距离 $\overline{X}$ 如下：

$$\overline{X} = c\sqrt{Dt} \qquad (2-6)$$

式中，t 为扩散时间；c 为几何因素所决定的常数；D 为扩散系数。

在一定的条件下，扩散快慢主要取决于扩散系数 D，其大小与温度和扩散激活能 Q 等参数有关，可表示如下：

$$D = D_0 e^{-\frac{Q}{RT}} \qquad (2-7)$$

扩散激活能 Q 的大小不仅取决于材料的晶体结构、固溶体的类型、合金元素的浓度与含量，还和扩散的途径有很大关系。

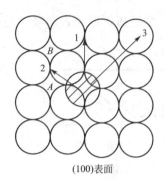

图 2.21 吸附原子在(100)
表面上的扩散路径

固体表面原子或分子要从一个位置移到另一个位置，必须克服一定的位垒(扩散激活能 Q)，而且要达到的位置是空着的(有缺陷)，基本原理如图 2.21 和图 2.22 所示。

实际上，原子的扩散途径除了最基本的体扩散过程外，还有表面扩散、晶界扩散和位错扩散(图 2.23)。后3 种扩散都比第一种扩散快，又称为短路扩散。在扩散传质中，固体表面的原子活动能力最高，其次为界面原子，再次为位错原子，体内原子的活动能力最低，故激活能 $Q_表 < Q_界 < Q_位 < Q_体$，扩散系数 $D_表 > D_界 > D_位 > D_体$。

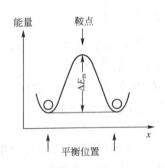

图 2.22 表面吸附原子扩散能量

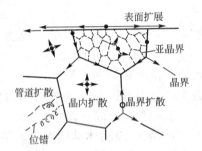

图 2.23 固态晶体中的各种扩散

2.1.5 表面能及表面张力

1. 表面能

表面能的含义是每增加单位表面积时，体系自由能的增量，单位是 J/m^2。固体表面上的质点与晶体内部相比，处于一个较高的能量状态，所以表面积增加，体系的自由能就增加。也就是说，要形成一个新表面，外界必须对体系做功，表面粒子的能量高于体系内部粒子的能量，高出的那部分能量通常称为表面过剩能，简称表面能。固体的表面能可以通过实验测定或理论计算来确定。实验方法一般是将固体熔化，测定液态表面张力与温度的关系，作图外推到凝固点以下来估算固体的表面张力。

下面介绍两种近似的计算方法。

共价键晶体表面能：共价键晶体不必考虑长程力的作用，表面能(u_s)即是破坏单位面积上的全部键所需能量(u_b)的一半。

$$u_s = \frac{1}{2} u_b \qquad (2-8)$$

以金刚石表面能计算为例，若解理面平行于(111)面，可计算出每平方米上有 1.83×10^{19} 个键，若取键能为 $376.6 kJ/mol$，则可算出表面能：

$$u_s = \frac{1}{2} \times 1.83 \times 10^{19} \times \frac{376.6 \times 10^3}{6.022 \times 10^{23}} = 5.72 (J/m^2)$$

离子晶体表面能：为了计算固体的表面自由能，我们取真空中绝对零度下一个晶体的表面模型，并计算晶体中一个原子(或离子)移到晶体表面时自由能的变化。

一个原子(或离子)在内部和表面的内能之差：

$$(\Delta U)_{SV} = U_{ib} - U_{is} \tag{2-9}$$

$$(\Delta U)_{SV} = \left[\frac{n_{ib}u_{ib}}{2} - \frac{n_{is}u_{is}}{2} \right] = \frac{n_{ib}u_{ib}}{2} \left[1 - \frac{n_{is}}{n_{ib}} \right] = \frac{U_0}{N} \left[1 - \frac{n_{is}}{n_{ib}} \right] \tag{2-10}$$

如果用 L_S 表示 $1m^2$ 表面上的原子数，从式(2-10)可得到：

$$\frac{L_S U_0}{N} \left(1 - \frac{n_{is}}{n_{ib}} \right) = (\Delta U)_{SV} \cdot L_S = \gamma_0 \tag{2-11}$$

以计算 MgO 的(100)面的 γ_0 为例，与结果实测的 γ 进行比较。MgO 晶体 $U_0 = 3.93 \times 10^3 J/mol$，$L_S = 2.26 \times 10^{19}/m^2$，$N_A = 6.022 \times 10^{23} mol^{-1}$，$n_{ib}/n_{is} = 5/6$。

计算得到 $\gamma_0 = 24.5 J/m^2$。在 77K 下，真空中测得 MgO 的 γ 为 $1.28 J/m^2$。实测值比理想表面能值低的原因：①表面层形成双电层结构，实际上等于减少了表面上的原子数 L_S；②实际上晶体内部和外部的离子键作用能不等，$u_{ib} \neq u_{is}$；③表面不是理想的平面。

表面物理中，严格意义上的表面能应该是指材料表面的内能，它包括原子的动能、原子间的势能，以及原子中原子核和电子的动能和势能等。因为这种意义上的表面内能无法测量其绝对值，常用表面自由能来描述材料表面能量的变化，其物理意义是指产生 $1cm^2$ 新表面所需消耗的等温可逆功。若不考虑重力，一定体积的液体平衡时总取圆球状，因为这样表面积最小，表面能最低。固体的外表面总是由若干种原子排列不同的晶面组成的，一定体积的固体必然要构成总的表面自由能最低的形态。

2. 表面张力

表面张力是表面能的一种物理表现，是由于原子间的作用力以及在表面和内部的排列状态的差别而引起的。固体金属的表面张力 γ 通常用两种方法测定：一种是由晶体和其粉末比热的差别求出表面的比热，由对应的温度变化算出 γ；另一种是用解理单晶需要的功来表示 γ。但由于位于表面的晶面各种各样，表面微观形态复杂多变，晶格缺陷存在的程度也不相同，很难测得准确值。

2.1.6　表面物理吸附和化学吸附

1. 吸附的基本特性

前已述及，物体表面上的原子或分子力场不饱和，有吸引周围其他物质(主要是气体、液体)分子的能力，即所谓的吸附作用。吸附是固体表面最重要的性质之一。

固体表面的吸附可分为物理吸附和化学吸附两类。物理吸附中固体表面与被吸附分子之间的力是范德华力，物理吸附对温度很敏感，提高温度容易发生解吸，所以物理吸附是可逆的。在化学吸附中，吸附原子与固体表面之间的结合力和化合物中原子间形成化学键的力相似，比范德华力大得多，从热力学角度讲，化学吸附的自由能减小要比物理吸附大得多，状态更稳定，而且是不可逆的过程。因此两种吸附所放出的热量也相差悬殊。两者的基本区别见表 2-2。

表 2-2　物理吸附和化学吸附的区别

	物理吸附	化学吸附
吸附热	近于液化热(1~40kJ/mol)	近于反应热(>40kJ/mol)
吸附力	范德华力　弱	化学键力　强
吸附层	单分子层或多分子层	仅单分子层
吸附选择性	无	有
吸附速率	快	慢
吸附活化能	不需	需要且很高
吸附温度	低温	较高温度
吸附层结构	基本同吸附质分子结构	形成新的化合态

2. 固体对气体的吸附

任何气体在其临界温度以下，都会被吸附于固体表面，即发生物理吸附。物理吸附不发生电子的转移，最多只有电子云中心位置的变化。而在化学吸附中，吸附剂和固体表面之间有电子的转移，二者产生了化学键力。物理吸附往往很容易解吸，为可逆过程；而化学吸附则很难解吸，为不可逆过程。

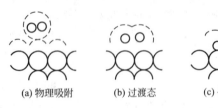

图 2.24　H_2 分子在 Ni 表面的吸附

并不是任何气体在任何表面上都可以发生化学吸附，有时也会出现化学吸附和物理吸附同时存在的现象。例如，H_2 可以在 Ni 表面上发生化学吸附而在 Al 上则不能，如图 2.24 所示。

常见气体对大多数金属而言，其吸附强度大致可以按下列顺序排列：

$$O_2 > C_2H_2 > C_2H_4 > CO > H_2 > CO_2 > N_2$$

固体表面对气体的吸附在材料表面处理技术中的作用非常重要。例如，气相沉积时薄膜的形核首先是通过固体表面对气体分子或原子的吸附来进行的。类似的现象在热扩渗工艺的气体渗碳、氮等工艺中也存在。

3. 固体对液体的吸附

固体表面对液体分子同样有吸附作用，这包括对电解质的吸附和非电解质的吸附。对电解质的吸附将使固体表面带电或者双电层中的组分发生变化，也可以是溶液中的某些离子被吸附到固体表面，而固体表面的离子则进入溶液之中，产生了离子交换作用。这一现象是实施电镀工艺的基础。对非电解质溶液的吸附，一般表现为单分子层吸附，吸附层以外就是本体相溶液。溶液中的吸附热很小，差不多相当于溶解热。

因为溶液中至少有两个组分，即溶剂和溶质，它们都可能被固体吸附，但被吸附的程度不同。如果吸附层内溶质的浓度比本体相大，称为正吸附；反之则称为负吸附。显然，溶质被正吸附时，溶剂必然被负吸附；反之亦然。在稀溶液中可以将溶剂对吸附的影响忽略不计，将溶质的吸附简单地当做气体的物理吸附一样处理。而当溶质浓度较大时，则必须将溶质的吸附和溶剂的吸附同时考虑在内。

固体对液体的吸附也分为物理吸附和化学吸附。普通润滑油在低速、低载荷运行情况下，极化了的长链结构的油分子，呈垂直方向与金属表面发生比较弱的分子引力结合，形成了物理吸附膜。图 2.25 是液滴撞击光滑干燥的固态表面的吸附情况。物理吸附膜一般对温度很敏感。温度提高后会引起吸附膜的解吸、重新排列。因此，作为润滑膜，物理吸附膜只能用于环境温度较低、低载荷、低速度下的工况。化学吸附膜往往是先形成物理吸附膜，然后在界面发生化学反应转化成化学吸附。它比物理吸附的结合能高得多，并且不可逆。在实际工况下，固体表面的粗糙度及污染程度对吸附有很大的影响，液体表面张力和润湿条件的影响也很重要。

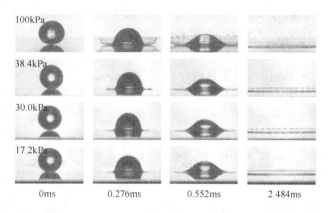

图 2.25　液滴撞击光滑干燥的固态表面的吸附情况照片

4. 固体表面之间的吸附

固体和固体表面同样有吸附作用，但是两个表面必须接近到表面力作用的范围内（即原子间距范围内）。例如，将两根新拉制的玻璃或者金属丝相互接触，它们就会相互粘附，粘附功表示了粘附程度的大小，定义如下：

$$W_{AB} = \gamma_A + \gamma_B - \gamma_{AB} \tag{2-12}$$

式中，W_{AB} 为粘附功；γ_A、γ_B 分别为 A、B 两种固体物质的表面张力；γ_{AB} 为 A、B 两物质形成新的界面时的界面张力。

若 $W_{AB} = 3 \times 10^6 \text{J/cm}^2$，取表面力的有效作用距离为 1nm，则相当于粘结强度为 30MPa。两个不同物质间的粘附功往往超过其中较弱物质的内聚力。

表面的污染会使粘附力大大减小，这种污染往往是非常迅速的。例如，铁若在水银中断裂，两个裂开面可以再粘合起来，而在普通空气中就不行。因为铁迅速与氧气反应，形成一个化学吸附层。表面净化一般会提高粘结强度，固体的粘附作用只有当固体断面很小并且很清洁时才能表现出来。

5. 吸附对材料力学性能的影响——莱宾杰尔效应

在许多情况下，由于环境介质的作用，材料的强度、塑性、耐磨性等力学性能大大降低。产生的原因分为两种：一种是不可逆物理过程与物理化学过程引起的效应，如各种形式的腐蚀等，它与化学元素、电化学过程及反应有关。通常，腐蚀并不改变材料的力学性能，而是逐渐均匀地减少受载件的尺寸，结果使危险截面上的应力增大，当它超过允许值时便发生断裂。另一种效应主要是由可逆物理过程和可逆物理化学过程引起的，这些过程降低固体表面自由能，并不同程度地改变材料本身的力学性能。这种因环境介质的影响及表面自由能减少导致固体强度、塑性降低的现象，称为莱宾杰尔效应。莱宾杰尔在 1928 年第一个发现并研究了这种效应。任何固体(晶体和非晶体、连续的和多孔的、金属和半导体、离子晶体和共价晶体、玻璃物)都有莱宾杰尔效应。玻璃和石膏吸附水蒸气后，其强度明显下降；铜表面覆盖熔融薄膜后，会使其固有的高塑性丧失，这些都是莱宾杰尔效应的例子。

莱宾杰尔效应具有如下显著特征：

(1) 环境介质的影响有很明显的化学特征。例如，只有对该金属为表面活性的液态金属才能改变某一固体金属的力学性能，降低它的强度和塑性。如水银急剧降低锌的强度和塑性，但对镉的力学性能没有影响，虽然后者和锌在周期表中同属一族，且晶体点阵也相同(六方密堆积)。

(2) 只要很少量的表面活性物质就可以产生莱宾杰尔效应。在固体金属(钢或锌)表面微米数量级的液体金属薄膜就可以导致脆性破坏，这和溶解或其他腐蚀形式不同。在个别情况下，试样表面润湿几滴具有表面活性的熔融金属，就会引起低应力解理脆性断裂。

(3) 表面活性熔融物的作用十分迅速。在大多数情况下，金属表面浸润一定的熔融金属或其他表面活性物质后，其力学性能实际上很快就会发生变化。

(4) 表面活性物质的影响是可逆的，即从固体表面去除活性物质后，它的力学性能一般会完全恢复。

(5) 莱宾杰尔效应的产生需要拉应力和表面活性物质同时起作用。在多数情况下，介质对无应力试样以及无应力试样随后受载时的作用并不显著改变力学性能，只有熔融物在无应力试样中沿晶界扩散的情况例外。

莱宾杰尔效应的本质，是金属表面对活性介质的吸附，使表面原子的不饱和键得到补偿，使表面能降低，改变了表面原子间的相互作用，使金属的表面强度降低。

在生产中，莱宾杰尔效应具有重要的实际意义。一方面可利用此效应提高金属加工(压力加工、切削、磨削、破碎等)效率，大量节省能源；另一方面，应注意避免因此效应所造成的材料早期破坏。

2.1.7 固体和液体之间的界面

1. 固体表面的润湿

1) 润湿的类型

润湿是一种流体从固体表面置换另一种流体的过程。最常见的润湿现象是一种液体从固体表面置换空气，如水在玻璃表面置换空气而展开。

在日常生活及工农业生产中，有时需要液固之间润湿性很好，有时则相反。例如，纸张用做滤纸时，要求水对其润湿性好；而包装水泥用的牛皮纸，则因水泥需要防水，要求水对其不润湿。

1930 年 Osterhof 和 Bartell 把润湿现象分成沾湿、浸湿和铺展 3 种类型。

沾湿是将气液界面与气固界面变为液固界面的过程，如图 2.26 所示。

沾湿引起体系自由能的变化如下：

$$\Delta G = \gamma_{ls} - \gamma_{gs} - \gamma_{gl} \qquad (2-13)$$

式中，γ_{ls}、γ_{gs} 和 γ_{gl} 分别为单位面积固—液、固—气和液—气的界面张力。

沾湿的实质是液体在固体表面上的粘附，沾湿的粘附功 W_a 为：

$$W_a = -\Delta G = \gamma_{gs} + \gamma_{gl} - \gamma_{ls} \qquad (2-14)$$

从式(2-14)可知，γ_{sl} 越小，则 W_a 越大，液体越易沾湿固体。若 $W_a \geqslant 0$，则 $\Delta G \leqslant 0$，沾湿过程可自发进行。

浸湿是将固体完全浸入到液体中的过程，如将衣服浸泡在水中，如图 2.27 所示。

浸湿过程引起的体系自由能的变化如下：

$$\Delta G = \gamma_{ls} - \gamma_{gs} \qquad (2-15)$$

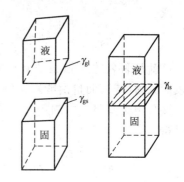

图 2.26　液固沾湿过程示意图

如果用浸润功 W_i 来表示，则：

$$W_i = -\Delta G = \gamma_{gs} - \gamma_{ls} \qquad (2-16)$$

若 $W_i \geqslant 0$，则 $\Delta G \leqslant 0$，过程可自发进行。W_i 越大，则液体在固体表面上取代气体的能力越强。

铺展是指置一液滴于一固体表面，恒温恒压下，若此液滴在固体表面上自动展开形成液膜，则称此过程为铺展润湿，如图 2.28 所示。体系自由能的变化如下：

$$\Delta G = \gamma_{gl} + \gamma_{ls} - \gamma_{gs} \qquad (2-17)$$

或

$$S = -\Delta G = \gamma_{gs} - \gamma_{gl} - \gamma_{ls} \qquad (2-18)$$

式中，S 为铺展系数，$S > 0$ 是液体在固体表面上自动展开的条件。

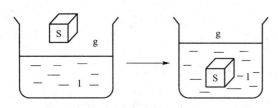

图 2.27　浸润过程

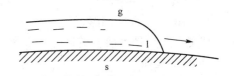

图 2.28　液体在固体表面上的铺展

注意：上述条件均是指在无外力作用下液体自动润湿固体表面的条件。有了这些热力学条件，即可从理论上判断一个润湿过程是否能够自发进行。但实际上却远非那么容易，上面所讨论的判断条件，均需知固体的表面自由能和固—液界面自由能，而这些参数目前尚无合适的测定方法，因而定量地运用上面的判断条件是有困难的。尽管如此，这些判断条件仍为我们解决润湿问题提供了正确的思路。

2) 接触角和 Young 方程

将液滴放在一理想平面上，如果有一相是气体，则接触角是气—液界面通过液体而与固—液界面所交的角，如图 2.29 所示。1805 年，Young 指出，接触角的问题可当做平面固体上液滴受 3 个界由张力的作用来处理。当 3 个作用力达到平衡时，

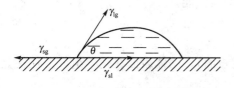

图 2.29　液滴在固体表面的接触角

应有下面的关系：

$$\gamma_{gs}=\gamma_{gl}\cos\theta+\gamma_{ls} \qquad (2-19)$$

或

$$\cos\theta=\frac{\gamma_{gs}-\gamma_{ls}}{\gamma_{gl}} \qquad (2-20)$$

这就是著名的 Young 方程。式中 γ_{sg} 和 γ_{lg} 是与液体的饱和蒸气成平衡时的固体和液体的表面张力（或表面自由能）。

接触角是实验上可测定的一个量。有了接触角的数值，代入润湿过程的判断条件式，即可得以下关系式。

沾湿：$W_a=-\Delta G=\gamma_{gl}(1+\cos\theta)\geqslant0$

　　　　$\theta\leqslant180°,\ W_a\geqslant0$

浸湿：$W_i=-\Delta G=\gamma_{gl}\cos\theta\geqslant0$

　　　　$\theta\leqslant90°,\ W_i\geqslant0$

铺展：$S=-\Delta G=\gamma_{gl}(\cos\theta-1)$

　　　　$\theta=0$ 或 $\infty,\ S\geqslant0$

根据上面 3 式，通过液体在固体表面上的接触角即可判断一种液体对一种固体的润湿性能。

从上面的讨论可以看出，对同一对液体和固体，在不同的润湿过程中，其润湿条件是不同的。

实用时，通常以 90° 为界来判断润湿角大小与润湿程度的关系。

$\theta<90°$：润湿，θ 角越小，润湿性越好，液体越容易在固体表面展开。

$\theta>90°$：不润湿，θ 角越大，润湿性越不好，液体越不容易在固体表面上铺展开，并越容易收缩至接近圆球状。

$\theta=0°$ 或 ∞：完全润湿。

$\theta=180°$：完全不润湿。

其实，这只是习惯上的区分，实质只是润湿程度有所不同而已。

3）润湿机理

润湿作用可以从分子间的作用力来分析。润湿与否取决于液体分子间相互吸引力（内聚力）和液固分子间吸引力（粘附力）的相对大小。若后者较大，则液体在固体表面铺展，呈润湿；若前者占优势则不铺展，呈不润湿。例如，水能润湿玻璃、石英等，这是因为玻璃和石英是由极性键或离子键构成的物质，它们和极性水分子的吸引力大于水分子间的吸引力，因而滴在玻璃、石英表面上的水滴，可以排挤它们表面上的空气而向外铺展；水不能润湿石蜡、石墨等，这是因为石蜡、石墨等是由弱极性键或非极性键构成的物质，它们和极性水分子间的吸引力小于水分子间的吸引力，因而滴在石蜡上的水滴不能排开它们表面层上的空气，只能紧缩成一团，以降低整个体系的表面能。

4）非理想固体表面上的接触角

一般固体表面具有以下特点：

（1）由于固体表面本身或表面污染（特别是高能表面），固体表面在化学组成上往往是不均一的；

（2）因原子或离子排列的紧密程度不同，不同晶面具有不同的表面自由能，即使同一

晶面,因表面的扭变或缺陷,其表面自由能也可能不同;

(3) 由于表面粗糙不平等原因,一般实际表面均不是理想表面,给接触角的测定带来极大的困难。

这里主要讨论表面粗糙度对接触角的影响。

将一液滴置于一粗糙表面,则有:

$$r(\gamma_{gs}-\gamma_{ls})=\gamma_{gl}\cos\theta' \tag{2-21}$$

或

$$\cos\theta'=\frac{r(\gamma_{gs}-\gamma_{ls})}{\gamma_{gl}} \tag{2-22}$$

此即 Wenzel 方程,是 Wenzel 于 1936 年提出来的。r 被称为粗糙因子,也就是真实面积与表观面积之比;θ' 为某种液体在粗糙表面上的表观接触角。

如果将式(2-22)与接触角计算公式相比较,可得:

$$r=\frac{\cos\theta'}{\cos\theta} \tag{2-23}$$

对于粗糙表面,r 总是大于1。

真实固体表面的润湿还要考虑表面的粗糙和污染情况,这些因素对润湿过程会产生重要的影响,如图 2.30 所示。从热力学角度考虑,系统处于平衡时,界面位置的微小移动所产生界面能的净变化应等于零。

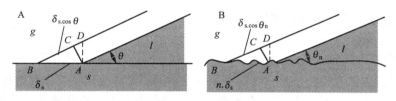

图 2.30 表面粗糙度的影响

图 2.30 中 n 是表面粗糙度系数,$\cos\theta_n$ 是粗糙表面的表观接触角。

由于 n 值总大于1,故 θ_n 和 θ 的关系将按图 2.31 所示的余弦曲线变化,当 $\theta<90°$ 时,$\theta>\theta_n$;当 $\theta=90°$ 时,$\theta=\theta_n$;当 $\theta>90°$ 时,$\theta<\theta_n$。

因此:

(1) 当 $\theta<90°$ 时,$\theta'<\theta$,即在润湿的前提下,表面粗糙化后 θ' 变小,更易为液体所润湿;

(2) 当 $\theta>90°$ 时,$\theta'>\theta$,即在不润湿的前提下,表面粗糙化后 θ' 变大,更不易为液体所润湿。

大多数有机液体在抛光的金属表面上的接触角小于 $90°$,因而在粗糙金属表面上的表观接触角更小。纯水在光滑石蜡表面上接触角为 $105°\sim110°$,但在粗糙的石蜡表面上,实验发现 θ' 可高达 $140°$。

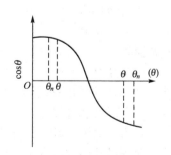

图 2.31 θ 与 θ_n 的关系

注意:Wenzel 方程只适用于热力学稳定平衡状态。

5) 润湿理论的应用

润湿理论在各种工程技术,尤其是材料表面处理技术中应用很广泛。例如,在生产上可以通过改变 3 个相界面上的 σ 值来调整润湿角。若加入一种使 $\gamma_{\lg}$ 和 γ_{sl} 减小的所谓表面活性物质，可使 θ 减小，润湿程度增大；反之，若加入某种使 $\gamma_{\lg}$ 和 γ_{sl} 增大的表面惰性物质，可使 θ 增大，润湿程度降低。

在表面重熔、表面合金化、表面覆层及涂装等技术中，都希望得到大的铺展系数。为此，不仅要通过表面预处理使材料表面有合适的粗糙度，还要对履层材料表面成分进行优化，使 S_{ls} 值尽量大，以得到均匀、平滑的表面。对于那些润湿性差的材料表面，还必须增加中间过渡层。在热喷涂、喷焊和激光熔覆工艺中广为应用的自熔合金，就是在常规合金成分的基础上，加入一定含量的硼、硅元素，使材料的熔点大幅度降低，流动性增强，同时提高喷涂材料在高温液态下对基材的润湿能力。自熔合金的出现，使热喷涂和喷焊技术发生了质的飞跃。

2.2　金属腐蚀与防护的电化学基础

腐蚀就是材料与环境介质作用而引起的恶化变质或破坏。腐蚀对材料表面的损害不仅导致资源与能源的浪费，带来巨大的经济损失，而且容易造成污染与事故，严重影响人民生活，甚至危及生命安全。所有的腐蚀破坏都是从损坏材料的表面开始的。而要提高材料表面的抗腐蚀能力，必须先对金属腐蚀原理与主要防护方式有一个基本了解。

2.2.1　化学腐蚀与电化学腐蚀原理

1. 腐蚀的基本概念

腐蚀的分类方法有很多，按材料腐蚀原理的不同，可分为化学腐蚀和电化学腐蚀。化学腐蚀是金属在干燥的气体介质中或在不导电的液体介质中(如酒精、石油等)发生的腐蚀，腐蚀过程中无电流产生。电化学腐蚀是指金属在导电的液态介质中因电化学作用导致的腐蚀，在腐蚀过程中有电流产生。大气腐蚀、海水腐蚀、土壤腐蚀等都属于电化学腐蚀。根据热力学第二定律，产生金属腐蚀的驱动力是腐蚀过程中金属与环境介质组成系统总自由能的降低。

按腐蚀环境不同，可将腐蚀分成 3 类：湿蚀(包括水溶液腐蚀、大气腐蚀、土壤腐蚀和化学药品腐蚀)、干蚀(包括高温氧化、硫腐蚀、氢腐蚀、液态金属腐蚀、熔盐腐蚀、羧基腐蚀等)、微生物腐蚀(包括细菌腐蚀、真菌腐蚀、流化菌腐蚀、藻类腐蚀)等。

按腐蚀形态不同，可将腐蚀分为全面腐蚀和局部腐蚀两大类。腐蚀分布在整个金属表面上(包括较均匀的和不均匀的)称为全面腐蚀；腐蚀局限在金属的某一部位则称为局部腐蚀。在全面腐蚀过程中，进行金属溶解反应和物质还原反应的区域都非常小，甚至是超显微的，阴、阳极区域的位置在腐蚀过程中随机变化，使腐蚀分布相对均匀，危害也相对小些。而在局部腐蚀过程中，腐蚀集中在局部位置上，金属的其余部分几乎没有发生腐蚀。

2. 金属化学腐蚀的基本原理

当裸金属表面与干燥的空气或氧气接触时，首先将在表面形成氧分子的物理吸附层，并迅速转化为一层较为稳定的化学吸附膜。随着氧化过程的继续进行，反应物质必须先通过膜层然后再与基体起反应，氧化速度往往由传质过程所控制。在低温和常温时热扩散不能发生，只可能发生离子电迁移，此时膜的生长速率较慢。在较高温度时膜的增长主要依靠热扩散。

如果以 M 代表金属的摩尔质量，ρ 代表金属的密度（g/cm³），V_m 代表 1mol 金属原子所生成氧化物的体积，x 代表一个分子的氧化物中所含金属原子的个数，D 表示氧化物的密度，则保持氧化膜完整的必要条件是新生成的氧化物体积（$V_{氧化物} = V_m/(xD)$）必须大于氧化消耗掉的金属的体积（$V_{金属} = M/\rho$），即如果 $V_{氧化物}/V_{金属}$ 或者 $V_m\rho/(xDM)$ 的值大于 1，则有可能生成比较完整致密的氧化膜，从而对金属表面产生一定的保护作用。当膜覆盖到一定程度时，可以对基体起到明显的保护作用，氧化速度几乎为零。另一方面，$V_m\rho/(xDM)$ 的值也不能太高。膜太厚，导致内应力太大，容易导致膜层开裂，严重的甚至引起膜的鼓泡或剥落。

按照表面反应速率及氧化膜的致密程度不同，金属氧化的动力学过程有 3 种典型情况。

1）直线生长规律

K、Na、Mg 等金属的摩尔体积与其氧化物摩尔体积的比值 $V_m\rho/(xDM) < 1$，氧化物对金属基体基本上没有保护作用；虽然 Ta 和 Nb 等金属的 $V_m\rho/(xDM) > 1$，但形成的氧化膜是多孔的或破裂的，对金属基体同样没有保护作用。金属 Mo 的氧化物是挥发性的，对金属基体也没有保护作用。当上述这些金属氧化时，氧气可以通过未被覆盖住的表面及氧化膜中的孔隙或微裂纹直接与金属接触。因此，氧化的速度取决于金属表面化学反应的速度，为一个常数。氧化膜随时间的延长而成比例增厚，即服从直线定律，如图 2.32 中的直线 1 所示。氧化速度与温度有关。温度越高，氧化速度越大，此时金属易于腐蚀。

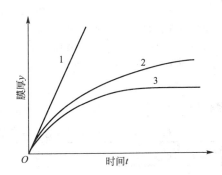

图 2.32　金属材料的典型化学腐蚀动力学过程

2）氧化膜的抛物线生长规律

对 Fe、Co、Ni、Cu 等金属而言，其 $V_m\rho/(xDM) > 1$，能够形成完整的保护膜，膜的生长速度与膜的增厚或质量变化成反比。厚度 y 与时间 t 的关系为一个典型的抛物线方程：

$$y^2 = kt + B \qquad (2-24)$$

式中，k 为与温度有关的常数；B 为积分常数。

在一定温度之下，许多金属和合金的氧化都遵循这一规律，如图 2.32 中的曲线 2 所示。

3）氧化膜的对数生长规律

有些金属在氧化过程中（如 Cr、Zn 在 25～225℃ 范围内，Ni 在 650℃ 以下，Fe 在 375℃ 以下），由于膜成长时弹性应力增大，膜的外层变得更加致密，膜的厚度与时间的关系服从对数规律，如图 2.32 中的曲线 3 所示。

$$y = \ln(kt) \qquad (2-25)$$

材料化学的腐蚀动力学过程是用几种典型形式表示的。在实际的腐蚀过程中，由于腐蚀环境或腐蚀介质的复杂性，材料化学腐蚀的动力学过程往往是上述几种机制的综合。

可见，提高材料抗氧化能力的重要途径就是改变材料的表面成分，使其氧化动力学曲线呈对数变化。

3. 金属电化学腐蚀原理

金属材料与电解质接触，将发生电化学反应，在界面处形成双电层并建立相应的电位。这种金属电极与溶液界面之间存在的电位差就称为金属的电极电位。然而，通常所说的电极电位是指以该电极为阳极，以标准氢电极为阴极构成原电池，所测得原电池的电动势（即原电池开路时两个电极之间的电位差），因此又称为标准电极电位。当电极上氧化还原反应为可逆反应时的电极称为可逆电极，在没有电流通过时，可逆电极所具有的电位称为平衡电位。平衡电位除了与该电极的标准电极电位大小有关外，还与电解质的温度、有效浓度（即活度）等因素有关，可用能斯特方程进行计算：

$$\Phi_b = \Phi^0 + \frac{RT}{(ZF)\ln a} \qquad (2-26)$$

式中，Φ_b 为平衡电极电位；Φ^0 为标准电极电位；R 为气体常数，等于 8.313J/mol·K；T 为电解质温度(K)；Z 为参加反应的电子数；F 为法拉第常数；a 为金属离子的平均活度。

式(2-26)说明，材料的种类、组织结构、表面状态和介质的成分、浓度、温度的差别，都会对材料在溶液中的电极电位产生影响，导致不同的电位值。将各种金属的标准电极电位按其代数值增大顺序排列起来，称为标准电位序。由于金属的标准电位序随外部条件的变化而变化，常用腐蚀电位序（即各种金属在某种介质中的稳定电位值按其代数值大小排列的顺序）来判断金属腐蚀的热力学可能性。腐蚀电位值越负的金属越容易腐蚀。表 2-3 给出了部分金属的标准电极电位及其在 3%NaCl 溶液中的腐蚀电位，可见一些标准电极电位高的金属如 Al、Cr 等，在 3%NaCl 溶液中的腐蚀电极电位要低得多。

表 2-3　部分金属的标准电极电位及其在 3%NaCl 溶液中的腐蚀电位

金属名称	电极反应	标准电极电位	腐蚀电极电位
Mg	$Mg \longrightarrow Mg^{2+} + 2e^-$	-2.34	-1.6
Al	$Al \longrightarrow Al^{3+} + 3e^-$	-1.670	-0.60
Mn	$Mn \longrightarrow Mn^{2+} + 2e^-$	-1.05	-0.91
Zn	$Zn \longrightarrow Zn^{2+} + 2e^-$	-0.762	-0.83
Cr	$Cr \longrightarrow Cr^{3+} + 3e^-$	-0.71	0.23
Cd	$Cd \longrightarrow Cd^{2+} + 2e^-$	-0.40	-0.52
Ni	$Ni \longrightarrow Ni^{2+} + 2e^-$	-0.25	-0.02
Co	$Co \longrightarrow Co^{2+} + 2e^-$	-0.227	-0.45
Sn	$Sn \longrightarrow Sn^{2+} + 2e^-$	-0.136	-0.25
Pb	$Pb \longrightarrow Pb^{2+} + 2e^-$	-0.126	-0.26
Fe	$Fe \longrightarrow Fe^{3+} + 3e^-$	-0.036	-0.50
Cu	$Cu \longrightarrow Cu^{2+} + 2e^-$	0.345	0.05
Ag	$Ag \longrightarrow Ag^+ + e^-$	0.799	0.20

4. 腐蚀原电池与腐蚀微电池

如果把两种电极电位不同的金属同时放在同一种电解液中，并把它们用导线通过电流表连接起来,就组成了一个原电池。图 2.33 所示为 Cu-Zn 腐蚀原电池。其中,Zn 的电极电位较负,为阳极,发生氧化反应:

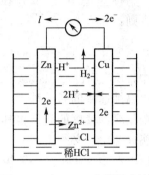

$$Zn - 2e^- \longrightarrow Zn^{2+}$$

Cu 电极的电极电位较正,在稀盐酸中发生还原反应,溶液中 H^+ 离子与从 Zn 电极流过来的电子相结合放出氢气:

$$2H^+ + 2e^- \longrightarrow H_2$$

腐蚀电池的总反应为

$$Zn + 2H^+ \longrightarrow Zn^{2+} + H_2$$

图 2.33 Cu-Zn 腐蚀原电池

实际上,在电解液中的两种金属直接接触也能形成腐蚀原电池,不一定非要导线连接。例如,在大气条件下,铜和铁直接接触。如果在它们的表面凝结了一层水膜,即组成了一个腐蚀原电池,如图 2.34 所示。此外,由于材料成分和介质或两者同时存在不均匀性,使金属表面的不同区域电位值存在差别。电位较负的区域将离子化为阳极,电位较正的区域为阴极。而金属作为良导体,溶液为离子导电体,在阳、阴极之间电位差的驱动下,形成闭路的腐蚀原电池。因其区域较小,又称为腐蚀微电池。图 2.35 所示为由 Fe-Fe_3C 微腐蚀电池组成的腐蚀微电池。

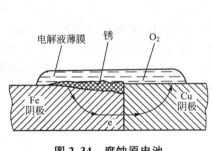

图 2.34 腐蚀原电池

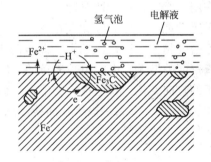

图 2.35 微腐蚀电池

5. 电化学腐蚀速率

从电化学过程来看,电流大小反映着腐蚀速度的大小。而每一个步骤的电位降,反映着这一步骤阻滞作用的大小。根据各个步骤电压降的大小及其在总电位差中所占的份额,可判定腐蚀过程中哪个步骤对抑止腐蚀起重要作用,即为腐蚀的控制步骤。控制步骤不仅对过程的速度起着主要作用,而且在一定程度上反映腐蚀过程的实质。要减少腐蚀程度,最有效的方法就是设法影响其控制因素。

金属作为阳极腐蚀时,失去的电子数越多,即流出的电量越大,金属溶解或腐蚀程度就越大;金属溶解量或腐蚀量与电量之间的关系服从法拉第定律:

$$W = \frac{QA}{Fn} = \frac{ItA}{Fn} \tag{2-27}$$

式中,W 为金属腐蚀量;Q 为流过的电量;F 为法拉第常数;n 为金属的价数;A 为金属的相对原子质量;I 为电流密度;t 为时间。

腐蚀速率 K 指金属在单位时间、单位面积上所损失的质量，如以 g/(m² · h) 表示，则：

$$K = \frac{W}{St} = \frac{3600IA}{SFn} \qquad (2-28)$$

式中，S 为腐蚀面积。

腐蚀速率的另一种表示方式是采用单位时间的腐蚀深度，通常所用的单位为 mm/年，并根据腐蚀速度的高低将其分为 10 个级别。此外，还可以用腐蚀电流密度 I_c 的大小来表示腐蚀速率。必须说明的是，由于从阳极失去的电子数量与阴极得到的电子数量相等，腐蚀原电池中大阴极、小阳极是极其有害的。它意味着金属发生腐蚀时，阳极溶解的局部过程速度很快(电流密度过高)，容易导致材料局部很快腐蚀，产生严重后果。

2.2.2 金属表面的极化、钝化及活化

1. 金属表面的极化现象

如果采用阴极和阳极的初始电位计算腐蚀速度，所得到的结果要比实际体系的腐蚀速度大几十倍甚至几百倍。这一明显差别使人们发现，腐蚀电池工作时，阴、阳极之间有电流通过，使得其电极电位值与初始电位值(没有电流通过时的平衡电位值或稳定电位值)有一定的偏离，使阴、阳极之间的电位差比初始电位差要小得多，这种现象就称为极化现象或极化作用。所以，在计算腐蚀速度时，应该采用通电以后阴、阳极之间的实际电位差。研究结果还发现，电极的极化与电流密度(单位电极面积上所通过的电流强度)的大小有关，电流密度越大，极化也越大。而且阴极极化与阳极极化的规律也不同：阴极极化时，随着电流密度的增大，电极电位向负的方向变化；而阳极极化时，电极电位随电流密度增大而向正的方向变化。将电极上的电极电位 Φ 与电流密度 i 之间的变化规律绘成曲线，即为极化曲线。图 2.36 为阴极极化曲线示意图，图 2.37 为阳极极化曲线示意图，它是通过一定的电化学方法测绘出来的。

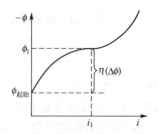
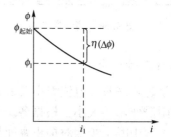

图 2.36　阴极极化曲线示意图　　　　图 2.37　阳极极化曲线示意图

对于可逆电极，某一电流密度下的电极电位值与平衡电位值之差，称为该电极在给定电流密度下的过电位。这一概念在电镀原理的介绍中将要用到。

产生极化的机理总共有 3 种，即电化学极化、浓差极化和电阻极化。

电化学极化就是由于电极上的电化学反应速度小于电子运动速度而造成的极化。以阳极为例，如果金属失去电子变为金属离子而进入溶液的速度小于电子从阳极流出的速度，则在阳极上就会有过多的正电荷积累起来，导致电极表面金属一侧负电荷减少，即阳极电

位向正方向变化，发生了阳极极化。电流密度越大，则在相同时间内阳极上积累的正电荷就越多，电位越正，电极极化越大。

浓差极化是由于溶液中的物质扩散速度小于电化学反应速度而造成的极化。仍以阳极为例，金属溶解变为离子后，首先进入阳极表面附近的液体中，然后通过扩散作用进入溶液本体。如果离子向溶液本体中的扩散速度小于电化学反应生成离子的速度，那么在电极表面附近的液层中金属离子浓度就会变大，由能斯特方程可知，金属的电极电位必然会变正，即发生阳极极化。电流密度越大，电极反应速度越快，则电极表面附近的离子浓度越高，阳极极化程度越大。

电阻极化是由于在电极表面生成了具有保护作用的氧化膜、钝化膜或不溶性的腐蚀产物等，它们的存在相当于增大了体系的电阻，使电极反应的进行受到阻碍，因而使电极电位发生变化，即产生极化作用。电阻极化主要发生在阳极上，由于氧化膜或钝化膜等的存在，使得在金属表面积累了过多的正电荷，从而使电极电位向正方向变化，即发生阳极极化。

减少或消除电极极化的作用，称为去极化作用。能减少或消除极化作用的物质，称为去极化剂。例如，在阳极如果对电解液加强搅拌作用，使电极表面附近液层中的金属离子尽快扩散到电解液本体中去，或者加入沉淀剂或结合剂(去极化剂)，使阳极反应产物生成沉淀，可减少极化。

2. 金属表面的钝化现象

从热力学上讲，绝大多数金属在一般环境下都会自发地发生腐蚀，可是在某些介质环境下金属表面会发生一种阳极反应受阻的现象。这种由于金属表面状态的改变引起金属表面活性的突然变化，使表面反应(如金属在酸中的溶解或在空气中的腐蚀)速度急剧降低的现象称为钝化。钝化大大降低了金属的腐蚀速度，增加了金属的耐蚀性。金属钝化后所处的状态称为钝态，钝态金属所具有的性质称为钝性。

金属的钝化往往与氧化有关，如含有强氧化性物质(硝酸、硝酸银、氯酸、氯化钾、重铬酸钾、高锰酸钾和氧气)的介质都能使金属钝化，它们统称为钝化剂。金属与钝化剂间自然作用而产生的钝化现象，称为自然钝化或化学钝化，如铬、铝、钛等金属在空气中与氧气作用而形成钝态。如果在金属表面上沉积出盐层时，将对进一步的表面反应产生机械阻隔作用，使表面反应速度降低，这一现象被称为机械钝化。被过分抛光的金属表面也可产生钝化现象。被抛光的金属表面有较好的抗蚀性能。例如，将钢铁零件抛光，渗氮就会变得困难，从而使渗氮层变薄或完全没有渗氮层。

金属钝化有两种理论：一种称为成相膜理论，另一种称为吸附理论。成相膜理论认为，处于介质中的金属表面能生成一层致密的、覆盖良好的保护膜。该保护膜作为一个独立相存在，把金属与介质隔开，使表面反应速度明显下降，金属表面转为钝态。吸附理论认为，不一定要形成完整的钝化膜才会引起金属表面钝化，只要在金属的部分表面上形成氧原子的吸附层，就能产生钝化。吸附层可以是单分子层或 OH^-、O^{2-} 离子层。氧原子与金属表面因化学吸附而结合，使金属表面的自由键能趋于饱和，改变了金属与介质界面的结构及能量状态，降低了金属与介质间的反应速度，从而产生钝化作用。

成相膜理论与吸附理论的主要区别在于：成相膜理论强调了钝化层的机械隔离作用；而吸附理论认为主要是吸附层改变了金属表面的能量状态，使不饱和键趋于饱和，降低了金属表面的化学活性，造成钝化。事实上，金属的实际钝化过程比上述两种理论模型要复杂得多，它与材料的表面成分、组织结构、能量状态等多种因素的变化有关，不是某一单一因素造成的。

3. 金属表面的活化

金属表面的钝化虽然可以减缓材料表面的氧化或腐蚀过程，但钝化膜的存在却是实施许多材料表面处理技术的障碍，使得表面涂、镀层与金属基体的结合力大幅度降低。为此，大部分材料表面处理技术实施之前都要进行适当的表面预处理，使基体表面处于活化状态，即获得清洁表面或者洁净表面。金属表面活化过程是钝化的相反过程，能消除金属表面钝化状态的因素都有活化作用，具体包括以下几种方式。

（1）金属表面净化：用氢气还原、机械抛光、喷砂处理、酸洗等方法去除金属表面氧化膜，可消除金属表面的钝态。用加热或抽真空的方法减少金属表面的吸附，可进一步提高金属表面的化学活性。

（2）增加金属表面的化学活性区：用机械的方法（如喷砂等）使金属表面上的各种晶体缺陷增加，化学活性区增多，能有效地使金属表面活化，如经喷砂的钢表面更容易渗氮。用离子轰击的方法可使金属表面净化并增加化学活性区，有更好的表面活化效果，并可提高表面覆层与基体的结合强度。

使金属表面钝化是提高金属抗蚀能力的主要方法，如不锈钢、铝、镀铬层表面的自然钝化层，使它们具有良好的抗大气腐蚀的性能。在化学热处理中为进行局部防渗，常采用局部钝化的方法，如为防止局部渗碳可采用镀铜或涂防渗剂进行局部钝化处理。但对于要进行强化的金属表面必须进行活化处理，以便加速表面反应过程，缩短工艺时间，提高工作效率。

2.2.3 金属材料腐蚀控制及防护方法

1. 产品合理设计与正确选材

任何一种材料或制品，经长期使用或贮存后完全不发生腐蚀是不可能的。但是多年的实践表明，材料及其制品发生腐蚀的原因，许多是由于人们对腐蚀理论不够了解，对长年积累起来的防腐蚀经验和技术不够重视所造成的。

腐蚀及其控制是一个贯穿产品设计、试制、生产、使用和维护等各个环节的重要问题。产品设计时不仅要考虑材料的机械性能，而且必须了解产品的使用和工作环境。对一些产品，如许多板件、管件、铸件、锻件和化工用的槽池等，壁厚设计时除了要考虑必要的机械强度保障以外，还必须预留一些腐蚀余量；产品结构设计时，要注意设计合理的表面形状，连接工艺中注意少留死角，以避免水分或其他腐蚀介质的存留，造成缝隙腐蚀；产品设计中，不可避免地要使用各种不同材料，因此选材时必须考虑不同材料相互接触时可能产生的电偶腐蚀问题；对于受力构件，应力分布的不均匀性可能引起应力腐蚀断裂和腐蚀疲劳，尤其要注意残余应力对腐蚀过程的影响。此外，在金属材料的冷、热加工及装配过程中，也要注意防止腐蚀的发生。

2. 电化学保护

电化学保护方法分为阴极保护与阳极保护两大类。用电化学方法使被保护工件在工作条件下的电荷移至平衡可逆电位以下，从而停止腐蚀的方法即为阴极保护法。它可以通过两种途径来实现：一种是以被保护工件为阴极，施以外加电流；另一种是以工件为阴极，以电位更负的金属与工件相连，成为原电池的阳极，阳极金属被腐蚀溶解以保护工件。阳极保护法则是使腐蚀件的电位正移，使表面形成稳定的钝态而受到保护。实现阳极保护的方法有两种：一种是施加外电流，被保护工件为阳极；另一种是在被保护的工件或合金中加入可钝化的元素，使表面形成稳定的钝化膜。当介质中含有浓度较高的活性阴离子时，不能采用阳极保护法。

3. 表面覆层及表面处理

1) 阳极性金属覆层

这种覆层除了自身有一定耐蚀性外，还可以作为阳极对基体金属起保护作用。即使基材受到难以避免的裸露（如擦伤时），仍可作为阴极而受到涂层保护，如钢铁表面的锌、铝、镉覆层，高含量的锌、铝粉调制的有机涂层等。在大气介质中，锌为阳极，优先腐蚀，铁得到保护，而受腐蚀的锌表面上形成一层致密的氧化膜又阻止了锌的继续氧化。

2) 阴极性金属及非金属涂层

这类覆层自身耐蚀性、稳定性良好，通过机械屏蔽作用，把金属和腐蚀环境介质隔离开。常用的覆层包括镍、铬、铜、不锈钢、陶瓷、珐琅、有机涂层及表面转化膜等。但是从微观上来说，绝对致密的涂层是不存在的，因此这种隔离只能是相对的。为了获得良好的防腐蚀效果，常常采用复合的方法。例如，采用 Cu - Ni - Cr 多种金属多层复合；喷涂金属-金属、陶瓷-陶瓷的多层多元复合；有机涂料保护也要尽可能选用透气、透水小的成膜物质和屏蔽性大的固体填料，同时增加涂覆层数；必要时以化学转化膜打底以及采用缓蚀剂等。此外，还要注意降低材料表面的应力状态。采用各种机械方法或化学热处理方法，使金属材料表面产生压应力，可以大大降低应力腐蚀断裂和腐蚀疲劳倾向。

4. 加入缓蚀剂

缓蚀剂是通过添加特殊的活性物质吸附到金属表面，使其表面钝化，从而达到减缓抑制腐蚀过程的目的。

2.3 电 极 极 化

2.3.1 电极的极化现象

平衡电极电势是指在没有电流通过电极时的电极电势。当有电流通过时，电极电势将偏离平衡电势而发生变化，这种变化称为电极极化。通电时，发生在阴极的电势变化称为阴极极化，阴极极化时电极电势向负的方向偏移；发生在阳极的电势变化称为阳极极化，阳极极化时电势向正的方向偏移。

通电时电极产生极化是由于电极反应过程中一连串步骤中某一步骤速度缓慢所致。以金属离子在电极上还原为金属的阴极反应过程为例，必须经过下列 3 个连接的步骤：

(1) 金属水化离子由溶液内部移动到阴极界面处。

(2) 金属水化离子脱水并与阴极电子反应，生成金属原子。

（3）金属原子排列成一定构型的金属晶体。

这3个步骤是连续进行的，但其中各个步骤的速度不同，因此整个电极反应的速度是由最慢的那个步骤来控制的。

由于电极表面附近反应物或反应产物的扩散速度小于电化学反应速度而产生的极化，称为浓差（度）极化。由于电极上电化学反应速度小于外电路中电子运动速度而产生的极化，称为电化学极化或活化极化。

电极上有电流通过时，在给定的电流密度下，某一可逆电极的电极电势与其平衡电极电势之间的差值，即极化值 $\Delta\varphi$，也称为该电极在给定电流密度下的超电势或过电位，用 η 表示。一般超电势用正值表示，故阴极超电势 $\eta_c = \varphi_e - \varphi_c$；阳极超电势 $\eta_a = \varphi_a - \varphi_e$。其中，$\varphi_e$ 为平衡电势，φ_c 和 φ_a 分别表示阴极和阳极通电后的极化电势。

极化曲线是描述电极电势与通过电极的电流密度之间关系的曲线。极化曲线图可以电流密度为纵坐标，以电极电势为横坐标；也可以是纵坐标表示电极电势，横坐标表示电流密度，视研究对象和方法的需要而定。图2.36为阴极极化曲线的一般形式，曲线上每一点都表示在该电流密度下的电极电势。随着电流密度的增加，阴极电势不断变负。电极电势随电流密度的变化率，称为极化度。曲线的不同区段，极化度是不相同的。

2.3.2 浓差极化

在电极过程中，反应粒子自溶液内部向电极表面传送的单元步骤，称为液相传质步骤。当电极过程为液相传质步骤所控制时，电极产生的极化称为浓差极化。

1. 液相中离子的传质过程

液相传质过程可以由电迁移、对流和扩散3种方式来完成。

1）电迁移

这是液相中荷电粒子在电场作用下向电极迁移的一种传质过程。某种离子的电迁流量如下：

$$J_{e,i} = \pm C_i U_i E \tag{2-29}$$

式中，$J_{e,i}$ 为 i 离子的电迁流量（mol/(cm²·s)）；C_i 为 i 离子的浓度（mol/cm³）；U_i 为 i 离子的淌度（cm²/(s·V)）；E 为电场强度（V/cm）。

在电解质溶液中除参加电极反应的荷电粒子外，通常还存在大量不参加电极反应的电解质。从这些电解质离解出来的荷电粒子，同样参与电迁移过程。因此，参与电极反应的荷电粒子，只占全部荷电粒子的一部分。如果不参与电极反应的电解质含量相当大，则在整个传质过程中，可以认为电迁移不是反应粒子传质的主要方式，有时甚至可以忽略不计。

2）对流

对流传质是指反应粒子随着溶液流动而传送的过程。由于溶液各部分之间因浓度和温度不同，从而产生密度差所引起的对流，称为自然对流；而由于外力搅拌溶液所引起的对流，称为强制对流。通过自然对流和强制对流作用，电极表面附近液层中的溶液浓度将发生变化。其变化量可用对流流量表示：

$$J_{c,i} = v_x C_i \tag{2-30}$$

式中，$J_{c,i}$ 为 i 离子的对流流量（mol/(cm²·s)）；v_x 为与电极表面垂直方向上的液流速度（cm/s）；C_i 为 i 离子浓度（mol/cm³）。

3) 扩散

在静止溶液中，其中某一组分存在着浓度梯度，则该组分将由高浓度部位向低浓度部位传送，这种传质方式称为扩散。当有电流通过电极时，电极反应将消耗某种反应粒子并生成相应的反应产物。在电极表面附近双电层与溶液本体相比，反应粒子的浓度有所降低，而反应产物的浓度则有所升高，形成了浓度梯度。因此，反应粒子将向电极表面方向扩散，而反应产物则向溶液本体扩散。扩散传质时扩散流量可表示如下：

$$J_{d,i} = -D_i \frac{dC_i}{dx} \qquad (2-31)$$

式中，$J_{d,i}$ 为 i 离子的扩散流量（mol/(cm^2 · s)）；D_i 为 i 离子的扩散系数，即浓度梯度为 1 时的扩散流量（cm^2/s）；$\frac{dC_i}{dx}$ 为 i 离子的浓度梯度；负号表示扩散传质方向与浓度增大的方向相反。

稳态扩散时，$J_{d,i}$ 恒定，故 $\frac{dC_i}{dx}$ 为常数，即在扩散区内 C_i 与 x 呈直线关系（图 2.38）。

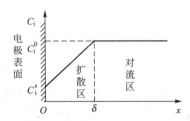

图 2.38　电极表面附近液层反应粒子的浓度分布示意图

设电极表面反应粒子浓度为 C_i^s，溶液本身浓度为 C_i^0，扩散层厚度为 δ，则扩散方程式可写成：

$$J_{d,i} = -D_i \frac{C_i^0 - C_i^s}{\delta} \qquad (2-32)$$

2. 理想条件下的稳态扩散

当扩散步骤为控制步骤时，整个电极过程反应速度将由扩散速度来决定。因此，可用电流密度来表示扩散速度，若以还原电流为正值，则电流的方向与扩散流量的方向相反。稳态扩散的电流密度如下：

$$I = -zF(-J_{d,i}) = zFD_i \frac{C_i^0 - C_i^s}{\delta} \qquad (2-33)$$

通电前，$I=0$，$C_i^0 = C_i^s$，通电后随着 I 增大，C_i^s 下降。当 $C_i^s = 0$ 时，则反应粒子的浓度梯度达到最大值，扩散速度也最大，这时的扩散电流密度如下：

$$I_d = zFD_i \frac{C_i^0}{\delta} \qquad (2-34)$$

式中，I_d 为极限扩散电流密度。将式(2-34)代入式(2-33)中，可得：

$$I = I_d \left(1 - \frac{C_i^s}{C_i^0}\right) \qquad (2-35)$$

或

$$C_i^s = C_i^0 \left(1 - \frac{I}{I_d}\right) \qquad (2-36)$$

3. 真实条件下的稳定扩散

一般情况下，单纯的扩散传质过程是不存在的，而且也不存在仅由于扩散作用引起的稳态过程，对流作用是出现稳态液相传质过程的必要前提。

由于自然对流的情况较为复杂，下面仅考虑在特定的机械搅拌条件下的一种稳态扩散过程。在该过程中，假设搅拌作用引起的液流方向与电极表面平行，且不出现湍流，则经过数学处理后，考虑对流后的有效扩散层厚度为：

$$\delta_{有效} \approx D_i^{\frac{1}{3}} \nu^{\frac{1}{6}} y^{\frac{1}{2}} u_0^{-\frac{1}{2}} \quad\quad (2-37)$$

式中，D_i 为 i 离子的扩散系数；ν 为液体的动力黏度系数；y 为电极表面距搅拌起点的距离；u_0 为由搅拌引起的液体切向流速。

只要将式(2-33)和式(2-34)中的 δ 换上 $\delta_{有效}$ 后，就可得到在上述条件下强制对流时对流扩散同时存在的电流密度。

$$I = zFD_i \frac{C_i^0 - C_i^s}{\delta_{有效}} = zFD_i^{\frac{2}{3}} \nu^{-\frac{1}{6}} y^{-\frac{1}{2}} u_0^{\frac{1}{2}} (C_i^0 - C_i^s) \quad\quad (2-38)$$

相应的极限扩散电流密度如下：

$$I_d \approx zFD_i \frac{C_i^0}{\delta_{有效}} = zFD_i^{\frac{2}{3}} \nu^{-\frac{1}{6}} y^{-\frac{1}{2}} u_0^{\frac{1}{2}} C_i^0 \quad\quad (2-39)$$

由式(2-39)可知，电极表面上各点距搅拌起点不同处，电流密度是不同的，也就是这种电极表面上的电流密度分布是不均匀的。

2.4 金属的阳极过程

金属作为反应物发生氧化反应的电极过程简称为金属的阳极过程。由于溶液成分对电极过程的影响，金属的阳极行为和阳极产物都比金属的阴极行为复杂，可以出现阳极活性溶解和钝化两种状态。

金属阳极活性溶解过程通常服从电化学极化规律。当阳极反应产物是可溶性金属离子 M^{n+} 时，其电极反应可写成：

$$M = M^{n+} + ne$$

由巴特勒-伏尔摩(Butler - Volmer)方程可知，阳极电流密度 j_a 与阳极过电位 η_a 之间的关系符合下列方程：

$$j_a = j^0 \left[\exp\left(\frac{\beta nF\eta_a}{RT}\right) - \exp\left(\frac{-anF\eta_a}{RT}\right) \right] \quad\quad (2-40)$$

在高过电位区，则符合塔菲尔(Tafel)关系：

$$\eta_a = \left(\frac{-RT}{\beta nF}\right)\ln j^0 + (RT\beta nF)\ln j \quad\quad (2-41)$$

对于不同的金属阳极，交换电流密度 j^0 的数值不同，因此阳极极化作用也不同。大多数金属阳极在活性溶解时的交换电流密度是比较大的，所以阳极极化一般不大。另外，阳极反应传递系数 β 往往比较大，电极电位的变化对阳极反应速度的加速作用比阴极过程显著，所以阳极极化度一般比阴极极化度小。

在一定的条件下，金属阳极会失去电化学活性，阳极溶解速度变得非常小。这一现象称为金属的钝化，此时的金属阳极处于钝化状态。金属的钝化状态可以通过两种途径实现：一种是借助于外电源进行阳极极化使金属发生钝化，称为阳极钝化；另一种是在没有外加极化的情况下，由于介质中存在氧化剂(去极化剂)，氧化剂的还原引起了金属钝化，称为化学钝化或自钝化。

2.5 金属的电沉积过程

金属的电沉积是通过电解方法，即通过在电解池阴极上金属离子的还原反应和电结晶过程在固体表面生成金属层的过程。其目的是改变固体材料的表面性能或制取特定成分和性能的金属材料。金属电沉积的实际应用领域通常包括电冶炼、电精炼、电铸和电镀4个方面。

以电镀为例，常常以取得与基体结合力好且结晶细小、致密而又均匀的镀层为基本质量要求。这样的沉积层本身的物理性能和化学性能优良，对基体的防护能力也较强。那么，为了获得质量良好的沉积层，就必须了解金属离子是如何在阴极还原，以及还原反应生成的金属原子又是怎样形成金属晶体的，也就是要研究金属电沉积过程的基本规律。

2.5.1 金属电沉积的基本历程和特点

1. 金属电沉积的基本历程

金属电沉积的阴极过程，一般由以下几个单元步骤串联组成：

(1) 液相传质：溶液中的反应粒子，如金属水化离子向电极表面迁移。

(2) 前置转化：迁移到电极表面附近的反应粒子发生化学转化反应，如金属水化离子水化程度降低和重排；金属络离子配位数降低等。

(3) 电荷传递：反应粒子得电子，还原为吸附态金属原子。

(4) 电结晶：新生的吸附态金属原子沿电极表面扩散到适当位置(生长点)进入金属晶格生长，或与其他新生原子集聚而形成晶核并长大，从而形成晶体。

上述各个单元步骤中反应阻力最大、速度最慢的步骤则成为电沉积过程的速度控制步骤。不同的工艺，因电沉积条件不同，其速度控制步骤也不相同。

2. 金属电沉积过程的特点

电沉积过程实质上包括两个方面，即金属离子的阴极还原(析出金属原子)过程和新生态金属原子在电极表面的结晶过程(电结晶)。前者符合一般水溶液中阴极还原过程的基本规律，但由于在电沉积过程中，电极表面不断生成新的晶体，表面状态不断变化，使得金属阴极还原过程的动力学规律复杂化；后者则遵循结晶过程的动力学基本规律，但以金属原子的析出为前提，同时又受到阴极界面电场的作用。因二者相互依存、相互影响，造成了金属电沉积过程的复杂性和不同于其他电极过程的一些特点。

(1) 与所有的电极过程一样，阴极过电位是电沉积过程进行的动力。然而，在电沉积过程中，金属的析出不仅需要一定的阴极过电位，即只有阴极极化达到金属析出电位时才能发生金属离子的还原反应；而且在电结晶过程中，在一定的阴极极化下，只有达到一定的临界尺寸的晶核，电结晶过程才能稳定存在。凡是达不到临界尺寸的晶核会重新溶解。而阴极过电位越大，晶核生成功越小，形成晶核的临界尺寸才能减小，这样生成的晶核既小又多，结晶才能细致。所以，阴极过电位对金属析出和金属电结晶都有重要影响，并最终影响到电沉积层的质量。

(2) 双电层的结构，特别是粒子在紧密层中的吸附对电沉积过程有明显影响。反应粒子和非反应粒子的吸附，即使是微量的吸附，都将在很大程度上既影响金属的阴极析出速度和位置，又影响随后的金属结晶方式和致密性，因此是影响镀层结构和性能的重要因素。

（3）沉积层的结构、性能与电结晶过程中新晶粒的生长方式和过程密切相关，同时与电极表面（基体金属表面）的结晶状态密切相关。例如，不同的金属晶面上，电沉积的电化学动力学参数可能不同。

2.5.2　金属的阴极还原过程

1. 金属离子从水溶液中阴极还原的可能性

原则上，只要阴极的电位负于金属在该溶液中的平衡电位，并获得一定过电位时，该金属离子就可以在阴极上析出。但事实上并不这么简单，因为溶液中存在多种可以在阴极还原的粒子，这些粒子中，尤其是氢离子将与该金属离子竞争还原。因此，某金属离子能否从水溶液中阴极还原，不仅取决于其本身的电化学性质，而且还取决于溶液中其他粒子的电化学性质，特别是取决于与氢离子还原电位的关系。例如，如果金属离子还原电位比氢离子还原电位更负，则氢在电极上大量析出，金属就很难沉积出来。所以，在周期表中的金属元素，有些金属元素可以从水溶液中析出，有些金属元素却不能。一般说来，金属元素在周期表中的位置越靠左边，化学活泼性越强，在电极上还原的可能性就越小；相反，在周期表中的位置越靠右边，其还原过程越容易实现。表 2-4 给出了可以在水溶液中实现金属离子还原过程的各种金属元素在周期表中的位置。从表 2-4 中可以看到，在元素周期表中，第 I 主族和第 II 主族的金属元素，其活泼性很强，电极电位很负（$\varphi^0 < -1.5V$），在水溶液中得不到金属电沉积层。但在一定条件下，可以汞齐的形式沉积。根据实验，大致可以以铬分族为分界线，位于铬分族左方的金属元素，在水溶液中一般很难或不能在电极上沉积；位于铬分族右方的各金属元素的简单离子，都能较容易地从水溶液中沉积出来。在铬分族内各金属元素情况也不相同，其中铬能较容易地从水溶液中沉积，而 Mo 及 W 的电沉积就比较困难，但如果它们以合金的形式电沉积，就会比纯金属电沉积容易得多。

表 2-4　在水溶液中金属离子阴极还原的可能性

周期	ⅠA	ⅡA	ⅢB	ⅣB	ⅤB	ⅥB	ⅦB	ⅧB			ⅠB	ⅡB	ⅢA	ⅣA	ⅤA	ⅥA	ⅦA	ⅧA
一	H																	He
二	Li	Be											B	C	N	O	F	Ne
三	Na	Mg											Al	Si	P	S	Cl	Ar
四	K	Ca	Sc	Ti	V	Cr	Mn	Fe	Co	Ni	Cu	Zn	Ga	Ge	As	Se	Br	Kr
五	Rb	Sr	Y	Zr	Nb	Mo	Tc	Ru	Rh	Pd	Ag	Cd	In	Sn	Sb	Te	I	Xe
六	Cs	Ba	La	Hf	Ta	W	Re	Os	Tr	Pt	Au	Hg	Tl	Pb	Bi	Po	At	Rn
七	Fr	Ra	Ac	Th	Pa	U												
说明	一般可以从水溶液中获得汞齐形式沉积		从水溶液中难以或者不能获得纯态沉积				可以从水溶液中电沉积				可以从配合物水溶液中电沉积						非金属	

表2-4中的划分,主要是依据一定的实验事实。应当说明,这种划分不是绝对的,当电沉积的热力学和动力学条件改变时,分界线的位置将发生变化。其次,随着电化学科学与技术的发展,有些目前认为不能电沉积的金属也可能逐步实现电沉积。因此,表2-4中的划分是相对的,只能作为参考。在分析金属离子能否沉积的规律时,还应考虑以下问题:

(1)若电解液中是金属配位离子,则金属电极的平衡电位会明显负移,使金属离子的还原更加困难。例如,在采用氰化物作配位剂的电镀液中,只有铜分族元素及位于铜分族右方的金属元素,才能从水溶液中电沉积,即相当于分界线的位置向右移动了。正因为如此,铬及铁族(Fe、Co、Ni)金属的电镀,目前在工业上均不采用配位盐溶液。也就是说,这些金属在其单盐溶液中已具有较大的极化值,可以得到良好的镀层;如果采用配位盐溶液,则电极上只有剧烈的析氢反应而得不到金属镀层。

(2)若阴极还原产物不是纯金属而是合金,则由于反应产物中金属的活度比单金属小,而有利于还原反应的实现。

(3)表2-4只讨论了金属从水溶液中阴极还原的可能性。在非水溶液中,由于各种溶剂性质不同于水,往往在水溶液中不能阴极还原的某些金属元素,可以在适当的有机溶剂中电沉积出来。但是这些非水溶液的溶剂要有足够高的导电率,以保证电沉积过程的正常进行。例如,目前在水溶液中还不能电沉积的铝、铍、镁,可以从醚溶液中沉积出来。表2-5给出了部分金属在水和某些有机溶液中的标准电极电位,表明了溶剂对金属电化学性质的影响。

表 2-5 金属在水和某些有机溶液中的标准电极电位(25℃)   (单位:V)

电极	H_2O	CH_3OH	C_2H_5OH	N_2H_4	CH_3CN	$HCOOH$
Li|Li$^+$	−3.045	−3.095	−3.042	−2.20	−3.23	−3.48
K|K$^+$	−2.925	−2.921	—	−2.02	−3.16	−3.36
Na|Na$^+$	−2.714	−2.728	−2.657	−1.83	−2.87	−3.42
Ca|Ca^{2+}	−2.870	—	—	−1.91	−2.75	−3.20
Zn|Zn^{2+}	−0.763	−0.74	—	−0.41	−0.74	−1.05
Cd|Cd^{2+}	−0.402	−0.43	—	−0.10	−0.47	−0.75
Pb|Pb^{2+}	−0.129	—	—	0.35	−0.12	−0.72
H|H$^+$	0	0	0	0	0	0
Ag|AgCl, Cl$^-$	0.222	−0.010	−0.088	—	—	—
Cu|Cu^{2+}	0.337	—	—	—	−0.28	−0.14
Hg|Hg^{2+}	0.789	—	—	0.77	—	0.18
Ag|Ag$^+$	0.799	0.764	—	—	0.23	0.17

(4)表2-5仅仅说明金属离子电沉积的热力学可能性,而对于电沉积层的质量并未涉及。从前面的叙述可知,电沉积层质量主要取决于金属阴极还原过程和电结晶过程的动力学规律。

2. 简单金属离子的阴极还原

简单金属离子在阴极上的还原历程遵循金属电沉积基本历程，其总反应式可表示如下：

$$M^{n+} \cdot mH_2O + ne = M + mH_2O$$

需要注意以下几点。

（1）简单金属离子在水溶液中都是以水合离子形式存在的。金属离子在阴极还原时，必须首先发生水合离子周围水分子的重排和水合程度的降低，这样才能实现电子在电极与水合离子之间的跃迁，形成部分脱水化膜的吸附在电极表面的所谓吸附原子。计算和实验结果表明，这种原子还可能带有部分电荷，因此也有人称之为吸附离子。然后，这些吸附原子脱去剩余的水化膜，成为金属原子。

（2）多价金属离子的阴极还原符合多电子电极反应的规律，即电子的转移是多步骤完成的，因而阴极还原的电极过程比较复杂。

3. 金属配合离子的阴极还原

加入配位剂后，由于配位剂和金属离子的配位反应，使水合金属离子转变成不同配位数的配位离子，金属在溶液中的存在形式和在电极上放电的粒子都发生了改变，因而引起了该电极体系电化学性质的变化。

1）使金属电极的平衡电位向负移动

平衡电极电位的变化不仅可以测量出来，而且可以通过热力学公式（能斯特方程）计算出来。例如，25℃时，银在 1mol/L AgNO₃ 溶液中的平衡电位如下：

$$\varphi_e = \varphi^0 + \frac{RT}{F} \ln a_{Ag^+}$$
$$= 0.779 + 0.0591 \log(1 \times 0.4) = 0.756(V)$$

若在该溶液中加入 1mol/L KCN，因 Ag^+ 与 CN^- 形成银氰配离子，若按第一类可逆电极计算电极电位时应取游离 Ag^+ 离子活度。Ag^+ 与 CN^- 的配位平衡反应如下：

$$Ag^+ + 2CN^- = Ag(CN)_2^-$$

已知该配合物不稳定常数 $K_{不} = a_{Ag^+} \cdot a_{CN^-}^2 / a_{Ag(CN)_2^-} = 1.6 \times 10^{-22}$。

设游离 Ag^+ 离子活度为 x，$Ag(CN)_2^-$ 活度为 $(a_{Ag^+} - x) = (0.4 - x)$，$CN^-$ 活度近似为 1，则：

$$x = K_{不} a_{Ag(CN)_2^-} / a_{CN^-}^2$$
$$= K_{不} a_{Ag(CN)_2^-} / 1^2$$
$$= 6.4 \times 10^{-23} (mol/L)$$

由此可见，游离 Ag^+ 离子浓度是如此之小，以致一般情况下可以忽略不计。

按上述计算结果，有配位剂时的平衡电极电位如下：

$$\varphi_e = \varphi^0 + 0.0591/n \log x$$
$$= 0.779 + 0.0591 \log(6.4 \times 10^{-23}) = -0.533(V)$$

因此，在氰化物溶液中，银离子以银氰配离子形式存在时，电极平衡电位移动了（-0.533-0.756）V = -1.289V。

从上面的例子可以看出，配位化合物不稳定常数越小，平衡电位负移越多。而平衡电位越负，金属阴极还原的初始析出电位也越负，即从热力学的角度看，还原反应越难进行。

　　2）金属配离子阴极还原机理

　　在配位盐溶液中，由于金属离子与配位剂之间的一系列配位离解平衡，因而存在着从简单金属离子到具有不同配位数的各种配位离子，它们的浓度也各不相同。当配位剂浓度较高时，具有特征配位数的配位离子是金属在溶液中的主要存在形式。例如，锌酸盐镀锌溶液中，配位剂 NaOH 往往是过量的，故溶液中的主要存在的是 $[Zn(OH)_4]^{2-}$ 离子，同时还存在低浓度的 $[Zn(OH)_3]^-$、$Zn(OH)_2$、$[Zn(OH)]^+$ 等其他配位离子及微量的 Zn^{2+} 离子。

　　那么，是哪一种粒子在电极上得到电子而还原（放电）呢？目前，多数人认为是配位数较低而浓度适中的配位离子，如在锌酸盐镀锌溶液中是 $Zn(OH)_2$。上面的分析已经表明，简单金属离子的浓度太小，尽管它脱去水化膜而放电所需要的活化能最小，也不可能靠它直接在电极上放电；然而，具有特征配位数的配位离子虽然浓度最高，但其配位数往往较高或最高，所处能态较低，还原时要脱去的配位体较多，与其他配位离子相比，放电时需要的活化能也较大，而且这类配位离子往往带负电荷，受到界面电场的排斥，故由它直接放电的可能性极小。而像 $Zn(OH)_2$ 这样的配位数较低的配位离子，其阴极还原所需要的反应活化能相对较小，又有足够的浓度，因而可以以较高的浓度在电极上放电。

　　表 2-6 给出了某些电极体系中配位离子的主要存在形式和直接放电粒子的种类。

表 2-6　某些电极体系中配离子的主要存在形式和直接放电粒子的种类

电极体系	配离子主要存在形式	直接放电的粒子
$Zn(Hg) \mid Zn^{2+}$，CN^-，OH^-	$Zn(CN)_4^{2-}$	$Zn(OH)_2$
$Zn(Hg) \mid Zn^{2+}$，OH^-	$Zn(OH)_4^{2-}$	$Zn(OH)_2$
$Zn(Hg) \mid Zn^{2+}$，NH_3	$Zn(NH_3)_2OH^+$	$Zn(NH_3)_2^{2+}$
$Cd(Hg) \mid Cd^{2+}$，CN^-	$Cd(CN)_4^{2-}$	$c_{CN^-} < 0.05mol/L$：$Cd(CN)_2$ $c_{CN^-} > 0.05mol/L$：$Cd(CN)_3^-$
$Ag \mid Ag^+$，CN^-	$Ag(CN)_3^{2-}$	$c_{CN^-} < 0.1mol/L$：$Ag(CN)$ $c_{CN^-} > 0.2mol/L$：$Ag(CN)_2^-$
$Ag \mid Ag^+$，NH_3	$Ag(NH_3)_2^+$	$Ag(NH_3)_2^+$

　　如果溶液中含有两种配位剂，其中一种配离子又比另一种配离子容易放电，则往往在配位体重排、配位体数降低的表面转化步骤之前还要经过不同类型配位的交换。例如，氰化镀锌溶液中存在 NaCN 和 NaOH 两种配位剂，其阴极还原过程如下：

$$Zn(CN)_4^{2-} + 4OH^- = Zn(OH)_4^{2-} + 4CN^- \quad （配位体交换）$$

$$Zn(OH)_4^{2-} = Zn(OH)_2 + 2OH^- \quad （配位体降低）$$

$$Zn(OH)_2 + 2e = Zn(OH)_{2吸附}^{2-} \quad （电子转移）$$

$$Zn(OH)_{2吸附}^{2-} = Zn_{晶格中} + 2OH^- \quad （进入晶格）$$

　　最后，需要特别指出的是，配位剂的加入使金属电极的平衡电位变负，这只是改变了电极体系的热力学性质，与电极体系的动力学性质并没有直接的联系。也就是说，配位离子不稳定常数越小，电极平衡电位越负，但金属配位离子在阴极还原时的过电位不一定越大。因为前者取决于溶液中主要存在形式的配位离子的性质；后者主要取决于直接在电极上放电的粒子，在电极上的吸附热和中心离子(金属离子)配位体重排、脱去部分配位体而形成活化配合物时发生的能量变化。例如，$Zn(CN)_4^{2-}$ 离子和 $Zn(OH)_4^{2-}$ 离子的不稳定常数很接近，分别为 1.9×10^{-17} 和 7.1×10^{-16}，但在锌酸盐溶液中镀锌时的过电位却比氰化镀锌时小得多。

2.5.3 金属电结晶过程

既然金属电结晶过程是一种结晶过程，它就和一般的结晶过程，如盐从过饱和水溶液中结晶出来、熔融金属在冷却过程中凝固成晶体等有类似之处。但电结晶过程是在电场的作用下完成的，因此电结晶过程受到阴极表面状态、电极附近溶液的化学和电化学过程，特别是阴极极化作用(过电位)等许多特殊因素的影响而具有自己独特的动力学规律，与其他结晶过程有着本质的区别。目前认为电结晶过程有两种形式：一种是阴极还原的新生态吸附原子聚集形成晶核，晶核逐渐长大形成晶体；另一种是新生态吸附原子在电极表面扩散，达到某一位置并进入晶格，在原有金属的晶格上延续生长。

1. 盐溶液中的结晶过程

先以氯化铵从其盐溶液中的结晶析出为例，了解在没有电场作用下结晶过程的基本规律。氯化铵在 20℃ 的水中溶解时能达到的最大浓度为 27.3%，称为饱和浓度，也就是该温度下的溶解度。处于饱和浓度状态下的溶液则称为饱和溶液。随温度的升高，溶解度增大。氯化铵在不同温度下的溶解度见表 2-7。

表 2-7 氯化铵在不同温度下的溶解度

温度/℃	20	30	40	50
溶解度(%)	27.3	29.3	31.4	33.5

若将 30℃ 的氯化铵饱和溶液冷却到 20℃，则氯化铵的浓度会超过 20℃ 时的溶解度，处于不平衡状态。这种不平衡态溶液称为过饱和溶液，其浓度以 c 来表示。若以 c_s 表示同种溶液的饱和浓度，则 c/c_s 为该过饱和溶液的过饱和度。当溶液浓度超过饱和浓度以后，由于 NH_4^+ 离子及 Cl^- 离子的静电引力大于使氯化铵电离与水化的作用(即溶解作用)，氯化铵将会从溶液中以固体状态结晶出来。

实验表明，所有盐溶液的结晶过程普遍遵循一条规律：过饱和度越大，结晶出来的晶体晶粒越小；过饱和度越小，则晶粒越粗大。

这是因为在氯化铵的结晶过程中，总是先由少量氯化铵分子彼此靠近在一起，结成结晶核心(晶核)，然后其他氯化铵分子再在晶核上继续沉积，使晶核长大。在一定过饱和度的溶液中，能够继续长大的晶核必须具有一定大小的尺寸(晶核的临界尺寸)，该临界尺寸的大小取决于体系的能量。在过饱和溶液中，体系处于高能量的不平衡状态，有自发的向低能态转化的倾向，而晶核的形成恰好能导致体系自由能的降低。因此，溶液过饱和度越大，体系不平衡程度越大，晶核的生成越容易。此时，晶核生成速度大于晶核长大速度，因此析出的晶体就细小，且数量多。如果溶液的过饱和度小，体系能量低，就不容易生成晶核，即使生成了晶核，其尺寸常小于临界尺寸，容易重新溶解。此时，晶核的长大速度大于晶核的生成速度，因而析出的晶体粗大而且数量少。图 2.39 给出了晶核半径与体系自由能的关系。

2. 电结晶形核过程

金属的电结晶与盐从过饱和溶液中结晶的过程有类似之处，即都可能经历晶核生成和晶核长大两个过程。但金属电结晶是一个电化学过程，形核和晶粒长大所需要的能量来自于界面电场，即电结晶的推动力是阴极过电位而不是溶液的过饱和度。

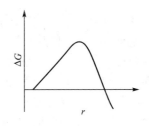

图 2.39　晶核半径与体系自由能的关系

图 2.40 给出了在恒定电流密度下，$CdSO_4$ 溶液中镉在铂电极上电沉积时，阴极电位与时间的关系。

在图 2.40 中，开始通电时，没有金属析出，阴极电位迅速负移，说明阴极电流消耗于电极表面的充电；当电位负移到一定值时(A 点)，电极表面才出现金属镉的沉积，说明开始有金属离子还原和生成晶核，由于晶核长大需要的能量比形成晶核时少，故电位略变正，曲线出现回升，即过电位减小，AB 段的水平部分就体现了晶核长大的过程。若在 B 点切断电源，则结晶过程停止，但由于电极上已沉积了一层镉，因此电极电位将回到镉的平衡电位(CD 段)，而不是铂在该溶液中的稳定电位。由此可知，在平衡电位时，是不会有晶核在阴极上形成的，只有存在一定值的过电位时，晶核的形成和长大才可能发生。这与盐从溶液中结晶需要一定的过饱和度是一样的。就是说，过电位就相当于盐结晶时的过饱和度。其实质是使电极体系能量升高，即由外电源提供生成晶核和晶核长大所需要的能量。所以，一定的过电位是电结晶过程发生的必要条件。图 2.40 中的 η_1 和 η_2 分别表示晶核生成和长大时需要的过电位。

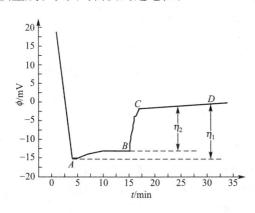

图 2.40　$CdSO_4$ 溶液中镉在铂电极上电沉积时阴极电位随时间的变化

根据德国学者 Kossell 和 Volmer 提出并被后人用实验证了的电结晶形核理论，在完整的晶体表面电沉积时首先形成二维晶核，再逐渐生长成为"单原子"薄层，然后在新的晶面上再次形核、长大，一层一层生长，直至成为宏观的晶体沉积层。

由于电结晶过程是在一定过电位下从不平衡态向平衡态转化的自发过程，会使体系自由能降低，其值用 ΔG_1 表示。但新相生成时要形成新的界面，又使体系自由能升高(新相形成功)，其值用 ΔG_2 表示。所以，结晶过程中体系能量总的变化应是这两部分变化之和，即 $\Delta G = \Delta G_1 + \Delta G_2$。如果从界面能的变化考虑，最有利的二维晶核形状是圆柱形。假设二维圆柱体晶核半径为 r，高为 h(一个原子高)，则可推导出形成二维晶核时体系自由能的总变化 ΔG 如下：

$$\Delta G = \frac{-\pi r^2 h \rho n F \eta_c}{A} + 2\pi r h \gamma_1 + \pi r^2 (\gamma_1 + \gamma_2 - \gamma_3) \qquad (2-42)$$

其中

$$\Delta G_1 = \frac{-\pi r^2 h \rho n F \eta_c}{A}$$

$$\Delta G_2 = 2\pi r h \gamma_1 + \pi r^2 (\gamma_1 + \gamma_2 - \gamma_3)$$

式中，n 为金属离子的价数；F 为法拉第常数；ρ 为沉积金属的密度；A 为沉积金属的相对原子质量；γ_1、γ_2、γ_3 分别为晶核/溶液、晶核/电极、电极/溶液的界面张力。

按照化学热力学原理只有当 $\Delta G < 0$ 时，晶核才能稳定存在。而从式(2-42)中可以看出，ΔG 是晶核半径 r 的函数。当 r 较小时，晶核的比表面很大，体系自由能的降低 ΔG_1 不足以补偿新相生成的形成功 ΔG_2，故 $\Delta G > 0$，此时形成的晶核是不稳定的，会重新进入溶液；当 r 较大时，晶核的比表面小，$|\Delta G_1| > |\Delta G_2|$，则 $\Delta G < 0$，可以形成稳定的晶核。因此，可以通过 ΔG 对 r 的微分，在 $\partial \Delta G/\partial r = 0$ 的条件下求出使晶核稳定存在的晶核临界半径 r_c。

$$r_c = h\gamma_1 \Big/ \left[\frac{h\rho n F \eta_c}{A} - (\gamma_1 + \gamma_2 - \gamma_3) \right] \tag{2-43}$$

代入体系自由能总变化 ΔG 表达式：

$$\Delta G_c = \frac{\pi h^2 \gamma_1^2}{\left[\dfrac{h\rho n F \eta_c}{A} - (\gamma_1 + \gamma_2 - \gamma_3) \right]} \tag{2-44}$$

显然，只有半径大于 r_c 的晶核，才能有效存在并且长大。同时式(2-44)还表明，过电位越高，晶核临界半径越小。

如果阴极过电位很高，使得 $|\Delta G_1| \gg |\Delta G_2|$；或者在完整覆盖了沉积金属原子的第一层上继续电结晶时，因为 $\gamma_1 = \gamma_3$，$\gamma_2 = 0$，则

$$\Delta G_c = \frac{\pi h \gamma_1^2 A}{\rho n F \eta_c} \tag{2-45}$$

已知，形核速度 w 和临界自由能变化 ΔG_c 之间有如下关系：

$$w = K e^{\frac{-\Delta G_c}{kT}} \tag{2-46}$$

式中，K 为指前因子；k 为玻尔兹曼常数，$k = R/L$；R 为摩尔气体常数；L 为阿伏伽德罗常数。

将 ΔG_c 代入，则

$$w = K \exp\left(\frac{-\pi h \gamma_1^2 L A}{\rho n F R T \eta_c} \right) \tag{2-47}$$

式(2-47)表明了电结晶过程中形核速度与阴极过电位的关系，η_c 越大，形核速度越大。随着阴极过电位的提高，晶核形成速度是以指数关系急剧增加的，因而结晶更细致。

综上所述，电结晶形核过程有如下两点重要规律：

(1) 电结晶时形成晶核要消耗电能(即 $nF\eta_c$)，因而在平衡电位下是不能形成晶核的，只有当阴极极化到一定值(即阴极电位达到析出电位)时，晶核的形成才有可能。从物理意义上说，过电位或阴极极化值所起的作用和盐溶液中结晶过程的过饱和度相同。

(2) 阴极过电位的大小决定电结晶层的粗细程度，阴极过电位高，则晶核越容易形成，晶核的数量也越多，沉积层结晶细致；相反，阴极过电位越小，沉积层晶粒越粗大。

3. 在已有晶面上的延续生长

在 2.1 节已经讲到，实际金属表面不完全是完整的晶面，总是存在着大量的空穴、位

错、晶体台阶等缺陷。吸附原子进入这些位置时，由于相邻的原子较多，需要的能量较低，比较稳定。因而吸附原子可以借助这些缺陷，在已有金属晶体表面上延续生长而无须形成新的晶核。

1）表面扩散与并入晶格

吸附原子可以以两种方式并入晶格：放电粒子直接在生长点放电而就地并入晶格（图2.41 中的Ⅰ）；放电粒子在电极表面任一位置放电，形成吸附原子，然后扩散到生长点并入晶格（图2.41 中的Ⅱ）。

吸附原子并入晶格过程的活化能涉及两方面的能量变化：电子转移和反应粒子脱去水化层（或配位体）所需要的能量 ΔG_1；吸附原子并入晶格所释放的能量 ΔG_2。

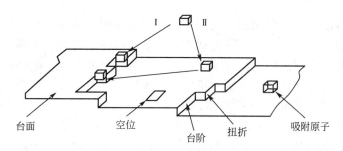

图 2.41　金属离子并入晶格的方式
Ⅰ—直接在生长点放电；Ⅱ—通过扩散进入生长点

通常，金属离子在电极表面不同位置放电，脱水化程度不同，故 ΔG_1 明显不同，而在不同缺陷处并入晶格时释放的能量 ΔG_2 差别却不大。表 2-8 列出了零电荷电位下测定的金属离子在不同位置放电所需的活化能，也可以证明上述结论。因此，直接在生长点放电、并入晶格时，要完全脱去配位体或水化层，ΔG_1 很大，故这种并入晶格方式的概率很小；而在电极表面平面位置放电所需 ΔG_1 最小，虽然此时 ΔG_2 比直接并入晶格时稍大，总的活化能仍然最小，所以这种方式出现的概率最大。

表 2-8　金属离子在不同位置放电所需的活化能　　　　　（单位：kJ/mol）

离子	晶面	棱边	扭结点	空穴
Ni^{2+}	544.3	795.5	>795.5	795.5
Cu^{2+}	544.3	753.6	>753.6	753.6
Ag^+	41.8	87.92	146.5	146.5

2）晶体的螺旋位错生长

实际晶体表面有很多位错，有时位错密度可高达 $10^{10} \sim 10^{12}$ 个/cm^2。晶面上的吸附原子扩散到位错的台阶边缘时，可沿位错线生长。如图 2.42 所示，开始时，晶面上的吸附原子扩散到位错的扭结点 O，从 O 点开始逐渐把位错线 OA 填满，将位错线推进到 OB，原有的位错线消失，新的位错线 OB 形成。吸附原子又在新的位错线上生长。位错线推进一周后，晶体就向上生长了一个原子层。如此反复旋转生长，晶体将沿位错线螺旋式长大，成为图 2.43 所示的棱锥体。这就是晶体的螺旋位错生长理论。这一的理论的正确性已经为许多实验事实所证明。

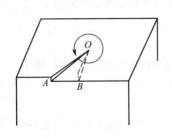

图 2.42　螺旋位错生长示意图

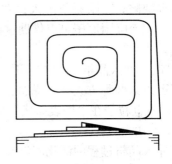

图 2.43　位错螺旋推进生长成棱锥体示意图

随着相关学科以及电化学测试与表面分析技术的发展，在总结几十年大量实验研究成果的基础上，人们逐渐有了比较一致的观点，电结晶过程中的形核和螺旋位错生长都是客观存在的结晶方式。当阴极过电位较小时，电极过程的动力较小，电结晶过程主要通过吸附原子表面扩散、并入晶格、以螺旋位错生长方式进行。

此时，由于吸附原子浓度和扩散速度都相当小，表面扩散步骤成为电沉积过程的速度控制步骤。当阴极过电位比较高时，电极过程动力增大，吸附原子浓度增加，容易形成新的晶核并长大，故电结晶过程主要以形核方式进行。与此同时，电极过程速度控制步骤也转化为电子转移步骤。

思 考 题

1. 什么是清洁表面，什么是实际表面，二者具有怎样的研究意义？
2. 什么是理想表面？其特点是什么？
3. 根据表面原子排列，清洁表面又可分为哪 3 种，这 3 种表面分别呈现什么特点？
4. 金属离子电沉积的热力学条件是什么？分析金属离子在水溶液中沉积的可能性。
5. 金属电沉积包括哪些基本的单元步骤？写出各单元步骤的表达式。
6. 试从能量的角度分析金属离子放电的位置和进入晶格的途径。
7. 简述电结晶形核理论的要点及形成晶体的要点。
8. 简述晶体螺旋错位生长理论的要点及形成晶体的过程。
9. 试述过电位在电结晶过程中的重要意义。
10. 试述金属表面的极化现象。
11. 试述金属表面的化学钝化现象。
12. $25℃$时，金属铜从 Cu^{2+} 离子活度为 1 的溶液中以 $j=0.8A/dm^2$ 的速度电沉积，已知电子转移步骤是整个电极过程的速度控制步骤，并测得阴极塔菲尔斜率 $b_c=0.06V$，交换电流密度 $j_0=0.01A/dm^2$。试求该电流密度下的阴极过电位。
13. 与简单金属离子相比，金属配位离子的阴极还原过程有何特点？
14. 金属电结晶过程是否一定要先形成晶核？晶核形成的条件是什么？
15. 固体表面自由能和表面张力与液体相比有什么不同？
16. 法国佳士得拍卖行拍卖的圆明园铜铸鼠首和兔首头像，如图 2.44 所示，历经 250 年的风雨，为什么没有被腐蚀？

图 2.44　圆明园兔首和鼠首铜像

第3章
材料表面预处理及机械处理

 本章学习目标

★ 了解表面预处理工艺的目的和原理；
★ 了解喷丸、滚压技术的工艺特点；
★ 了解表面调整与净化技术的发展、特点及功能。

 本章教学要点

知识要点	能力要求	相关知识
表面预处理工艺的目的和原理	了解表面预处理工艺的目的和原理	金属晶体结构、金属表面结构、理想表面和清洁表面等
喷丸、滚压技术	了解喷丸、滚压技术	表面粗化、表面应力等
表面调整与净化技术	了解表面调整与净化技术的发展、特点及功能	除油、除锈、表面粗糙度、局部保护

导入案例

产品或零件在实施表面处理工程技术之前，需要经过各种机械加工、热处理、各车间的周转和存放，因此表面上会不可避免地存在有氧化膜、氧化皮、锈蚀、油污、砂粒、灰尘、焊渣、型砂、旧漆膜等，图 3.1 展示了金属表面的实际构成。怎样彻底清除这些物质？怎样使材料露出金属本色？怎样获得"清洁表面"甚至"洁净表面"？

电镀、化学镀、转化膜等表面处理工艺的一个共同特点，就是在金属或非金属基体表面上形成覆盖层，所进行的电化学或化学反应都是在基体表面和化学溶液之间的界面处完成的，因此覆盖层的质量既受制于化学溶液组成和操作条件，也受制于基体的表面质量。金属或非金属基体和化学溶液两者是电镀、化学镀、转化膜处理过程中的一对互为因果的矛盾体。

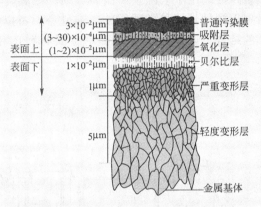

图 3.1　金属表面的实际构成示意图

表面处理工艺对覆盖层质量的影响比较大，金属或非金属基体的表面质量对覆盖层质量的影响同样是非常大的。

零件表面镀前的状态对覆盖层生成质量的影响，通常是通过零件表面的形状、尺寸精度、表面存在的缺陷、表面粗糙度、零件的结构、制造过程中的各种冶金因素等方面表现出来的。这些因素对零件表面与化学溶液界面处进行的电化学或化学反应过程和覆盖层的质量影响很大。

金属或非金属零件通常是由产品制造厂制造，然后委托电镀企业进行电镀、化学镀和转化膜处理，它们之间的关系就是用户和供方间的协作关系。为了规范用户和供方之间对零件表面质量和覆盖层质量之间的技术协调，国家制定 GB/T 12611—2008《金属零(部)件镀覆前质量控制技术要求》技术标准，规定了零件表面镀前应该达到的最低限度质量要求。

零件的表面机械准备与零件的化学和电化学准备都是零件表面镀覆前处理的重要工序。长期以来，机械准备工艺主要用于消除零件镀前表面上存在的各种表面缺陷，如机械损伤、氧化物、表面夹杂、锈蚀、斑疤以及降低镀前表面粗糙度。这些为零件表面处理提供一个良好的表面状态，对提高镀覆层的质量、减少镀覆过程的不合格品、降低生产成本是至关重要的。

近年来，零件镀前表面的原始质量正在逐步得到提高，适合于高表面质量的零件进行表面机械准备的工艺方法日益增多。随着环境要求的不断提高，为了减少表面处理的化学污染，机械和化学结合的镀前准备工艺(如滚光、振动光饰等)在企业中已得到迅速的发展。

3.1 喷 丸

喷砂或喷丸是以压缩空气或机械离心力为动力,将石英砂、铁砂、钢珠或其他硬质材料表面喷射或抛射在材料表面,利用冲击力和摩擦力来除锈的方法,其工作原理如图3.2所示。

喷砂可以用于去除金属制品表面的毛刺、氧化皮以及铸件表面上的熔渣等,也可用来清理焊接件焊缝处的残留物。喷砂不但可以清理零件表面,使表面粗化,提高涂层与基体的结合力,而且还可以提高金属材料的耐疲劳性能。实验室常用喷砂机如图3.3所示。

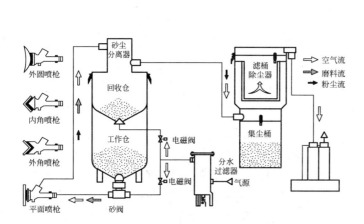

图 3.2　环保自动循环回收式喷砂机工作原理　　　　图 3.3　实验室常用喷砂机

喷砂一般分为干喷砂和湿喷砂两种。干喷砂是用净化的压缩空气将干砂流强烈地喷到金属制品表面上,利用砂料的冲击作用吹掉制品表面上的污物并使表面粗化。湿喷砂是在砂料中加入一定量的水和缓蚀剂,使之成为砂-水混合物,以减缓砂料对金属表面的冲击作用,从而减少金属材料的去除量,使金属表面的光洁度更好,而且可以减少砂土对环境的污染和对人体的危害。

3.2 机械性清理

借助机械力除去材料表面上的腐蚀产物、油污及其他杂物,以获得清洁表面的过程,被称为机械性清理。机械性清理工艺简单,适应性强,清理效果好,适用于除锈(包括氧化皮和其他腐蚀物)、除油、除型砂、除泥土、除油污和表面粗化等。机械性清理方法包括以下几种。

1. 机械磨光和抛光

机械磨光是用粘有磨料的磨光轮对金属表面进行磨削的过程(图 3.4)。机械磨光可以去除零件表面的划痕、毛刺、砂眼、焊缝残留物、腐蚀痕迹和氧化皮等，使其具有一定的平整度和粗糙度。磨料颗粒直径越大，零件表面越粗糙。因此，除表面状态较好或质量要求不高的零件可一次性磨光以外，一般采用磨粒颗粒直径逐渐减小的几次磨光。在磨光的最后一道工序中，常在磨轮上涂润滑剂进行研磨，以提高金属表面的平滑程度。零件经磨光后表面粗糙度的 Ra 值可达 $0.4\mu m$。

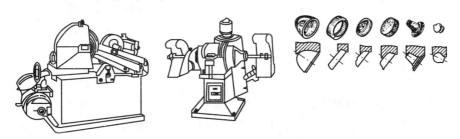

图 3.4　磨光机及不同形状的磨光轮

机械抛光工序是在装有抛光轮的抛光机上进行的，实验室常用抛光机如图 3.5 所示。抛光轮上涂有由粒度很细小的磨料组成的抛光膏，示意图如图 3.6 所示。抛光可以去掉金属表面的细微不平。依据抛光后表面质量的不同，抛光可分为粗糙抛、中抛和精抛 3 类，经过精抛后零件表面可获得镜面光泽。材料表面处理技术中，抛光是气相沉积技术、离子注入技术、电镀和化学镀技术必须进行的表面预处理工艺。图 3.7 所示是抛光后金属表面结构。

图 3.5　实验室常用抛光机

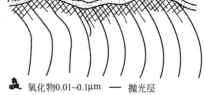

图 3.6　抛光轮示意图　　图 3.7　抛光金属表面结构

2. 滚光和刷光

滚光是将零件放入盛有磨料和化学溶液的滚桶中，各种不同形状的滚筒如图 3.8 所示，借滚筒的旋转使零件与磨料、零件与零件表面相互摩擦，以达到清理零件表面的目的，图 3.9 所示是一般滚光机。

支架式滚筒　　　　六边形滚筒　　　　钟形圆滚筒

图 3.8　不同形状的滚筒

图 3.9　一般滚光机

滚光可以起到除去零件表面少量的油和锈、整平金属表面的作用，使零件获得一定的表面光泽。该方法只适用于大批量生产的小零件。滚光的效果与滚筒的形状、尺寸、转速、滚筒中的磨料、化学溶液的性质以及零件的种类与形状等因素密切相关。

刷光是用金属丝轮或金属丝刷，在刷光机上或用手工进行刷光的表面性清理过程。其目的是为了去掉制件表面上的毛刺、氧化物、残存的油污以及浸蚀后的黑膜等。一般用于小批量零件的表面预处理。

3.3　材料表面处理的预处理

所有表面处理技术在工艺实施之前都必须对材料进行预处理，以便提高表面覆层的质量以及覆层与基材的结合强度。有时，人们又把表面预处理称为表面调整与净化，而将采取各种加工方式使制品（或基材）表面达到一定粗糙度的过程称为表面精整。大量实践证明，预处理是表面处理工程技术能否成功实施的关键因素之一。

表面清洁度与表面粗糙度是材料表面处理技术预处理工艺的两个最重要指标。一方面，表面清洁度过低，不但会影响覆层的完整性、附着力、抗蚀性、装饰性和功能薄膜性能的连续性，严重时甚至不能够实施表面处理技术；另一方面，不同的表面处理技术，对零件或制品表面粗糙度的要求有不同。例如，对涂装与热喷涂工艺而言，零件或制品表面需要有一定的粗糙度，因为这两种工艺中材料与基体界面主要依靠机械结合和范德华力结合，一定的表面粗糙度可以增加覆层与基体的接触面积。对于装饰性电镀，一般要求金属表面平整光滑，因为电镀层较薄且透明，粗糙的表面影响制品的美观。对微电子工业中各种功能薄膜的制备来说，要求基片表面达到镜面平整，否则容易损害功能薄膜的连续性。微电子工业中对基片表面的清洁程度要求最高，因为任何一个微粒存在于表面，都会造成所制备的集成电路短路或断路。

　　表面预处理工序主要包括除油、除锈和获取一定粗糙度的表面等几部分。下面将简要介绍主要的几种表面预处理工序。

3.4　预处理及机械处理实例

3.4.1　除油

　　零件或制件表面上通常都存在油污，多为各种矿物油，如机油、柴油和凡士林等，还可能有少量的动植物油脂。必须去除这些表面油污，才能保证材料表面处理技术的顺利实施。除油的方法很多，主要有以下几种。

1. 化学除油

　　化学除油又称碱液清洗或化学脱脂。它利用碱与油脂起化学反应来去除材料表面的油污。化学除油操作简便、去油能力强、安全可靠、易实现自动化。化学除油液一般由含一定数量氢氧化钠(烧碱)、碳酸钠(纯碱)、磷酸钠等药剂的水溶液，再加入一定数量的硅酸钠(水玻璃)、OP乳化剂等组成。除油液温度一般为 $60\sim80℃$，将金属零件浸入除油液中，经过一定的时间，金属表面的油污即可除掉。常用碱性除油工艺见表 3-1。

表 3-1　常用碱性除油工艺

除油液的组成及工艺条件	工艺 1	工艺 2	工艺 3	工艺 4
氢氧化钠/(g/L)	50～100		10～15	
碳酸钠/(g/L)	25～35	10～20		15～30
磷酸钠/(g/L)	25～35	10～20	40～60	15～30
硅酸钠/(g/L)	10～15	10～20	20～30	10～20
OP乳化剂/(g/L)		2～3		
温度/℃	80～95	70	60～80	60～80
水	加至 1.0L	加至 1.0L	加至 1.0L	加至 1.0L
适用范围	钢铁	铜及铜合金	铝及铝合金	锌及锌合金

2. 有机溶剂除油

　　有机溶剂如汽油、煤油、丙酮、酒精、苯、甲苯、二甲苯、二氯乙烯、三氯乙烯、三氯乙烷和四氯化碳等都可用来除油。除油可以采用喷、浸、刷或擦拭等方法，还可以采用三氯乙烯或三氯乙烷的蒸气来除油。常用有机溶剂除油液见表 3-2。有机溶剂除油对金属表面无腐蚀、不需要加温、除油速度快、效果好，特别是适合那些碱液清洗难以除净的高黏度、高熔点的矿物油，几乎适合所有材料表面处理技术的预处理工艺，尤其是油污严重的零件或易被碱性除油液腐蚀的金属零件初步除油。但该方法除油不够彻底，工件表面往往剩余一层油膜，需要用化学或电化学方法进行补充除油。而且有机溶剂多数有毒且易燃，使用时一定要注意安全。一般来说这种除油方法的成本较高。

表 3-2　常用有机溶剂除油液组成

除油液的组成	含量(质量分数，%)
D-苧烯	90
十九烷基酚聚氧乙烯醚	4.5
十二烷基苯磺酸钠	0.5
异辛基磷酸酯	0.5
脂肪酸烷醇酰胺	4.5

注：将上述各成分按比例(质量比)依次混匀得除油液，除油时将金属材料置于该溶剂中 90s，其后用纯净水洗涤、干燥。使用该溶剂能去油污，且在材料表面不残留离子，可用于金属材料电镀前表面的清洗，使镀层附着力增强。

有机溶剂除油的工艺包括擦洗、浸洗、喷射清洗(喷淋)、蒸汽清洗和超声波清洗等方法。其中，擦洗与浸洗工艺简单、效率高，广泛应用于机械工业中各种零件的表面预处理。超声波清洗主要利用高频音波导致气泡破裂，产生的冲击波冲刷破坏油污层。此外，超声波在液体中还具有加速溶解和乳化作用等。因此，对于清洁要求高的零件或基片(如微电子工业中大规模集成电路制备基片薄膜沉积前的预处理)或几何形状比较复杂的零件，采用超声波清洗成为重要的基本清洗工艺之一。

3. 水剂除油

有机溶剂易燃易爆，有一定毒性，且挥发性强、材料消耗多、生产成本高，因此近年来逐渐被水剂清洗所代替。水剂清洗是以水溶液(碱溶液除外)作为清洗液去除待处理表面油污的清洗方法，如乳化液、表面活性剂溶液、清洗剂或金属清洗剂等。水剂清洗液不燃烧、不挥发、不污染空气、生产安全、对人体无害，而且除油效果好、用量少、价格低，因此在工业中的应用日益广泛。

水剂清洗液的主要成分包括表面活性剂、缓蚀剂和金属螯合剂等，常用水剂清洗液见表 3-3。表面活性剂加入水中后，首先使油污渗透、润湿，并与固体表面剥离，然后被乳化、增溶并分散在水中，从而去除油污。表面活性剂分为离子型和非离子型两类。水剂除油可以采用喷、浸、刷等工艺方法除去工件表面的油污。但为了除油彻底，在金属清洗剂除油后，往往还要进行化学除油或电化学除油。

表 3-3　常用水剂清洗液

除油液的组成	含量(质量分数，%)
聚氧乙烯脂肪醇醚	2～4
脂肪酸烷醇酰胺	2～3
聚氧乙烯烷基酚醚	1～3
阴离子型表面活性剂	1～2
有机助洗剂	2.2
无机助洗剂	3
水	余量

4. 电化学除油

电化学除油液的组成大体上与化学除油液相同，但一般氢氧化钠、碳酸钠、磷酸钠和硅酸钠等的含量要低些。除油时，将零件挂在阴极或阳极上，由于电极的极化作用，降低了油和零件界面的表面张力。在电解时，电极上析出的氢气泡或氧气泡对油膜具有强烈的撕裂作用，使油膜变为细小的油珠，气泡上升时的机械搅拌作用又可进一步强化除油过程。因此，电化学除油比一般的化学除油效果好、速度快。

阴极除油速度比阳极除油快，但在除油过程中可能有氢渗入基体，引起氢脆，对高强度钢和弹簧件不宜采用。由于铝、锌、锡、铅、铜等金属属件可能会产生阳极腐蚀，因此对这些金属件不宜采用阳极除油。一般情况下多采用阴-阳极联合除油，视基体材料的性质来决定阴极和阳极除油需进行多少时间。电化学除油液的部分配方及除油工艺条件见表 3-4。

表 3-4　常用电化学除油工艺

除油液的组成及工艺条件	工艺 1	工艺 2	工艺 3	工艺 4	工艺 5
氢氧化钠(g/L)	30～50	10～30	10～15	10～20	
碳酸钠(g/L)	20～30		20～30	20～30	5～10
磷酸钠(g/L)	50～70		50～70		10～20
硅酸钠(g/L)	10～15	30～35	10～15	5～10	5～10
温度/℃	70～95	80	80	50～80	50～80
电流密度$/(A/dm^2)$	3～8	10	3～8	6～12	5～7
时间/min	阴极 5～8 阳极 2～3	阴极 1 阳极 0.5	阴极 5～8 阳极 0.5	阴极 0.5	阴极 0.5
适用范围	钢铁	钢铁	铜及铜合金	铜及铜合金	锌及锌合金

3.4.2　化学除锈、抛光和电化学抛光

1. 化学除锈

化学除锈，即采用酸与金属材料表面的锈、氧化皮及其他腐蚀产物发生反应，使其溶解而去除的工艺。与机械清理相比，它具有除锈速度快、生产效率高、不受工件形状限制、除锈彻底、劳动强度低、操作方便、易于实现机械化、自动化生产等优点。常用于化学除锈的酸液有盐酸、硫酸、硝酸、氢氟酸、柠檬酸、酒石酸等，以盐酸和硫酸应用最多。化学除锈主要是利用化学溶解作用，即酸与锈或金属氧化物发生反应，生成可溶性的盐类，使锈去除。例如，盐酸与铁锈及基体可起如下化学反应：

$$Fe_2O_3 + 6HCl \longrightarrow 2FeCl_3 + 3H_2O$$

$$Fe_3O_4 + 8HCl \longrightarrow 2FeCl_3 + FeCl_2 + 4H_2O$$

$$FeO + 2HCl \longrightarrow FeCl_2 + H_2O$$

$$2Fe + 6HCl \longrightarrow 2FeCl_3 + 3H_2 \uparrow$$

在化学除锈的同时，酸对基体金属表面也有浸蚀作用。因此为防止金属表面的过腐蚀，酸洗液中一般加入少量金属缓蚀剂。一旦表面锈蚀物去净，应立即将工件取出，用清水冲洗掉余酸。然后，用碱液（一般为碳酸钠溶液）中和掉零件表面残余的一些酸液，最后还要用水再清洗掉上述碱液。对于铝和锌等两性金属，浸蚀多采用碱性溶液。

在化学除锈液中加入一些惰性填料,如白土、硅藻土等,配制成半流动状的稠厚膏体,可用于不便浸泡于酸液槽中的大型零部件的除锈,或部件的局部除锈。配成的膏体常温下涂覆于部件上,厚度为1~5mm,经过一定作用时间后检查。对于结构件的立面而言,膏体稠度宜相应调大。

化学除锈的另一种特殊方法就是电极除锈。它以普通碳素钢作为阳极,附木柄以便持取,电极与除锈面间以厚布等棉织物隔开。工作时除锈零部件接于蓄电池的阴极,上述碳钢为阳极(称为除锈电极),除锈电极上的布沾上电解除锈液。手持除锈电极,在通电情况下在锈面上擦拭,对锈面作阴极除锈。该法装备简单方便,除锈效率高,适合于大型制品的局部除锈,尤其是现场除锈。

经过浸蚀以后的零件,表面往往有一层浸蚀残渣,称为挂灰。对于钢、不锈钢、耐热钢等,可在溶液中清除挂灰,其溶液和工艺条件:CrO_3,70~90g/L;H_2SO_4($d=1.84$),20~40g/L;$NaCl$,1~2g/L。采用上述溶液,在室温中只需1~3min即可清除挂灰。对于铝合金,浸蚀之后一般要在溶液中进行出光,其溶液为300~400g/L的HNO_3($d=1.42$),在室温中浸泡20~30s即可。为了防止残留酸液腐蚀零件,浸蚀后的零件一般要在浓度为30~50g/L的Na_2CO_3溶液中进行中和处理,时间为30~60s。

化学除锈的一般工艺过程:除油—冷水洗(2次)—化学除锈—水洗。水洗是各个工序中必需的步骤,以防止工件附着前道工序的处理液而影响下道工序的正常进行,水洗后如果不立即进行后续施工,工件应该进行防锈处理。

水洗槽分为单槽和逆流连续水洗槽,示意图和实物如图3.10~3.13所示。

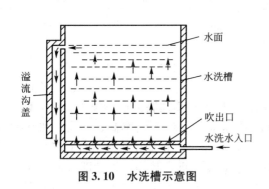

图3.10 水洗槽示意图

图3.11 水洗槽单槽

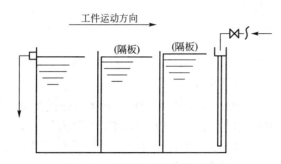

图3.12 逆流连续水洗槽示意图

图3.13 二级逆流连续水洗槽

2. 化学抛光

把零件放在合适的化学介质中，利用化学介质对金属表面的尖峰区域溶解速度比凹谷区域溶解速度快得多的特点，实现材料表面的抛光。化学抛光适合复杂形状和各种尺寸的零件，生产效率高。但是介质使用寿命比较短，抛光质量不如电化学抛光。

3. 电化学抛光

电化学抛光，又称电解抛光，是将工件作为阳极，浸于特定的抛光介质中并通以直流电。零件表面凸起的波峰部分电流密度较大，溶解较快，而凹入的波谷部分由于受到钝化膜或添加剂的保护而溶解很少或不溶解，原理如图 3.14 所示。因此，零件表面得以整平，产生光泽效果。

绝大多数金属都能进行电化学抛光，只要选用不同成分的电解液即可。但电化学抛光成本较高或效率较低，故常常只作为机械抛光后的精饰工艺。例如，纯铝件和不锈钢件，电化学抛光后可以得到镜面光泽。

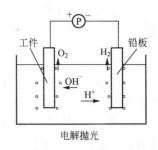

图 3.14 电解抛光原理示意图

3.4.3 除油去锈综合处理

传统的零部件表面除油去锈工作步骤多、工艺繁杂，为简化操作步骤，提高工作效率，近年来发展的除油去锈综合处理技术，又称为除油去锈"一步法"或"二合一"，即除油去锈同一个槽中一次完成，节省了生产场地和设备。在金属表面油污和锈蚀均不太严重的情况下，综合处理能充分发挥它的优越性，因此在工业中正得到越来越广泛的应用。钢铁件的除锈去油综合处理液的配方及工艺条件见表 3-5，它们实际上是将化学除油和除锈的配方综合起来得到的。综合处理的温度一般不太高，否则缓蚀剂达不到理想的效果。处理方式一般采用浸泡法。

表 3-5 常用除锈去油工艺

处理液的组成及工艺条件	工艺 1	工艺 2	工艺 3	工艺 4
硫酸(1.84)	10%～20%（质量分数）		10%～20%（质量分数）	35～40mL/L
盐酸(1.19)/(mL/L)		900～1000		950～960
OP 乳化剂		1～2g/L	0.5%～1%（质量分数）	1～2g/L
平平加	0.6%（质量分数）			
十二烷基苯	0.6%（质量分数）			
若丁	酸的 0.4%（质量分数）			
乌洛托品/(g/L)		2～3g/L		3～5g/L
温度/℃	60～70	90 至沸腾	70±5	80～95

3.4.4 其他表面预处理工艺

1. 局部保护工艺

零件的非喷砂表面,可采用机械夹具、胶带、纸带等进行保护;局部涂覆有机或无机涂层零件时,非涂覆面可采用不同形状和规格的纸胶带、塑料、橡胶塞等进行保护;局部电镀或氧化时,非镀覆面可采用涂漆、涂蜡或包扎过氯乙烯塑料布等进行绝缘保护。在不需要热扩渗层的金属表面,也要进行表面保护。例如,防止渗碳的表面可以电镀或化学镀上一层铜。有些材料在涂覆前还要进行消除应力处理,热喷涂工艺在进行金属喷涂之前要对零件进行预热处理等。

2. 塑料与混凝土表面预处理工艺

以上所述的表面预处理工艺主要针对金属材料而言。在涂装技术中,对热固性塑料、ABS、聚苯乙烯、聚丙烯酸等塑料品种而言,只要用溶剂或清洗剂去除污物、油垢、脱膜剂等杂质,就可以得到附着性很好的涂膜。对于聚烯烃、聚乙烯缩醛等塑料而言,它们与涂膜附着力差,通过表面氧化处理、酸处理、放电处理和紫外线处理,改变其表面的极性,就可以较大幅度地提高涂膜的附着力。

混凝土表面涂装的预处理工艺:首先要使混凝土充分干燥(自然放置至少3个星期以上),使其含水量降低到8%以下,pH值在9.5以下;然后用清洁布擦净底材上的浮浆与白花,用有机溶剂擦净油污,再用水泥砂浆或合成腻子填平孔穴,修补缺损部分,干后磨平。

总之,为确保表面层的质量能满足各种使用要求,必须根据不同的基体材料和不同的材料表面处理技术,合理地进行各种表面预处理工序。要获得理想的表面层,表面准备工序与材料表面处理技术实施时选择最佳工艺参数具有同等的重要性。

思 考 题

1. 喷丸和滚压两项表面机械处理工艺在加工方法和应用上有何不同?

2. 根据喷丸的原理和功能,安排一个实际应用项目,或举出一个在生产中应用的实例,并说明这项技术在此项应用中的经济效益。

3. 根据滚压加工的机理和功能,安排一个实际应用项目。

4. 喷丸(喷砂)的两种工艺方法在原理与应用方面有何异同?

5. 如果有一件金属制品要进行消光处理,请您推荐一种简便的加工方法。

6. 电镀之前需要对材料进行预处理,其中脱脂(或除油)过程主要采取哪两种方式进行,基本原理是什么?

7. 在表面预处理工艺中,采取电化学脱脂比采用化学脱脂效果好,为什么?什么情况下不可以采用电化学脱脂,为什么?

第4章
电镀和化学镀

本章学习目标

★ 了解电镀、化学镀的基本原理；

★ 掌握酸性镀锌、镀铜、镀镍工艺及影响镀层质量的因素；

★ 掌握化学镀工艺及影响镀层质量的因素；

★ 了解各种镀覆层的性能测试方法。

本章教学要点

知识要点	能力要求	相关知识
电镀、化学镀的基本原理	了解电镀、化学镀的基本原理	金属电沉积过程、析出电位
电镀、化学镀工艺技术	掌握酸性镀锌、镀铜、镀镍工艺及影响镀层质量的因素；掌握化学镀工艺及影响镀层质量的因素	电镀、化学镀镀液组成和性能，单金属镀层、合金镀层、复合镀层、脉冲电镀、高速电镀、非金属电镀
镀覆层的性能测试	了解各种镀覆层的性能测试方法	外观、光亮度、附着强度、耐蚀性的检验方法

导入案例

随着工业化生产的不断细分，新工艺新材料的不断涌现，在实际产品中得到应用的表面处理效果也日新月异。电镀是我们在材料表面处理中经常涉及的一种工艺，故对电镀效果的要求随着科学技术的快速发展变得越来越高，从而推动材料表面处理技术的快速发展。图 4.1 所示为复合彩色电镀镀件。

电镀是指在含有欲镀金属的盐类溶液中，在直流电的作用下，以被镀基体金属为阴极，以欲镀金属或其他惰性导体为阳极，通过电解作用，在基体表面上获得结合牢固的金属膜的材料表面处理技术。电镀的目的是改善基体材料的外观，赋予材料表面各种物理化学性能，如耐蚀性、装饰性、耐磨性、钎焊性以及导电、磁、光学性能等。电镀具有工艺设备简单、操作方便、加工成本低、操作温度低等特点，是材料表面处理技术中最常用的方法之一。

图 4.1 复合彩色电镀(铜锌锡三元仿 18K 金)镀件

目前，工业化生产上使用的电镀溶液大多是水溶液，在有些特殊情况下，也使用有机溶剂或熔盐镀液。在水溶液和有机溶液中进行的电镀称为湿法电镀，在熔融盐中进行的电镀称为熔融盐电镀。在已发现的七十多种金属中，能从水溶液中直接电沉积的还不到一半；但是，若使用熔盐镀液，几乎所有的金属都可以电沉积。能从水溶液和非水溶液中电沉积出来的金属种类见表 4-1。

表 4-1 可电沉积的金属种类及方式

电沉积类别	金属元素
水溶液中可以直接沉积的金属	Cr、Mn、Fe、Co、Ni、Cu、Zn、Ga、Te、Ru、Rh、Pd、Ag、Cd、In、Sn、Sb、Re、Os、Ir、Au、Hg、Tl、Pb、Bi、Po、Al
水溶液中难以沉积或不能获得纯态镀层	Mg、Ti、V、Zr、Nb、Mo、Hf、Ta、W
自水溶液中获得汞齐沉积	Na、K、Ca、Se、Rb、Sr、Y、Cs、Ba、La

不同溶液和工艺参数下得到的镀层，性能和用途也不同。按镀层的性能可将其分为 3 类：

(1) 防护性镀层：在大气或其他环境下，可延缓基体金属发生腐蚀的镀层。如钢铁基体上的锌和锌合金镀层、镉镀层等。

(2) 防护装饰性镀层：在大气环境中，既可减缓基体金属的腐蚀，又起到装饰作用的镀层，如多层镍-铬、Cu-Ni-Cr、Cu-Sn-Cr、Ni-Cu-Ni-Cr 等。

(3) 功能性镀层：能明显改善基体金属的某些特性的镀层，包括耐磨镀层，如镀硬铬；减摩镀层，如铅-锡合金、锡、钴-锡合金、银-锡合金等；导电镀层，如银、金、金-钴合金等；导磁镀层，如镍-铁合金、镍-钴合金、镍-磷合金、镍-钴-磷合金等；钎焊性镀层，如锡-铅合金、锡-铈合金等；其他功能性镀层还有吸热镀层、反光镀层、防渗镀层、抗氧化镀层、耐酸镀层等。

按镀层与基体金属的电化学活性，可将电镀层分为阳极性镀层和阴极性镀层两大类。阳极性金属镀层的标准电极电位比基体金属高，它们与基体金属形成原电池时，基体金属为阴极，镀层金属为阳极；反之则是阴极性镀层。阳极性镀层对基体金属除提供机械保护外，还提供电化学保护；阴极性镀层对基体金属仅起到机械保护的作用。

为了达到预期的使用目的，任一电镀层都必须满足如下 3 个基本条件：第一，与基体金属结合牢固，附着力好；第二，镀层完整，结晶细致，孔隙少；第三，镀层厚度分布均匀。此外，对单一镀种和不同镀种组合的镀层，我国已制定了与国际接轨的相应技术标准。镀层的质量应满足零件在不同环境下使用的技术要求。

4.1　电 镀 工 艺

一般而言，由电镀方法得到的镀层，在机械、物理、化学等方面的性能与成分相同，但与采用其他方法得到的表面保护层差异较大，其主要原因在于电镀层的成分和组织结构有其独特之处，而这一差异则是由电镀过程中电极表面的化学反应、电结晶过程和电镀时的工作条件等多种因素决定的。

电镀反应是一种典型的电解反应，最典型的电镀槽及槽中离子的运动方向如图 4.2 所示。电镀涉及的基本问题和理论解释属于电化学范畴，而沉积层物理性能方面的改变，则需从金属学的角度去研究。从表面现象来看，电镀是在外加电流的作用下，溶液中的金属离子在阴极表面得到电子，被还原为金属并沉积于其表面的过程，即发生如下化学反应：

$$Me^{n+} + ne \longrightarrow Me$$

但实际情况则复杂得多。在一定的电流密度下金属离子进行阴极还原时，其沉积电位等于它的平衡电位与过电位之和，即

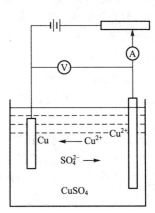

图 4.2　典型的电镀槽及槽中离子的运动方向

$$\phi = \phi_{平} + \Delta\phi$$

$$\phi = \phi^0 + \frac{RT}{nF}\ln a + \Delta\phi \qquad (4-1)$$

式中，ϕ 为沉积电位(或析出电位，V)；$\phi_{平}$ 为平衡电极电位(V)；ϕ^0 为金属离子的标准电位(V)；a 为金属离子的活度；$\Delta\phi$ 为金属离子在阴极放电的过电位(V)；F 为法拉第常数。

理论上，只要阴极的电位足够负，任何金属离子都可能在其上还原沉积。但在水溶液中进行电沉积时，阴极上存在着氢离子、易还原的阴离子等多种离子的竞争还原反应，因此有些还原电位很负的金属离子在电极上不能实现还原沉积。换句话说，金属离子在水溶液中能否还原，不仅取决于其本身的电化学性能，还决定于氢离子等在电极上的还原电位或沉积电位。由沉积电位的计算式可以看出，离子的浓度对其能否析出有一定的影响，但关键是过电位，其大小直接影响到金属的沉积。

通常，金属电沉积过程包括以下几个基本步骤。

(1) 液相传质步骤：在金属电沉积时，阴极表面附近的金属离子参与阴极反应并迅速消耗，形成了从阴极到阳极金属离子浓度逐渐增大的浓度梯度。金属水合离子或络合离子在溶液内部以电迁移、扩散和对流的方式向阴极表面转移。

(2) 电化学还原步骤：它包括前置转换和电荷转移。在大多数电镀溶液中，金属离子参与电极反应的形式与其在溶液中的主要存在形式是不一样的。在进行电化学还原前，其主要存在形式在阴极附近或表面发生化学转化，转化为参与电极反应的形式，这一过程称为前置转换步骤。然后，金属离子再以此形式在阴极表面得到电子，还原为金属原子。这一过程称为电荷转移步骤。对于大多数多价金属离子，其电荷转移也非一步完成，如在一般的硫酸盐镀铜溶液中，Cu^{2+} 的阴极还原反应过程如下：

$$Cu^{2+} + e = Cu^+ \quad （慢）$$
$$Cu^+ + e = Cu \quad （快）$$

(3) 电结晶步骤：金属原子在阴极表面形成新相，包括晶核的形成和生长。

不同镀种或同一镀种的不同溶液，在不同的条件下，上述各个步骤进行的速度各不相同，速度最慢的步骤控制了电镀速度，成为"控制步骤"。从电镀过程中阴极电位变化情况和镀层结晶粗细可以分析哪一步是电镀过程的控制步骤：如果随着阴极电流密度的提高，阴极电位几乎不变；或阴极电位迅速变负，而阴极电流密度不变，接近或达到了极限电流密度，这一现象表明发生了浓差极化，电沉积过程由液相传质过程控制，它可以通过机械搅拌得到改善；如果在相当低的电流密度下，阴极电位就出现大幅度负移，这表明发生了电化学极化，电镀过程受电化学还原步骤控制。一般电化学极化出现在相当低的电流密度下。随着电流密度的逐步提高，电化学极化向浓差极化转变，此时过程表现为混合控制。

金属的电结晶过程与盐溶液中盐的结晶过程相似。平衡电位状态相当于溶液的饱和状态，而阴极的过电位则相当于溶液的过饱和度。溶液在析出金属时的阴极极化作用越大，过电位就越高，生成晶核的速度就越快，镀层的晶粒就越细；反之，晶核的形成速度低于生长速度，镀层的晶粒就越粗。镀层晶粒的粗细可通过调整溶液的组成与配比、在溶液中加入适当的添加剂和控制电镀时的工艺参数等来改变。

在电镀过程中，基体金属的结构常以多种形式影响析出金属。电沉积过程也是由形核—长大的方式进行的，实际上总是由吸附原子在基体金属表面的扭折或台阶处率先形核，再通过扩散逐渐长大的，因为这样所需要的热力学驱动力最小。吸附原子的扩散步骤控制着晶体的生长速度，而吸附原子的扩散速度与其原子浓度直接相关，后者又决定于过电位的大小。

如果电镀金属的晶格间距与基体金属结晶面的晶格间距完全一致，基体金属晶体结构就会被延续到电镀金属中，这种现象称为液相外延生长。它一般发生在镀层形成和生长的初始阶段。由于不同晶面上金属电沉积的过电位不同，金属沉积速率也不相同，从而导致晶面的生长速度各不相同，这样就会改变原有的晶体结构，出现新的晶面。

镀层的结晶形态大致为层状、块状、棱锥状等基本类型。在特定条件下，电结晶组织出现择优取向，形成结晶结构。

4.2 影响电镀镀层质量的因素

4.2.1 镀液的性能

镀层种类繁多，同时，沉积某种金属用的镀液也可有不同类型，因此，各类镀种的镀液组成千差万别，但较理想的镀液应具有如下的性能：

（1）沉积金属离子阴极还原极化较大，以获得晶粒度小、致密，有良好附着力的镀层。

（2）稳定且导电性好。

（3）金属电沉积的速度较大，装载容量也较大。

（4）成本低，毒性小。

镀液配方千差万别，但一般都是由主盐、导电盐(支持电解质)、络合剂和一些添加剂等组成。主盐是指进行沉积的金属离子盐，主盐对镀层的影响体现在：主盐浓度高，镀层较粗糙，但允许的电流密度大；主盐浓度低，允许通过的电流密度小，影响沉积速度。一般电镀过程要求在高的主盐浓度下进行，考虑到溶解度等因素，常用的主盐是硫酸盐或氯化物。导电盐(支持电解质)的作用是增加电镀液的导电能力，调节 pH 值，这样不仅可降低槽压、提高镀液的分散能力，更重要的是某些导电盐的添加有助于改善镀液的物理化学性能和阳极性能。

在单盐电解液中，镀层的结晶较为粗糙，但价廉、允许的电流密度大。而加入络合剂的复盐电解液使金属离子的阴极还原极化得到了提高，可得到的镀层细致、紧密、质量好，但成本较高。对于 Zn、Cu、Cd、Ag、Au 等的电镀，常见的络合剂是氰化物；但对于 Ni、Co、Fe 等金属的电镀，因这些元素的水合离子电沉积时极化较大，因而可不必添加络合剂。在复盐电解液的电镀过程中，因氰化物的毒性较大，无氰电镀成为发展方向。

添加剂在镀液中不能改变溶液性质，但却能显著地改善镀层的性能。添加剂对镀层的影响体现在添加剂能吸附于电极表面，可改变电极—溶液界面双电层的结构，达到提高阴极还原过程过电位、改变 Tafel 曲线斜率等目的。添加剂的选择是经验性的，添加剂可以是无机物或有机物，通常指的添加剂有光亮剂、整平剂、润湿剂和活化剂等。对于 Zn、Ni 和 Cu 等的电镀，最有效的光亮剂是含硫化合物，如萘二磺酸、糖精、明胶、1,4-丁炔二醇等。

镀液的性能可以影响镀层的质量，而镀液是由溶质和溶剂组成的，溶剂对镀层质量也应有一定影响。电镀液溶剂必须具有下列性质：①电解质在其中是可溶的；②具有较高的介电常数，使溶解的电解质完全或大部分电离成离子。电镀中用的溶剂有水、有机溶剂和熔盐体系等。

1. 电镀工艺因素对镀层影响

电流密度对镀层的影响主要体现在电流密度大，电镀同样厚度的镀层所需时间短，可提高生产效率，同时，电流密度大，形成的晶核数增加，镀层结晶细而紧密，但电流密度太大会出现枝状晶体和针孔等。对于电镀过程，电流密度存在一个最适宜范围。

电解液温度对镀层的影响体现在温度升高，能提高阴极和阳极电流效率，消除阳极钝化，增加盐的溶解度和溶液导电能力，降低浓差极化和电化学极化。但温度太高，结晶生长的速度超过了形成结晶活性的生长点，因而导致形成粗晶和孔隙较多的镀层。

电解液的搅拌有利于减少浓差极化，利于得到致密的镀层，同时减少氢脆。此外，电解液的 pH 值、冲击电流和换向电流等的使用对镀层质量也有一定影响。

2. 阳极

电镀时阳极对镀层质量也有影响。阳极氧化一般经历活化区（金属溶解区）、钝化区（表面生成钝化膜）和过钝化区（表面产生高价金属离子或析出氧气）三个步骤。电镀中阳极的选择应是与阴极沉积物种相同，镀液中的电解质应选择不使阳极发生钝化的物质，电镀过程中可调节电流密度保持阳极在活化区域。如果某些阳极（如 Cr）能发生剧烈钝化则可用惰性阳极。

4.2.2 电镀生产工艺

电镀生产工艺流程一般包括镀前处理、电镀和镀后处理 3 大步。

1. 镀前处理

镀前处理是获得良好镀层的前提，一般包括机械加工、酸洗、除油等步骤。

机械加工是指用机械的方法，除去镀件表面的毛刺、氧化物层和其他机械杂质，使镀件表面光洁平整，这样可使镀层与基体结合良好，防止毛刺的发生。有时对于复合镀层，每镀一种金属均须先进行该处理。除机械加工抛光外，还可用电解抛光使镀件表面光洁平整。电解抛光是将金属镀件放入腐蚀强度中等、浓度较高的电解液中，在较高温度下以较大的电流密度使金属在阳极溶解，这样可除去镀件缺陷，得到一个洁净平整的表面，从而使镀层与基体有较好的结合力，减少麻坑和空隙，使镀层耐蚀性提高。但需要注意，电解抛光不能代替机械抛光。

酸洗的目的是为了除去镀件表面氧化层或其他腐蚀物。常用的酸为盐酸，用盐酸清洗镀件表面，除锈能力强且快，但缺点是易产生酸雾（HCl 气体），对 Al、Ni、Fe 合金易发生局部腐蚀，不适用。改进的措施是使用加入表面活性剂的低温盐酸。除钢铁外的金属或合金亦可考虑用硫酸、醋酸及其混合酸来机械酸洗。需要说明的是，对于氰化电镀，为防止酸液带入镀液中，酸洗后还需进行中和处理，以避免氰化物的酸解。

除油的目的是清除基体表面上的油脂。常用的除油方法有碱性除油和电解除油，此外还有溶剂（有机溶剂）除油和超声除油等。碱性除油是基于皂化原理，除油效果好，尤其适用于除重油，但要求在较高温度下进行，能耗大。电解除油是利用阴极析出的氢气和阳极析出的氧气的冲击、搅拌以及电排质的作用来进行，但阴极会引起氢脆，阳极会引起腐蚀。需要说明的是在镀前处理的各步骤中，由一道工序转入另一道工序均需经过水洗步骤。

2. 电镀

镀件经镀前处理，即可进入电镀工序。在进行电镀时还必须注意电镀液的配方，电流密度的选择以及温度、pH 等的调节。需要说明的是，单盐电解液适用于形状简单、外观要求又不高的镀层，络盐电解液分散能力高，电镀时电流密度和效率低，主要适用于表面形状较复杂的镀层。表 4-2 为一些常见的电镀用电解液。

表 4-2　电镀用的几种常见电解液

电 解 液		电 镀 金 属
单盐电解质	硫酸盐电解液	Cu、Zn、Cd、Ni、Co
	氯化物电解液	Fe、Ni、Zn
	氟硼酸盐电解液	Zn、Cd、Cu、Pb、Sn、Ni、Co、In
	氟硅酸盐电解液	Pb、Zn
	氨基磺酸盐电解液	Ni、Pb
复盐电解质	氨基络盐电解液	Zn、Cd
	有机络盐电解液（如 EDTA、柠檬酸）	Zn、Cu、Cd
	焦磷酸盐电解液	Cu、Zn、Cd、黄铜和青铜合金
	碱性络盐电解液	Zn、Cd
	氰化络盐电解液	Zn、Cu、Sn、Ag、Au、黄铜和青铜合金

3. 镀后处理

镀件经电镀后表面常吸附着镀液，若不经处理可能会腐蚀镀层。水洗和烘干是最简单的镀后处理。视镀层使用的目的，镀层可能还需要进行一些特殊的镀后处理，如镀 Zn、Cd 后的钝化处理和镀 Ag 后的防变色处理等。

4.2.3　电镀溶液的基本组成

任何一种电镀溶液的主要成分是固定的。为了使溶液的电化学性能满足要求，各成分的含量必须保持在一定的范围内。电镀的金属不同，镀液成分也不相同；即使是同一金属的电镀，镀液成分和含量也不尽相同。但是，大部分电镀溶液不外乎由下列组分构成：析出金属的易溶于水的盐类，称为主盐，它们可以是单盐、络合盐等；能与析出的金属离子形成络合盐的成分；提高镀液导电性的盐类；能保持溶液的 pH 值在要求范围内的缓冲剂；有利于阳极溶解的助溶阴离子；影响金属离子在阴极上析出的成分添加剂。

一般说来，选用的金属盐类在水溶液中应有较高的溶解度，以保证金属离子的浓度。阴离子尽管不直接与电镀金属共沉积，但对金属的沉积会产生各种影响，甚至有时会改变沉积金属的物理性能。在强酸性或强碱性镀液中，溶液的 pH 值并不重要，但在中性溶液中，保持溶液 pH 稳定的缓冲剂必不可少。

在电镀过程中，金属离子在不断消耗，依靠阳极溶解补充金属离子的形式被普遍应用。因此，阳极的正常溶解至关重要，以使溶液中的金属离子浓度处于正常范围。一般在镀液中添加阳极助溶剂，如氯离子等。

考察一个电镀溶液或工艺是否满足生产的需要，一般要了解一些基本的性能参数。最常用的性能参数包括电流效率、分散能力、深镀能力等，对装饰性要求较高的镀种，还要考虑其整平能力。在实际电镀中的阴阳极之间，电力线的分布或者单位面积上的电流强度是不均匀的，它直接影响到镀层厚度的均匀性。但由于金属电沉积过程中的阴极极化等作用，会使镀层的均匀性有所改善。电镀中将在特定条件下，镀液使镀件表面镀层分布更加均匀的能力称为镀液的分散能力。镀液的分散能力仅就宏观而言，在微观上，镀液所具有的能使镀层的轮廓比底层更平滑的能力被称为整平能力。覆盖能力则是指形状复杂的零件电镀时，镀层覆盖基体的程度。覆盖能力除与镀液自身的性能有关外，还与基体金属的种类、镀件的装挂方式、镀前处理方法等因素有关。为了提高镀液的性能，一般可以在镀液中加入添加剂，包括光亮剂、整平剂、去应力剂等。不同镀种、同一镀种的不同镀液使用的添加剂有很大差异，应根据要求进行选择。

在金属电沉积过程中，阴极上会有多种化学反应发生，使有效电沉积率降低。电镀中把实际析出的金属量与理论析出量的比称为阴极电流效率。金属在阴极上的理论析出量可以由法拉第定律根据使用的电流强度、通电时间和被还原金属的电化学当量计算。

4.2.4 电镀液分散能力的测定方法

1. 基本原理

金属镀层的厚度以及在零件表面上镀层厚度分布的均匀性是检查镀层质量的重要指标之一，因为镀层的耐蚀性与镀层的厚度有直接的关系，如果镀层厚度在零件表面分布得不均匀，那么镀层薄的部位首先被腐蚀，其余部分镀层再厚也就失去了作用。

镀液的分散能力用以表征镀层厚度分布的均匀性。它与镀液的性能和电镀规范有关。从法拉第定律我们知道，镀层的厚度与通过电极的电流多少有关，而镀层在电极表面分布的均匀性与电流在电极表面上的分布的均匀性有关，也就是说，电流在电极表面分布均匀，那么镀层厚度分布也均匀。

首先我们讨论一下电极在阴极表面的分布情况。

1) 电流通过电镀槽时遇到的阻力

当电流通过电镀槽时，将遇到 3 部分的阻力：

(1) 金属电极和导线的欧姆电阻(R_d)。

(2) 电解液本身的溶液欧姆电阻(R_r)。

(3) 当电流通过电极和溶液的两相(金属/溶液)界面时也有一定的阻力，这个阻力是由于电化学反应过程或离子放电过程的迟缓引起的电化学极化和浓差极化所造成的，称为极化电阻(R_j)。

一般阳极极化的极化电阻不考虑。通常我们使用的金属电极和导线的电阻很小，因此 R_d 可以忽略不计。通过电镀槽的电流强度如下：

$$I = \frac{V}{R_r + R_j} \tag{4-2}$$

为了讨论电流在电极上的分布，我们用一简单装置来模拟电镀槽，如图 4.3 所示。

在图 4.3 所示的装置中，近阴极和远阴极的电极面积相等，设近阴极到阳极的距离为

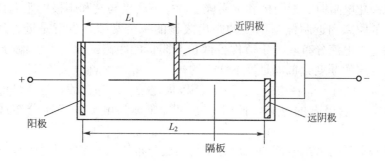

图 4.3 电镀槽的模拟装置(俯视图)

L_1，远阴极到阳极的距离为 L_2，两阴极之间用隔板隔开。根据电工学原理我们知道，当直流电加在电镀槽时，近阴极和远阴极之间的电压是相同的，即等于电镀槽的槽电压 V。我们可以得到式(4-3)。

$$I_1 = \frac{V}{R_{r1} + R_{j1}} \tag{4-3}$$

式中，I_1 为流过近阴极的电流强度(A)；R_{r1} 为近阴极与阳极之间的溶液电阻(Ω)；R_{j1} 为近阴极的极化电阻(Ω)。

$$I_2 = \frac{V}{R_{r2} + R_{j2}} \tag{4-4}$$

式中，I_2 为流过远阴极的电流强度(A)；R_{r2} 为远阴极与阳极之间的溶液电阻(Ω)；R_{j2} 为远阴极的极化电阻(Ω)。

分布在近阴极和远阴极的电流强度之比：

$$\frac{I_1}{I_2} = \frac{R_{r2} + R_{j2}}{R_{r1} + R_{j1}} \tag{4-5}$$

由于近阴极和远阴极的面积相等，所以近阴极和远阴极的电流密度之比：

$$\frac{i_{c1}}{i_{c2}} = \frac{I_1}{I_2} = \frac{R_{r2} + R_{j2}}{R_{r1} + R_{j1}} \tag{4-6}$$

式中，i_{c1} 为近阴极电流密度(A/dm^2)；i_{c2} 为远阴极电流密度(A/dm^2)。

从式(4-6)中可以看出，电流在阴极上不同部位的分布，与电流从阳极到阴极之间所遇到的总阻力成反比，也就是说电镀溶液的电阻和两相界面的极化电阻是影响电流在阴极上分布的主要因素。

2)电流在电极表面的分布

下面分别讨论溶液欧姆电阻(R_r)、极化电阻(R_j)对电流分布的影响。

(1)电流的初次分布。假设极化电阻不存在，$R_j \approx 0$，只讨论溶液欧姆电阻(R_r)对阴极电流分布的影响，我们把该情况下的电流分布称为电流的初次分布。

从我们在前面讨论溶液的电导时可知，当远、近阴极的面积相等时，溶液的电阻与阴、阳极之间的距离(L)成正比。

$$\frac{i_{c1}}{i_{c2}} = \frac{I_1}{I_2} = \frac{R_{r2}}{R_{r1}} = \frac{L_2}{L_1} = \frac{KL_1}{L_1} = K \tag{4-7}$$

式中，i_{c1} 为近阴极电流密度(A/dm^2)；i_{c2} 为远阴极电流密度(A/dm^2)；K 为远阴极与阳极的距离和近阴极与阳极的距离之比。

当不考虑极化电阻时，近阴极和远阴极上的电流密度与它和阳极的距离成反比。K 是远阴极与阳极的距离和近阴极与阳极的距离之比的一个常数，也就是近、远阴极电流之比。可见镀件上的电流分布取决于镀件各部位与阳极的距离，此时的电流分布最不均匀，也就是说金属镀层的厚度分布也是最不均匀的。

（2）电流的二次分布。在电镀过程中，阴极极化是一定存在的，也就是说极化电阻 R_1 必然要影响电流在阴极上的分布，此时的电流分布称为电流的二次分布或电流的实际分布。

电解液的分散能力就用电流的二次分布与初次分布的相对偏差来表示。分散能力的数学表达式：

$$T = \frac{K - \dfrac{I_1}{I_2}}{K} \times 100\%$$（4-8）

式中，T 为分散能力（%）；K 为常数。

假设电流效率为 100%，近阴极的电流（I_1）与远阴极的电流（I_2）的比值应该和近阴极上沉积出的金属质量（m_1）与远阴极上沉积出的金属质量（m_2）的比值成正比，则分散能力又可表示为：

$$T = \frac{K - \dfrac{m_1}{m_2}}{K} \times 100\%$$（4-9）

前面已经讨论了电流初次分布时，近阴极与远阴极的电流比值取决于远、近阴极与阳极之间的距离比值 K，这个比值越大，电流分布越不均匀。当有阴极极化时，分布在近阴极和远阴极的电流强度之比如下：

$$\frac{I_1}{I_2} = \frac{R_{r2} + R_{j2}}{R_{r1} + R_{j1}}$$（4-10）

从电化学原理可知，阴极极化与电流密度有关系，电流密度越大阴极极化越大，由于近阴极上的电流 I_1 比远阴极上的电流 I_2 大（$I_1 > I_2$），所以近阴极上的阴极极化电阻 R_{j1} 比远阴极上的极化电阻大（$R_1 > R_2$）。已知 $R_{r2} > R_{r1}$，在计算式中的较大的分子 R_2 上加了一个较小的 R_{j2}，而在较小的分母上加了一个较大的 R_{j1}，使得分子和分母的比值更加接近，这样也就使得 I_1 和 I_2 更加接近，因此在近阴极上沉积金属的质量（m_1）与远阴极上沉积出的金属质量（m_2）也就接近，由于前面设远、近阴极的面积相同，那么在远、近阴极上的镀层厚度也就接近，说明电流经过二次分布后提高了镀液的分散能力。

但是从分散能力的数学表达式中还没有清楚的说明镀液分散能力与极化、溶液电导的关系。现仍然以图 4.3 为例，进一步讨论电流的实际分布与极化、溶液的电导及镀件几何尺寸的关系。前面我们讲过，远、近阴极与阳极之间的电压是相等的。它等于阳极电位和阴极电位之差加上阴极与阳极之间镀液内部的电压降。

$$V = E_a - E_{c1} + I_1 R_{r1} = E_a - E_{c2} + I_2 R_{r2}$$
$$I_1 R_{r1} - E_{c1} = I_2 R_{r2} - E_{c2}$$（4-11）

式中，E_a 为阳极电位（V）；E_{c1} 为近阴极电位（V）；E_{c2} 为远阴极电位（V）。

又知

$$R_{r1} = \rho \frac{L_1}{S_1}, \quad R_{r2} = \rho \frac{L_2}{S_2}$$

式中，ρ 为溶液的电导率($1/(\Omega \cdot cm)$)；S_1 为近阴极的面积(cm^2)；S_2 为远阴极的面积(cm^2)。

假设被测镀液的阴极极化曲线如图 4.4 所示。

从图 4.4 的曲线中，取 ab 段曲线，可以看出曲线 a 点对应电流密度 i_{c1}，电极电位 E_{c1}；曲线 b 点对应电流密度 i_{c2}，电极电位 E_{c2}。电流密度差 $\Delta i_c = i_{c1} - i_{c2}$，电极电位差 $\Delta E_c = E_{c1} - E_{c2}$。

对上面一些数学式进行整理可以得出如下关系式：

$$\frac{I_1}{I_2} = 1 + \frac{\Delta L}{L_1 + \frac{1}{\rho} \cdot \frac{\Delta E}{\Delta i_c}} \quad (4-12)$$

$$\Delta L = L_2 - L_1$$

式中，ΔL 为远阴极与近阴极和阳极距离之差（cm）；$\Delta E_c / \Delta i_c$ 为极化曲线 ab 段的斜率，称为极化度；ρ 为溶液的电导率($1/(\Omega \cdot cm)$)。

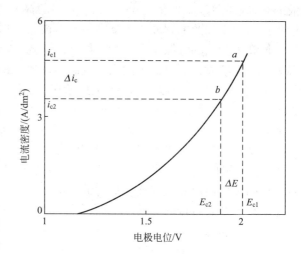

图 4.4 被测镀液的阴极极化曲线

从分散能力数学表达式(4-12)中，可以看出 I_1/I_2 的比值越接近于 1 时分散能力越好。当 I_1/I_2 的比值接近于 1 时，有如下关系式：

$$\frac{\Delta L}{L_1 + \left(\frac{1}{\rho}\right)\left(\frac{\Delta E_c}{\Delta i_c}\right)} \approx 0 \quad (4-13)$$

3）影响镀液分散能力的主要因素

根据式(4-13)，下面我们讨论几个因素对实际电流分布（也就是镀液分散能力）的影响。

(1) 镀件几何形状的影响。ΔL 是近阴极与远阴极距离差，ΔL 的值越小则 T 越趋近于零，镀液分散能力越好。就是说几何形状简单的镀件比几何形状复杂镀件的镀液分散能力要好。为了提高几何形状复杂镀件的镀液分散能力，可以采用象形阳极的方法，尽量地减小 ΔL 值。

值得注意的是，并不是所有 ΔL 趋近于零时镀液分散能力一定就好，因为存在着电力线分布的均匀问题，众所周知镀件的边角电力线比较集中，镀件的边角部分的电流密度比镀件中间部位的电流密度大，存在着边缘效应，因此边角部分的镀层厚度要厚一些。为了解决边缘效应问题，可以采用辅助阴极的方法。

(2) 阴极和阳极之间距离的影响。L_1 是近阴极与阳极的距离，L_1 的值越大则式(4-13)越趋近于零，镀液分散能力越好，L_1 的值大，改善了电流的初次分布，有利于提高镀液的分散能力。从理论上讲阴极与阳极的距离越大越好，实际上镀槽的大小受到各种因素的限制，而且阴极与阳极的距离越大，溶液电阻增加，提高了电能的消耗。因此对上述各种因素要做综合性考虑。

(3) 阴极极化和极化度的影响。前面讨论电流实际分布时，已经讲了阴极极化电阻大，有利于电流的实际分布。$\Delta E_c / \Delta i_c$ 是极化度，$\Delta E_c / \Delta i_c$ 值越大，则式(4-12)越趋近于零,镀液分散能力越好。为了提高阴极的极化度,必须在镀液中添加适宜的络合剂和添加剂,改善镀液的分散能力。

(4)溶液电阻的影响。ρ 是溶液的电阻率,一般说来 ρ 值越小,溶液电阻 R_r 越小,溶液的导电性越好,ρ 的值越小,则式(4-13)越趋近于零,也就是说,溶液电阻越小,远、近阴极与阳极间的电解液电压降减小,电流通过电解液的阻力减小,因此电流分布趋向均匀,提高了镀液的分散能力。为了提高溶液的导电性,往往要在电镀液中加入导电盐,也称为局外电解质,导电盐的加入只提高镀液的导电性,不参加电极反应。

从式(4-13)中可以看出 $\Delta E_c/\Delta i_c$ 的值和 ρ 值是相互影响的,只有 $\Delta E_c/\Delta i_c$ 的值不趋近于零时,ρ 值才有影响,如果 $\Delta E_c/\Delta i_c$ 的值趋近于零,则改善电镀液的导电性对分散能力无多大影响。比较典型的镀铬工艺,当电流密度较大时,$\Delta E_c/\Delta i_c$ 趋近于零,此时即使提高镀液的导电性,也不能提高镀液的分散能力。

(5)阴极电流效率的影响。当远、近阴极的面积相等时,金属镀层在阴极表面的分布就是近阴极的镀层厚度与远阴极的镀层厚度之比。而在一定的电流密度情况下,镀层的厚度与电流效率有直接的关系。下面讨论电流效率随电流密度变化的3种不同情况下对镀液分散能力的影响。

① 在使用的电流密度范围内,电流效率变化不大。此时电流效率对镀层的厚度影响不大。镀层厚度只与阴极上的电流大小有关,也就是说镀液的分散能力与电流效率无关。

② 电流效率随电流密度的增加而减少,此时电流在阴极不同部位的分布是不均匀的,近阴极部位电流密度高一些,但是电流效率低;远阴极的电流密度低,而电流效率高,这样的互补性改善了镀液的分散能力。

③ 电流效率随电流密度的增加而增加,产生的效果与上述②相反,使镀液的分散能力恶化。

2. 远、近阴极法

1)基本原理

远、近阴极法也称为矩形槽法(哈林槽)或称重法,基本原理是在矩形槽中放入两片尺寸相同的阴极试片,且放在矩形槽的两端,在两个阴极试片中间放入与阴极尺寸相同的带孔或网状阳极,使远阴极和近阴极与阳极的距离比为 5:1($K=5$)或 2:1($K=2$),电镀一段时间后,称量远、近阴极上沉积金属的增重,然后按下式计算镀液的分散能力:

$$T=\frac{K-\dfrac{m_1}{m_2}}{K}\times100\% \tag{4-14}$$

式中,T 为分散能力(%);K 为远阴极和近阴极与阳极的距离比;m_1 为近阴极上沉积出的金属质量(g);m_2 为远阴极上沉积出的金属质量(g)。

矩形槽实验装置及接线如图4.5所示。图中稳压电源的电压是连续可调的,并有电流表。矩形槽是用有机玻璃制作的,内腔尺寸为 150mm×50mm×70mm,在槽的两侧内均匀地开5个小槽用来插阳极(即把矩形槽分为6等份);阴极试片的尺寸是 50mm×80mm,厚度为 0.2~0.5mm,试片的背面要用绝缘漆涂好;阳极试片根据镀种的要求选用适宜的金属片,尺寸为 52mm×80mm,厚度为 2~3mm,试片要有均匀的小孔,孔径为 2~3mm,便于镀液的流动,尽量减少远、近阴极区的镀液成分的差异(也可以用网状阳极),如图4.6所示。

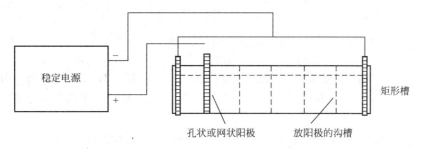

图 4.5　矩形槽实验装置及接线示意图

（稳定电源，孔状或网状阳极，放阳极的沟槽，矩形槽）

2）测量步骤

（1）在矩形槽中加入待测镀液，液面距槽口 10mm。

（2）阴极试片经除油、酸洗，水洗净后，放入烘箱在 $100 \sim 110℃$ 下烘干 15min（或用电热吹风机吹干），取出冷却后，称量，记录质量。

（3）把阳极放在矩形槽中，距离比 K 值可选 5 或 2，按图 4.5 接好线路，按阴极试片浸入镀液的面积和使用的电流密度计算出电流强度，开通稳压电源，阴极带电入槽，按算出的电流强度电镀 $15 \sim 20$min。

图 4.6　矩形槽（哈林槽）

（4）取出阴极试片，水洗干净后，放入烘箱在 $100 \sim 110℃$ 下烘干 15min（或用电热吹风机吹干），取出冷却后，称量，记录质量。

（5）按式（4-14）计算镀液的分散能力，值得注意的是，计算分散能力的公式，有几种形式，而且选用的 K 值不同时其结果也不同。

当 $K=5$，$m_1=m_2$ 时，分散能力最好，$T=80\%$；

当 $K=5$，$m_2=0$ 时，也就是说阴极上无镀层，分散能力最差，$T=-\infty$；

当 $K=2$，$m_1=m_2$ 时，分散能力最好，$T=50\%$；

当 $K=2$，$m_2=0$ 时，分散能力最差，$T=-\infty$。

从上述情况可以看出，无论 K 选 5 还是 2，分散能力最好时也不是 100%，为此提出了修正公式：

$$T=\frac{K-\dfrac{m_1}{m_2}}{K-1}\times 100\% \qquad (4-15)$$

应用式（4-15）计算镀液的分散能力时，当 $K=5$ 或 $K=2$，$m_1=m_2$ 时，分散能力最好，$T=100\%$；$K=5$ 或 $K=2$，$m_2=0$ 时，也就是说远阴极上无镀层，分散能力最差，$T=-\infty$。

式（4-15）仍存在分散能力最差时，$T=-\infty$，没有数值的概念，因此又提出修正公式：

$$T = \frac{K - \dfrac{m_1}{m_2}}{K_1 + \dfrac{m_1}{m_2} - 2} \times 100\% \tag{4-16}$$

应用式(4-16)计算镀液的分散能力时，当 $K=5$ 或 $K=2$，$m_1=m_2$ 时，分散能力最好，$T=100\%$；$K=5$ 或 $K=2$，$m_2=0$ 时，也就是说远阴极上无镀层，分散能力最差，$T=-100\%$。

通过上述分析，可以看出，计算分散能力的公式是人为确定的，计算结果是个相对值，因此在评价和比较某些镀液的分散能力时，一定要注意应该使用统一计算公式和选用相同的 K 值，才有意义。

3. 弯曲阴极法

1) 基本原理

弯曲阴极法的基本原理是根据镀件不同位置的镀层厚度的均匀性，评价镀液的分散能力。用一个薄的阴极试片，弯折成一定的形状，进行电镀，镀后测量不同位置的镀层厚度，计算镀液的分散能力。弯曲阴极法测量镀液的分散能力试验装置如图 4.7 所示。图中试验用镀槽的尺寸为 160mm×180mm×120mm，装试验镀液 2.5L；阳极尺寸为 150mm×50mm×5mm，浸入溶液 110mm；阴极试片厚度为 0.2~0.5mm 的金属片，宽度为 29mm，长为 200mm，按 29mm 分成 6 等份，弯曲成图 4.7 中的形状，在镀液外面试片的长度为 26mm，浸入溶液的面积大约为 1dm² (双面面积)。

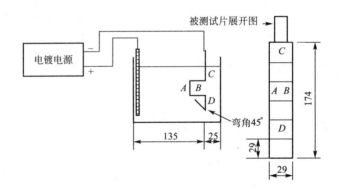

图 4.7 弯曲阴极法测量镀液的分散能力试验装置及被测试片展开图

2) 测量步骤

按图 4.7 接好线路，选取适宜的电流密度，电镀 15min，取出被测试片，清洗干净后，用电热吹风机吹干。用测厚仪分别测量 A、B、C、D 四个部位的镀层厚度 δ。按式 (4-17) 计算分散能力 T。

$$T = \frac{\dfrac{\delta_B}{\delta_A} + \dfrac{\delta_C}{\delta_A} + \dfrac{\delta_D}{\delta_A}}{3} \times 100\% \tag{4-17}$$

使用上述方法测量镀液分散能力时，应该注意在测量不同电流密度下的分散能力，所选用的电流密度，一定要保证镀层质量是良好的。

4. 霍尔槽法

1) 基本原理

霍尔槽的实验方法，请参阅第 10 章实验十二的内容。霍尔槽法测量镀液的分散能力的原理与远、近阴极法测量镀液的分散能力的原理相同。

2) 测试步骤

按霍尔槽的实验方法，选取适宜的电流强度电镀 10～15min，取出被测试片，清洗干净后，用电热吹风机吹干。把试片的镀层部位分成 10 等份，取中间位置作为测量点，如图 4.8 所示。

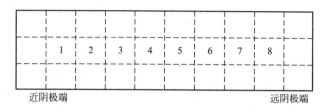

图 4.8　测分散能力的霍尔槽试片

用测厚仪分别测量 1～8 各部位中间位置的镀层厚度 δ。按式(4 - 18)计算分散能力 T。

$$T = \frac{\delta_2}{\delta_1} \times 100\% \qquad (4 - 18)$$

式中，δ_1 为 1 号方格位置的镀层厚度($\mu m/s$)；δ_2 为 2～8 号任一选定方格位置的镀层厚度，一般常选用 $\delta_5(\mu m/s)$。

需要注意的是，本章介绍的几种镀液分散能力的测试方法，在使用时一般都是选用某种方法做平行比较，不同的方法不能直接比较分散能力的好坏。

4.2.5　电镀的实施方式

在工业化生产中，电镀的实施方式多种多样，最常见的有挂镀、滚镀、刷镀和高速连续电镀等。挂镀主要适用于外形尺寸较大的零件，滚镀主要适用于尺寸较小、批量较大的零件，刷镀一般用于局部修复，而连续电镀则用于线材、带材、板材的大批量生产。随着技术的不断进步，可编程序控制器、工控机、变频调速器等一系列电控器件在电镀生产中也得到了广泛应用，电镀生产已由手工操作经机械化、半自动化向全自动化方面发展。

1. 挂镀

挂镀是电镀生产中最常用的一种方式。

挂镀是将零件悬挂于用导电性能良好的材料制成的挂具上，然后浸没于欲镀金属的电镀溶液中作为阴极，在两边适当的距离放置阳极，通电后使金属离子在零件表面沉积的一种电镀方法，其工作原理如图 4.9 所示。挂镀的特点是适合于各类零件的电镀；电镀时单件电流密度较高且不会随时间而变化，槽电压低，镀液温度升高慢，带出量小，镀件的均匀性好；但劳动生产率低，设备和辅助用具维修量大。

挂镀的主要设备包括镀槽、电源、挂具等。根据镀液的

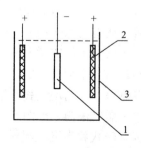

图 4.9　挂镀的工作原理

性质，镀槽一般采用钢板或钢板衬 PVC、PVC、PP 等材料制成。镀槽的大小应满足需加工的最大工件的生产。根据镀种要求，挂镀所用电源应具备稳压或稳流、过流保护、短路保护等功能；某些镀种对电源的输出波形有额外的限制，如镀硬铬输出波形的波纹系数等。挂具一般用铜或其合金材料制成，其形状和形式由受镀工件的外形决定，如图 4.10 所示。此外，挂镀中有时还会用到一些辅助设备，如阴极移动装置、压缩空气搅拌、连续过滤装置等。

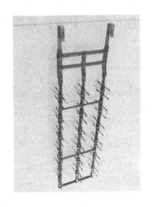

图 4.10　常见挂具

2. 滚镀

滚镀是电镀生产中的另一种常用方法。它是将欲镀零件置于多角形的滚筒中，依靠零件自身的重量来接通阴极，在滚筒转动的过程中实现金属电沉积的。与挂镀相比，滚镀最大的优点是节省劳动力，提高生产效率，设备维修费用少且占地面积小，镀件镀层的均匀性好。但是，滚镀的使用范围受到限制，镀件不宜太大和太轻；单件电流密度小，电流效率低，槽电压高，槽液温度升高快，镀液带出量大。

滚镀的工作原理如图 4.11 所示。滚镀常用设备包括镀槽、滚筒、电源等。滚镀用镀槽与挂镀基本相同。滚筒大多为六角形，也有圆形、八角形等。滚筒一般由 PVC、PP 或尼龙制成，分为浸入式水平旋转滚筒和倾斜式滚筒两大类，目前工业使用的大部分是浸入式水平旋转滚筒，如图 4.12 所示。这种滚筒以水平轴为中心旋转，筒侧面为多孔状，又分为全浸式和半浸式两种。

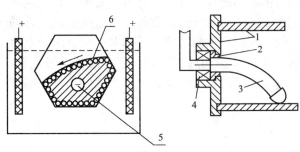

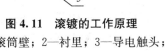

图 4.11　滚镀的工作原理　　　　　　　图 4.12　滚镀装置

1—滚筒壁；2—衬里；3—导电触头；

4—轴承；5—导电阴极；6—受镀工件

3. 刷镀

刷镀也被称为涂镀、局部镀、选择性电镀，其基本原理与普通电镀原理完全相同。它是通过有饱吸电解液包套的阳极与作为阴极的零件表面接触，并做相对运动，电解液中的离子在阴阳极间进行电化学反应，使金属离子沉积，在零件表面形成金属镀层的过程。

刷镀的工作原理如图 4.13 所示。刷镀时工件与专用直流电源的负极相连，镀笔上的不溶性阳极与正极相连，阳极上的包套蘸上专用电解液，工件与镀笔做相对运动，电解液中的金属离子在电场的作用下向工件表面扩散，并在工件(阴极)表面得到电子后沉积，形成刷镀层。由于刷镀时镀笔与工件做相对运动，溶液的浓差极化很小，而专用电解液中金属离子浓度较高，可使用较大电流密度，因此镀层的沉积速度较快。

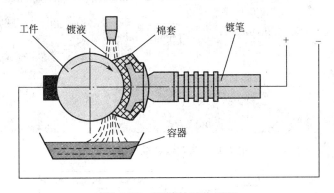

图 4.13　刷镀的工作原理

刷镀不需要电镀槽，具有设备简单、工艺灵活、沉积速度快、镀层与基体材料的结合力好、镀后不需要加工、对环境污染小等一系列优点，普遍用于填补零件表面的划伤、凹坑、斑蚀和孔洞，修复加工超差和尺寸磨损，以及局部性能的改善，但不适于面积大、尺差大的零件修复，也不能用于大批量镀件的生产。目前，可用刷镀的方法沉积的单金属有 20 多种，合金约 10 种。刷镀溶液的组成一般是供应商的专利，其特点是金属离子浓度高，溶液中含有有机络合剂。在刷镀时，工件的镀前处理与普通电镀基本一样，但使用的溶液组成也属供应商的专利。

刷镀的常用设备包括电源、镀笔等。刷镀用电源应具备输出换向、过电流保护、电量

连续电镀时金属丝或带在镀槽中连续通过，电镀时间较短，因此要求使用高电流密度、导电性好、沉积速度快、镀液各成分变化不显著和对杂质不敏感等的镀液。

4.3 几种典型电镀实例

4.3.1 单金属电镀

1. 镀锌

锌镀层的外观呈青白色，锌相对原子质量为 65.38，密度为 $7.17g/cm^3$，熔点为 420℃，锌的标准电极电位为 $-0.76V$，易溶于酸，也溶于碱。电镀锌层的纯度高，结构比较均匀，在干燥空气中几乎不发生化学变化。锌腐蚀的临界湿度大于 70%，因此在潮湿的空气中能与二氧化碳和氧作用生成一层由碱式碳酸锌组成的薄膜，这层膜具有一定的缓蚀作用。

镀锌总量约占整个电镀总量的 60%。防腐是锌镀层最重要的技术性能，锌镀层是防止钢铁免遭腐蚀的最重要、最经济、最简便的手段。锌的标准电极电位比铁负，一般作为钢铁制品的阳极镀层，在电化学腐蚀环境中，当锌镀层发生损伤，由于锌的电位比铁负，则锌作为阳极先被溶解，而基体金属铁作为阴极受到保护。与其他金属相比，锌是相对便宜而又易镀覆的一种金属，属低值防蚀电镀层，被广泛用于保护钢铁件，特别是防止大气腐蚀，也可用于装饰性镀层。在工业大气、农村大气和海洋大气中使用的钢铁制品均可选用锌镀层作为保护层，其防护寿命基本与锌层厚度成正比，凡属工业废气、燃料废气污染的大气，锌镀层的耐蚀性较强。锌镀层经钝化之后，耐蚀性可提高 5～8 倍。故镀锌钝化处理是必不可少的步骤，图 4.16 展示了镀锌铆钉。在钝化膜上进行有机染色，可作为低档产品的防护装饰镀层，图 4.17 展示了彩色镀锌铆钉。

图 4.16 镀锌铆钉

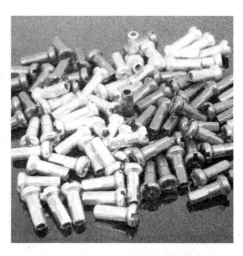

图 4.17 彩色镀锌铆钉

为降低锌镀层厚度和提高耐蚀能力，通常采取如下两种措施：一是提高钝化膜的质量，如用蓝色、绿色、军绿色、黑色钝化代替常规的彩虹色钝化膜，以军绿色钝化膜耐蚀性最好；二是以较薄的含 Fe0.3%～0.6% 的 Zn－Fe 合金，含 Ni6%～10% 的 Zn－Ni 合金或含 Co0.5%～1.2% 的 Zn－Co 合金等其他合金镀层代替纯锌镀层，耐蚀性能提高 3 倍以上，广泛用于汽车钢板上代替镀锌。

镀锌添加剂的研究最初是从酸性镀液开始的。1907 年 R. C. Snowden 发现酸性电解液中的甲醛可以降低镀锌层晶粒的尺寸。1908 年 E. C. Broadwell 发明了由硫酸锌和萘二磺酸锌组成的镀锌液，被认为是第一个成功的镀锌工艺镀液。但该镀液均一性较差，零件在电镀前要彻底清洗。1916 年氰化镀锌开始用于压锻铸品的电镀，由于氰化镀锌在不含添加剂的情况下仍然可以得到良好、均一的镀层，所以最早大面积推广使用。1921 年，W. Blum 发展了无添加剂的碱性氰化物镀锌工艺，与现在使用的高氰镀液成分变化不大。随后一些添加剂开始被推出并迅速得到发展。从硫脲、糠醛、动物胶等逐渐发展为聚乙烯醇等聚合物添加剂。从 1940 年开始，许多无机金属离子以及有机添加剂被用作光亮剂和整平剂，以获得稳定、电流密度宽广、成本低廉的镀锌工艺。其中最引人注目的是合成有机物，如多胺和含氮杂环化合物所形成的聚合物，它们不仅可在氰化物镀液中很宽的电流密度内获得极光亮的镀膜，而且也适用于低氰、中氰和无氰的镀锌液，成为至今工业上应用最广的一类添加剂。在此期间酸性镀锌的发展也在继续，许多添加剂也不断被试用以使其接近氰化镀锌。例如，在硫酸盐镀锌液中加入吡啶、硫脲以及甘草等物质以改善其均一性和光亮度。

20 世纪 70 年代以前，镀锌电解液主要为氰化物镀锌，约占 95%。60 年代末由于环保意识的加强，氯化物及碱性无氰镀锌开始得到推广。最早的酸性氯化物镀锌工艺于 1963 年在联邦德国诞生，主要是为了解决氰化物镀锌的废水处理。碱性无氰镀锌是在锌酸盐溶液中引入季铵化的聚亚乙基亚胺。70 年代，氰化镀锌占 93%，无氰碱性镀锌占 4%，氯化物镀锌占 3%。由于无氰镀锌工艺的不断改进以及环保意识的进一步加强，无氰镀锌工艺得到迅速发展。最初的氯化物镀锌为氯化铵和螯合剂的镀液，但随着酸性钾盐镀锌的引进以及高性能表面活性剂的开发，酸性氯化物镀锌得到飞速发展（1980—1990 年）。特别是其特有的导电性、高效率和亮度使其成为最广泛使用的类型之一。作为早期的取代氰化镀锌工艺，氯化物镀锌并不能达到氰化镀锌的效果，其均镀能力较差。而碱性无氰镀锌由于其专有的高分散能力以及其他性能也得到发展，特别是近几年，由于新型中间体的引入以及碱性镀锌工艺上的改善，大大提高了镀层及镀液的性能，使其接近甚至在某些方面超过了氰化镀锌。不过现今酸性氯化物镀锌在各种镀锌液中仍然具有最大的占有率。到 90 年代，国外氰化镀锌仅占 20%，碱性无氰镀锌占 30%，而氯化物镀锌占 50%。且无氰镀锌比例还在进一步提高，其中氰化镀锌也逐渐向中、低甚至微氰方向发展。

镀锌溶液分为碱性镀液、酸性镀液、中性镀液和弱酸性镀液。碱性镀液有氰化物镀液、碱性锌酸盐镀液、焦磷酸盐镀液等；酸性镀液有硫酸盐镀液、氯化铵镀液等；中性和弱酸性镀液有氯化物镀液等。虽然经过电镀人员不断的研究开发，先后出现的电镀锌工艺有几十种，但真正实用的并不多。目前最常见的有以下几种。

1) 氰化物镀锌

氰化物镀锌是最成熟和最古老的工艺，采用配位能力极强且表面活性较好的氰化物为锌离子的配位体，使得氰化物镀锌成为目前公认最好的镀锌工艺。无添加剂的碱性氰化物镀锌工艺条件如下：锌 33g/L，氰化钠 93g/L，氢氧化钠 75g/L，氰化钠：锌 2.0～3.0，

$22\sim35℃$，电流密度 $0.5\sim8A/dm^2$。1935 年，J. F. Calef 应用阿拉伯胶，第一个获得工业应用的光亮镀锌；此后，采用硫脲、糊精、苯基硫脲、聚乙烯醇及硫化物作为光亮剂；1940 年，R. O. Hull 等用芳香醛等作为主光亮剂，至今沿用；1960 年，开始有机胺与环氧氯丙烷缩合物的研究，如杂环胺、聚亚乙基亚胺及其季铵盐。1970 年以后，各国为了减轻氰化物的污染，相继开展了无氰镀锌的研究。

2）碱性锌酸盐镀锌

1936 年，E. Mantgell 最早开始使用碱性锌酸盐镀锌，该镀液具有良好的电流效率和分散能力，但镀层是海绵状，无实用价值。70 年代初，以 DE 或 DPE 为主体添加剂，再配以某些辅助添加剂的工艺使得无氰碱性锌酸盐镀锌成为可能。DE 或 DPE 添加剂，分别是二甲基胺与环氧氯丙烷的缩合物和二甲氨基丙胺、乙二胺与环氧氯丙烷的缩合物。碱性锌酸盐镀锌是最早开发成功的无氰镀锌工艺，现已成为取代氰化物镀锌的主流工艺。

3）氯化物镀锌

1940 年，德国的 Hubbell 和 Weisberg 申请了氯化铵/氯化锌电镀锌专利。由于氨的挥发及其他缺点，19 世纪 60 年代在德国研制成功了第一个用于商业生产的光亮氯化物镀锌工艺，中性氯化物镀锌镀液于 1967 年用于工业。它们既适用于滚镀又适用于吊镀，且改进后可高速镀覆针材、带材和线材，而中性镀液比酸性镀液有更好的分散能力，并且具有比氰化物镀液更快的沉积速度，且氯化物的废水处理简单。因此近年来发展得很快。

4）硫酸盐镀锌

1908 年，E. Broadwell 申请了硫酸盐镀锌专利，尽管镀层与基体的结合力较差，但该工艺仍被认为是第一个成功的镀锌工艺。1923 年，W. E. Huges 又推荐一种硫酸镀锌液（含量为 360g/L），但由于该镀液导电性差，因此后来又加入了导电性能好的盐（如 Na_2SO_4、NaCl、$MgSO_4$、$Al_2(SO_4)_3$、$ZnCl_2$），以提高导电能力。为了得到较好的镀层，也使用添加剂，如动物胶、连三苯酚、β-萘酚、山羊刺胶、阿拉伯胶、糖类、糊精、甲苯基酸、皂根的提取物等。据称这种镀液可达到近 100% 的阴极效率操作并能在很高的电流密度下使用，但均镀能力差，抗杂质玷污的能力也低，因而较常用于带材和线材。

在这些镀锌溶液中，硫酸盐镀液一般只用于线材、带材等的连续电镀。因为锌酸盐镀液的电流效率较低，不适合于铸铁件、粉末冶金件的电镀。相对而言，氰化物镀液既可用于滚镀，也可用于挂镀，而锌酸盐镀液以挂镀居多，氯化物镀液则主要用于滚镀。

为了进一步提高镀锌层的防护能力，同时使其外观更具装饰性，通常要在其表面人为地形成一层致密的氧化膜，这一过程称为钝化处理。钝化处理的溶液以六价铬为主要成分，辅之以其他的无机酸或其盐。改变钝化溶液的辅助成分及其浓度，可以得到白色或蓝白色、彩色、黑色、绿色等色调的钝化膜。这种钝化膜由六价铬、三价铬、锌离子等成分组成，具有一定的憎水性。钝化膜中的六价铬在膜层受损时可对受损部位进行再钝化，使钝化膜恢复完整。因此，经过钝化后的锌镀层的防护性较裸锌层有很大提高，且钝化膜的厚度不同，其提高的程度也不相同，一般为 $3\sim8$ 倍。

目前英国、美国、日本常见无氰镀锌液见表 4-3～表 4-5，我国和美国常用的氯化物镀锌液见表 4-6 和表 4-7。

表4-3　英国常用无氰镀锌液

物质名称	含量
氯化锌/(g/L)	35.0
氢氧化钠/(g/L)	180.0
二乙醇胺/(g/L)	10.0～40.0
十二烷基硫酸钠/(g/L)	1.0～5.0
明胶/(g/L)	1.0～2.0
胡椒醛/(g/L)	1.0～2.0
硫脲/(g/L)	0.4～4.0
二硫代氨基甲酸钠/(g/L)	0.2～20.0
水	加至1.0L

注：工艺条件为电压1.2～2.0V，电流密度1.6～3.0A/dm²，温度18～30℃。

表4-4　美国常用无氰镀锌液

物质名称	含量
氯化锌/(g/L)	30.0
氢氧化钠/(g/L)	200.0
五乙烯六胺/(g/L)	4.0
巯基噻唑啉/(g/L)	1.0
甲醛水溶液(35%)/(g/L)	0.4
香草醛/(g/L)	1.0
钼酸铵/(g/L)	0.2
二乙基二硫代氨基甲酸钠/(g/L)	0.1
水	加至1.0L

注：工艺条件为电流密度0.5～4.0A/dm²，温度为室温。

表4-5　日本常用无氰镀锌液

物质名称	含量
硫酸锌/(g/L)	450.0
硫酸钠/(g/L)	30.0
硫酸铝/(g/L)	30.0
藻朊酸钠/(g/L)	20.0
水	加至1.0L

注：工艺条件为pH值4.0，电流密度20～70A/dm²，温度60℃。

表4-6　我国常用氯化物镀锌液

物质名称	含量
氯化胺/(g/L)	220.0～280.0
氯化锌/(g/L)	30.0～35.0

(续)

物质名称	含量
硼酸/(g/L)	25.0～30.0
聚乙二醇(相对分子质量 4000～6000)/(g/L)	1.0～2.0
硫脲/(g/L)	1.0～2.0
十二烷基硫酸钠或海鸥洗涤剂/(g/L)	0.5～1.0
水	加至 1.0L

注：工艺条件为 pH 值 5.6～6.0，温度 10～35℃，阴极电流密度 1.0～1.5A/dm²。

表 4-7　美国常用氯化物镀锌液

物质名称	含量
氯化胺/(g/L)	220.0
氯化锌/(g/L)	30.0
聚乙烯醇(相对分子质量 10000)/(g/L)	10.0
烟酸异丙酯苄基氯/(g/L)	0.3
氨水(29%)/(mL/L)	80
水	加至 1.0L

注：工艺条件为 pH 值 8.2，平均电流密度 2.2A/dm²。

2. 镀铜

铜是一种具有延展性，易于机械加工的金属，呈红色，导电、导热性好，其相对原子质量为 63.54，密度为 8.9g/cm³，熔点为 1083℃。铜在空气中不稳定，易氧化，在水、二氧化碳或氯化物的作用下表面会形成"铜绿"。铜与碱性化合物会反应，使得表面变成棕色或黑色。铜在水、盐溶液、酸及没有溶解氧的还原气氛中稳定性比镍好，镀铜层的孔隙率比镍低，因此镀铜层主要用于钢铁和其他镀层之间的中间层，广泛用于铜-镍-铬防护装饰镀层中，如图 4.18 和 4.19 所示。

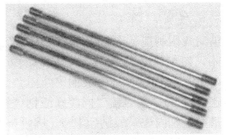

图 4.18　电镀铜包钢缆　　　　　　图 4.19　电镀铜接地棒

铜镀层可以从多种镀液中获得，但具有工业化生产应用价值并被广泛采用的镀铜溶液主要包括氰化物镀液、硫酸盐镀液和焦磷酸盐镀液。常用氰化物镀铜液见表 4-8。

表 4-8　常用氰化物镀铜液

物质名称	含量
氰化亚铜($CuCN$)/(g/L)	15
铜/(g/L)	11
氰化钠($NaCN$)/(g/L)	23
游离氰化物/(g/L)	6.0
铜:游离氰化物	1:0.55
碳酸钠/(g/L)	15
水	加至 1.0L

　　注：工艺条件为温度 $41\sim60℃$，阴极电流密度 $1.0\sim3.2A/dm^2$，阳极电流密度 $0.5\sim1.0A/dm^2$，阳极、阴极面积比 3:1，槽电压 6V，阴极效率 $10\%\sim60\%$，搅拌方式为依靠阴极移动。

　　我国电镀工作者于 20 世纪 80 年代初期开发的"宽温度 M、N 酸性光亮铜工艺"是我国电镀添加剂研发最杰出的代表，目前在国内仍有很大的市场，其镀铜液见表 4-9。

表 4-9　宽温度 M、N 酸性光亮镀铜液

物质名称	开缸剂	补给剂
硫酸铜/(g/L)	100	
硫酸(98%)/(g/L)	200	
M(2-巯基苯并咪唑)/(g/L)	0.2	0.5
N(亚乙基硫脲)/(g/L)	0.2	0.3
SP(聚二硫二丙烷磺酸钠)/(g/L)	6.0	5.6
PEG(聚乙二醇，相对分子质量 6000)/(g/L)	12.0	3.0
水	加至 1.0L	加至 1.0L

　　注：工艺条件为温度 $20\sim30℃$，阳极材料为采用含磷 $0.02\%\sim0.06\%$ 的阳极。

　　早期我国制造了许多酸铜中间体，如 SP、M、N、TPS 等。美国和德国提供多种酸铜中间体，如 MPS、SPS、ZPS、DPS、OPX、UPS、Lev-eller 135Cu、EXP 2887、Ralufon No 14。国内生产销售酸铜中间体 2-巯基苯并咪唑(M)、1，2 亚乙基硫脲(N)、四氢噻唑硫铜(H1)、聚二硫二丙烷磺酸钠(SP)、脂肪胺聚氧乙烯醚(AEO)、N,N'- 二甲基硫代氨基甲酰基丙烷磺酸钠(TPS)、噻唑啉酮聚二硫丙烷磺酸钠(SH110)、苯基聚二硫丙烷磺酸钠(BSP)、醇硫基丙烷磺酸钠(MPS)、聚乙二醇(P)、聚亚乙基亚胺烷基盐(PN)等。但具有较好整平、光亮作用的酸铜染料中间体仍然需要进口。

　　当前许多研究者为了解决生产中出现的针孔、麻点，以及整平性、更低电流密度光亮度问题，寻求国内外最新的染料及其复配技术。开发单体性能更为优秀的酸性光亮铜中间体和酸性镀铜光亮剂。

　　氰化物镀液中含有络合作用非常强的氰化物，使铜难以在铁和锌等基体上置换，因而常被用作打底镀层。酸性硫酸盐镀铜则多用作中间加厚镀层，但随着添加剂技术的发展，通过适当地调整镀液的组成，该溶液的分散能力和深镀能力得到了大幅度提高，已在印制电路板

电镀上大规模使用。焦磷酸盐镀液则多用于印制电路板的通孔镀铜和电铸上,见表 4-10。

表 4-10 常用印制电路板镀铜液

物质名称	含量
焦磷酸铜/(g/L)	70
焦磷酸钾/(g/L)	420
氨水(25%)/(mL/L)	3.0
2,5-二巯基-1,3,4 噻唑/(g/L)	0.5~1.0
水	加至 1.0L

注:工艺条件为 pH 值 8.2~8.8,电流密度 1.05~8.0A/dm²,温度 50~60℃,搅拌方式为通入空气。

无氰碱性镀铜的研究和应用近年来又掀起了一个高潮。目前人们从无氰镀铜和化学浸铜及铜合金两方面进行取代氰化镀铜的研究。国内 20 世纪 70 年代的无氰镀铜代表工艺有,以柠檬酸盐-酒石酸盐为络合剂的一步法镀铜工艺;需要冲击电流以进行电位活化的焦磷酸盐镀铜工艺;使用通用络合剂 HEDP 的镀铜工艺等,见表 4-11。国内还出现过丙烯基硫脲浸铜工艺。近年来国内出现了较多无氰碱性镀铜工艺,也有较多的生产应用。但由于只报道了一些工艺条件和结果,不了解络合剂类型,估计多数是 20 世纪 70 年代的无氰镀铜代表工艺的改进。化学浸铜主要采用酸性硫酸铜浸铜的工艺,通过添加光亮剂、络合剂、乳化剂、缓蚀剂等添加物改善化学浸铜工艺性能。在化学浸铜合金方面,也是采用硫酸铜、硫酸亚锡为主盐的酸性体系,加入络合剂、光亮剂、锡盐稳定剂等。无氰浸铜工艺也有一定的应用。

表 4-11 HEDP 镀铜液

物质名称	含量
铜(以硫酸铜形式加入)/(g/L)	8~12
1-羟基亚乙基-1,1-二磷酸(HEDP)/(g/L)	80~120
HEDP/Cu(摩尔比)	3~4:1
碳酸钾/(g/L)	40~60
二氧化硒/(g/L)	0.1~0.3
聚二硫二丙烷磺酸钠/(g/L)	0.005~0.1
水	加至 1.0L

注:工艺条件为 pH 值 9.0~10.0,电流密度 1.0~1.5A/dm²,温度 30~50℃,搅拌方式为依靠阴极移动(或者压缩空气搅拌)15~25 次/min。工艺特点为可在钢铁物品上直接镀铜,无需打底镀金;镀液覆盖能力、电流效率优于氰系镀铜液,沉积速度、分散能力接近氰系镀铜液;镀层的韧性和显微硬度与氰化物镀层相似。

碱性氰化光亮铜开发研究者较少。近年来国内焦磷酸镀铜的研究重点不在添加剂方面,但市面上销售的焦磷酸镀铜的光亮剂已达到较高的水平,光亮度和均匀度都较好。常用焦磷酸镀铜液和焦磷酸盐半光亮镀铜液见表 4-12 和表 4-13。

表 4-12 我国常用焦磷酸镀铜液

物质名称	含量
焦磷酸铜/(g/L)	70～90
铜/(g/L)	23
焦磷酸钾/(g/L)	300～380
P 比	6.9∶1
柠檬酸钾/(g/L)	10～15
柠檬酸铵/(g/L)	10～15
水	加至 1.0L

注：工艺条件为 pH8.2～8.8，电流密度 1.5～2.5A/dm²，温度 30～50℃，搅拌为依靠阴极移动。在生产中，应经常分析和控制焦磷酸钾的含量，并控制焦磷酸根和铜的比值，即 P 比。

表 4-13 常用焦磷酸盐半光亮镀铜液

物质名称	含量
焦磷酸铜/(g/L)	25～33
焦磷酸钾/(g/L)	15～35
氨三乙酸/(g/L)	80～100
聚乙二醇/(g/L)	0.5
水	加至 1.0L

注：工艺条件为 pH 值 9.0～10.0，电流密度 0.3～0.8A/dm²，温度室温，搅拌方式为依靠阴极移动。可用预镀铜或者直接镀铜。

3. 镀镍

镍是银白微黄的金属，具有铁磁性。镍的相对原子质量为 58.7，密度为 8.9g/cm³，标准电极电位为 -0.25V。在空气中镍表面极易形成一层极薄的钝化膜，因而具有极高的化学稳定性。常温下，镍能很好地防止大气、水、碱液的侵蚀；在碱、盐和有机酸中稳定；在硫酸和盐酸中溶解缓慢，易溶于稀硝酸中。

镍的标准电极电位比铁正，且表面钝化后的电极电位更正，因而相对于钢铁基体，镍镀层属阴极性保护层，对基体金属仅能起机械保护作用。然而，一般镍镀层都是多孔的，所以除某些医疗器械、电池外壳直接使用它外，镍镀层常常与其他金属镀层组成多层组合体系，用作底层或中间层，如 Cu-Ni-Cr，Ni-Cu-Ni-Cr 等。这些多层组合镀层被广泛用于日用五金、轻工、家电、机械等行业，如图 4.20 所示。

目前镀镍所用的溶液大致可分为酸性和碱性两大类。酸性溶液的 pH 值为 2～6，主要有硫酸盐-氯化物体系、氯化物体

图 4.20 电镀镍工件

系、氨基磺酸盐体系、氟硼酸盐体系等；碱性溶液主要指焦磷酸盐体系。

在实际生产中，以硫酸盐-氯化物的所谓瓦特型镀液应用最为普遍，见表 4-14。其特点是镀液稳定、电流效率高、镀层应力适中，通过添加适当的添加剂，可在较宽的电流密度范围内得到镜面光亮的镀层，在其表面再镀上一层装蚀性面层如仿金镀层、金镀层、银镀层或铬镀层等，可以达到理想的装饰效果。氨基磺酸体系因镀层应力低，主要用作镀厚镍和电铸等。中浓度普通镀镍液见表 4-15，低浓度预镀镍液见表 4-16。

表 4-14 瓦特型镀镍液

物质名称	含量
硫酸镍($NiSO_4 \cdot 6H_2O$)/(g/L)	250～300
氯化镍($NiCl_2 \cdot 6H_2O$)/(g/L)	40～50
硼酸(H_3BO_3)/(g/L)	35～40
十二烷基硫酸钠/(g/L)	0.05～0.1
水	加至 1.0L

注：工艺条件为 pH 值 3～4，温度 45～55℃，阴极电流密度 2.0～4.0A/dm²。

表 4-15 中浓度普通镀镍液

物质名称	含量
硫酸镍($NiSO_4 \cdot 6H_2O$)/(g/L)	150～250
氯化镍($NiCl_2 \cdot 6H_2O$)/(g/L)	8～10
硼酸(H_3BO_3)/(g/L)	30～35
硫酸钠	20～30
硫酸镁	30～40
水	加至 1.0L

注：工艺条件为 pH 值 5～5.5，温度 20～35℃，阴极电流密度 0.8～1.5A/dm²。

表 4-16 低浓度预镀镍液

物质名称	含量
硫酸镍($NiSO_4 \cdot 6H_2O$)/(g/L)	120～140
氯化钠/(g/L)	7～9
硼酸(H_3BO_3)/(g/L)	30～40
硫酸钠/(g/L)	50～80
十二烷基硫酸钠/(g/L)	0.01～0.02
水	加至 1.0L

注：工艺条件为 pH 值 5～5.6，温度 30～35℃，阴极电流密度 0.8～1.5A/dm²。

在开发高性能的镀镍光亮剂时，人们发现镍镀层中的含硫量对镀层的电位有较大的影响。当镀层中含有一定量的硫时，其电位与无硫镀层相比可相差 100mV 以上。实验还发现，当电位差达到 125mV 以上时，由无硫镍和含硫镍组成的原电池中，含硫镍将作为阳极而首先腐蚀。因此，对防护性要求较高的产品如汽车、摩托车、自行车等，人们使用了由无硫的半光亮镍或暗镍、含硫量达 0.3%～0.5%的高硫镍和含硫量在 0.1%左右的光亮镍组成的多层镍防护装饰性电镀体系。光亮镀镍液见表 4-17。

表 4-17　光亮镀镍液

物质名称	含量
硫酸镍（$NiSO_4 \cdot 6H_2O$）/（g/L）	250～300
氯化镍（$NiCl_2 \cdot 6H_2O$）/（g/L）	40～50
硼酸（H_3BO_3）/（g/L）	35～40
十二烷基硫酸钠/（g/L）	0.05～0.1
对甲苯磺酰胺/（g/L）	0.1
1,4-丁炔二醇/（g/L）	0.2
烯丙基磺酸钠/（g/L）	0.5
水	加至 1.0L

注：工艺条件为 pH 值 3～4，温度 50℃，阴极电流密度 4.5A/dm²，时间 10min。镀层表面平整、光亮如镜。

4. 镀铬

铬是稍带蓝色的银白色金属。铬的相对原子质量为 52.00，电解铬的密度为 6.9～7.1g/cm³，熔点为 1890℃，硬度为 750～1050HV。铬未钝化时的标准电极电位为 $\Phi^0_{Cr^{3+}/Cr}=-0.74V$，比铁负，但铬在空气中表面极易钝化，钝化后的电位为 +1.36V。因此，对钢铁基体而言，铬镀层属阴极性镀层，仅能起到机械保护作用。

按照镀层的用途可将镀铬分为装饰性镀铬和功能性镀铬两种。装饰性镀铬是在光亮的底层上镀上 0.25～2μm 的铬层，以提高零件的装饰性，底层一般是经抛光或电沉积的光亮镀层，如铜-锡合金、光亮镍层等。该铬镀层广泛应用于仪器、仪表、日用五金、家用电器、飞机、汽车、摩托车、自行车等的外露部件上，如图 4.21 所示。

图 4.21　电镀铬工件

功能性镀铬则包括镀硬铬、松孔铬（多孔铬）、黑铬、乳白铬等。硬铬层主要用于各种测量卡、量规、切削工具和各种类型的轴上，利用硬铬层的表面硬度来提高其使用寿命。松孔铬主要用于内燃机汽缸内腔、活塞环等上，利用其微孔中夹入的润滑油来提高零件的耐磨性。黑铬则用于需要消光而又耐磨的零件上，如航空仪表、光学仪器、照相器材等。乳白铬主要用于各种量具上。

目前，工业化生产应用的镀铬溶液的主要成分不是金属铬盐，而是铬酸，同时含有少量的硫酸和阴极反应催化剂。同一组成的镀铬溶液，改变其操作条件即可得到不同性质的镀铬层。几种常用的镀铬溶液及用途列于表 4-18 中。这几种镀铬溶液的电流效率较低，一般仅为 10%～25%，大量的电能消耗于析氢反应上。此外，尽管以铬酸为主要成分的镀铬溶液的组成简单，稳定性好，但因六价铬对人体和环境的危害严重，能源消耗大等，已促使人们开发以三价铬为主要成分的镀铬液和各种代铬镀层。用于防护装饰铬的工件如船用铜环如图 4.22 所示。

表 4-18　几种镀铬溶液的组成及用途

镀液组成及用途	低浓度镀液	中浓度镀液	高浓度镀液	滚镀铬液
铬酐/(g/L)	150～180	250～280	300～350	300～350
硫酸/(g/L)	1.5～1.8	2.5～2.8	3.0～3.5	0.3～0.6
氟硅酸/(g/L)				3～4
水	加至 1.0L	加至 1.0L	加至 1.0L	加至 1.0L
镀液用途	防护装饰铬，硬铬	装饰铬，硬铬	装饰铬，硬铬	小零件镀铬

5. 镀锡

　　锡有两种晶体形式，常见的银白色锡是金属型的 β 锡，俗称白锡。锡的相对原子质量为 118.69，β 锡在 200℃ 时的密度是 7.28g/cm³。锡有两种化合价，即二价和四价，其标准电极电位分别为 $\Phi Sn^{2+}/Sn=-0.136V$，$\Phi Sn^{4+}/Sn^{2+}=+0.15V$，锡的熔点为 232℃，硬度为 112HV。常温下锡在空气中不发生化学反应，对潮湿、水溶性盐溶液和弱酸具有较好的抗腐蚀性能。

图 4.22　经过电镀铬的船用铜环(低浓度镀液)

相对于钢铁基体而言，锡是阴极性镀层，而相对于铜基体而言，则是阳极性镀层。

　　锡是无毒金属，且食品中的有机酸对它影响不大。因此，锡镀层主要作为制罐工业用薄板的防护层，95% 以上的马口铁皮就是采用薄铁板电镀锡制成，如图 4.23 所示。

图 4.23　电镀锡制罐

锡镀层的另一主要用途是在电子和电力工业中。因为锡的熔点低，硬度小，具有良好的钎焊性，常被用来代替银。

由于β锡（白锡）在 13.2℃ 以下时任何温度下都可以转变为 α 锡（灰锡），且会产生单晶晶须，因而在精密电子电器、电子元器件上的应用受到限制。为了解决这一问题，人们通过加入少量的其他金属如 Pb、Ce 等与之共沉积，以达到预期的目的。

镀锡溶液有两大类，一类是酸性溶液，它以二价锡盐为金属离子的主要来源，如硫酸盐镀液、酚磺酸盐镀液、氟硼酸盐镀液等；一类是碱性溶液，它以四价锡盐为金属离子的主要来源，如锡酸盐溶液。表 4-19 列出了常用的几种镀锡溶液的组成和性能比较。

表 4-19　几种镀锡溶液的组成与性能

镀液成分与性能	锡酸盐镀液	硫酸盐镀液	氟硼酸盐镀液
硫酸亚锡/(g/L)		40～80	
硫酸/(g/L)		120～140	
氟硼酸亚锡/(g/L)			40～60
氟硼酸/(g/L)			80～140
锡酸钠/(g/L)	100		
游离氢氧化钠/(g/L)	10		
醋酸钾或钠/(g/L)	0～15		
溶液电流效率	60%	>95%	>95%
添加剂	不需要	需要	需要
操作温度	60～80℃	室温	室温
镀层外观	白色金属光泽	光亮	光亮

在几种镀锡溶液中，锡酸盐镀液因电流效率低，操作温度高导致大量的能源消耗，而且由于所得镀层外观较差等原因已逐渐被淘汰。酸性镀液尽管为常温操作，且电流效率达 95% 以上，但二价锡离子的稳定性问题一直没能很好地解决，也限制了其发展。

6. 镀银

银是一种白色金属，其相对原子质量为 107.9，标准电极电位为 +0.799V，金属银具有良好的可锻性、可塑性和易抛光性，还有极强的反光性能和良好的导热导电性及可焊性。

银镀层具有较高的化学稳定性，水和大气中的氧对它不产生作用，但遇卤化物、硫化物时表面很快变色，使其反光性能和导电性能遭到破坏。银易溶于稀硝酸和热浓硫酸中。

银镀层有功能性和装饰性两方面的用途。在电子工业、仪器仪表、核工业等上广泛采用银镀层以减少表面接触电阻，提高焊接能力和密封性。在日用五金中，餐具及其他家庭用具、各种工艺品等通过镀银达到装饰目的，并提高该产品的附加值；反射器中的金属反光镜也是镀银的。

使用最多的镀银溶液是氰化物体系，氰化光亮镀银液见表 4-20。尽管广大电镀工作者在开发无氰镀银工艺方面做了大量的工作，并推介了一系列的无氰镀银溶液，如硫代硫酸盐镀银、磺基水杨酸镀银等，见表 4-21。但这些溶液的性能特别是允许使用的阴极电流密度仍不太理想，所以说无氰镀银工艺至今还没有突破性的进展。

表4-20 氰化光亮镀银液

物质名称	含量
氰化银钾/(g/L)	50.0~70.0
氰化硒钾/(g/L)	8.0~110.0
亚硒酸钾/(g/L)	0.3~1.0
E-氨基乙酸/(g/L)	15.0~30.0
1-苯基-2,3-二甲基-4-甲基吡唑啉酮-5-甲烷硫酸钠/(g/L)	0.2~0.5
p-氨基亚苯甲基磺酰胺/(g/L)	0.1~0.3
水	加至1.0L

注：镀层不存在变色的缺点，光亮效果好。

表4-21 无氰镀银液

物质名称	含量
硝酸银	45.0~50.0g/L
硫代硫酸铵	230.0~260.0g/L
醋酸铵	20.0~30.0g/L
无水亚硫酸钠	80.0~100.0g/L
硫代氨基脲	0.5~0.8g/L
水	加至1.0L

注：工艺条件为pH值5~6，温度15~35℃，阴极电流密度0.1~0.3A/dm^2，阴极和阳极面积比1:3~1:2。将硫代硫酸铵溶于1/3的水中，硝酸银溶于1/4的水中，然后在搅拌下缓缓加到前面溶液中，静置过夜，过滤后再加入其余组分及余量水。均镀能力好，电流效率高，镀层较细致，可焊性好。

镀银件在运输和储存过程中，易发生变色，因此，无论是作为功能性用途还是装饰性用途的镀银件，镀后都必须经过防变色处理。目前国内常用的防银变色方法有化学钝化法、电解钝化法、涂覆有机保护膜法、电镀贵金属法等。这些处理方法各有其优缺点。

7. 镀金

金是一种黄色金属，具有极高的化学稳定性。金原子有一价和三价两种价态，一价金的标准电位为+1.68V，三价金的标准电位为+1.50V，对钢、铜、银及其合金而言，金镀层为阴极性保护镀层。

金镀层具有极好的耐蚀性、导电性和抗高温性，广泛应用于精密仪器仪表、印制电路板、集成电器、电子管壳、电接点等要求电参数性能长期稳定的零件上。此外，首饰、钟表零件、艺术品等的镀层，也占有相当大的比例。

工业上常用的镀金溶液有碱性氰化物镀液和酸性、中性镀液等。无氰镀金液见表4-22。比较而言，使用最普遍的还是氰化物镀液。镀金溶液的显著特征是允许阴极电流密度较低。在工业化生产中，为了降低零件的造价、节约生产成本，提高金镀层的装饰性效果，如光亮度、整平性等，一般在镀金前须镀上一层或多层底层，作为镀金层的底层，使用最多的是光亮镍层。

表 4-22 无氰镀金液

物质名称	含量
金(以氯金酸钾形式加入)/(g/L)	8～15
无水亚硫酸钠/(g/L)	150～180
磷酸氢二钾/(g/L)	20～35
EDTA 二钠盐/(g/L)	2～5
硫酸钴/(g/L)	0.5～1.0
硫酸铜/(g/L)	0.1～0.2
水	加至 1.0L

注：工艺条件为 pH 值 9.0～9.5，温度 45～50℃，阴极电流密度 0.1～0.3A/dm²，阴极和阳极面积比 1:3～1:2，搅拌方式为依靠阴极移动，阳极含金 99.99%金板或钛网镀铂。配制氯金酸钾是将 17g NaOH 置于 100mL 烧杯中，加入 30mL 蒸馏水，搅拌溶解后迅速倒入三氯化金液中。

4.3.2 合金电镀

在一种溶液中，两种或两种以上金属离子在阴极上共沉积，形成均匀细致镀层的过程称为合金电镀。合金电镀在结晶致密性、镀层孔隙率、外观色泽、硬度、抗蚀性、耐磨性、导磁性、减摩性和抗高温性等方面远远优于单金属电镀。所以，自问世以来，无论是在研究开发，还是在生产应用方面，合金电镀都受到人们的广泛关注和高度重视。

一般说来，合金镀层最少组分含量应在 1%(质量分数)以上。但有些特殊的合金镀层，如锌-铁、锌-钴、锡-铈等，微量的铁、钴、铈对镀层的性能产生了很大影响，通常也将其称为合金镀层。目前，研究最多、应用最普遍的是两种金属共沉积形成的二元合金电镀，有少数三元合金也得到了应用。

例如，A-1100 碱性锌镍合金电解液能获得含镍 6%～10%的锌镍合金电镀层，该电镀层经直接钝化处理后，其耐蚀性能优于锌或其他锌基合金镀层。目前广泛应用于汽车、输电、煤矿及国防工业中。图 4.23 所示为锌镍合金电镀工件。

图 4.24 锌镍合金电镀工件

1. 合金电镀的基本原理

目前，人们对单金属电沉积和电结晶的了解还不多，对两种或两种以上金属的共沉积了解得就更少。因此，有关合金电镀，人们还只能提供一些实验数据的综合分析和定性的解释，而定量的规律和理论有待于进一步的研究和总结。事实证明，要实现两种金属的共沉积，应具备以下两个基本条件。

(1) 两种金属中至少有一种金属能单独从其盐的水溶液中沉积出来：尽管在大多数情况下，形成合金的两种金属都能单独从其盐的水溶液中沉积出来，但有些不能单独沉积的金属如钨、钼等，可以在铁族金属的诱导下与之共沉积。

(2) 要使两种金属共沉积，它们的析出电位要十分接近或相等。否则电位较正的金属会优先沉积，甚至排斥电位较负金属的析出。

单金属沉积时的析出电位可表示为：

$$\phi_{析} = \phi_{平} + \Delta\phi \qquad \phi_{析} = \phi^0 + \frac{RT}{nF}\ln a + \Delta\phi \tag{4-19}$$

当 A、B 两种金属共沉积时，应有式(4-20)成立

$$\phi_{析A} = \phi_{析B} \tag{4-20}$$

即

$$\phi_A^0 + \frac{RT}{nF}\ln a_A + \Delta\phi_A \approx \phi_B^0 + \frac{RT}{nF}\ln a_B + \Delta\phi_B \tag{4-21}$$

式(4-21)表明，两种金属能否共沉积与它们的标准电位、金属离子的浓度(或活度)、阴极极化程度有关。因此，为了实现金属的共沉积，一般采取以下措施。

(1) 选择金属离子合适的价态：同一金属不同价态的标准电极电位有较大差异，一般应选择易溶于水且标准电位与共沉积金属较接近的价态的化合物。

(2) 改变金属离子的浓度：在标准电位相差不大时，通过改变金属离子的浓度(或活度)，增大电位比较正的金属离子的浓度，使其电位负移，从而使两种析出金属的电位接近。

(3) 加入适当的络合剂：使游离态的金属离子浓度降低，析出电位接近而共沉积。适当的络合剂，不仅可使金属离子的平衡电位向负方向移动，还能增加阴极极化。

(4) 加入添加剂：添加剂尽管用量少，但它可以显著地增大或降低阴极极化，这种作用对金属离子有选择性。因此，加入添加剂可以调整或改变金属的沉积电位，使合金发生共沉积。

两种金属在阴极上共沉积时，相互之间存在着一定的作用。同时，电极材料的性质、电极表面状态、零电荷电位和双电层结构等都可能对形成的合金镀层产生影响。

在合金电沉积中，基体材料的性质对阴极上金属离子的放电和析氢可能会产生两方面的影响，一是产生去极化作用，使金属离子的还原过程变得容易；二是增大极化作用，使阴极还原过程受到影响。前者是由于金属离子从还原到进入晶格作有规则的排列时要放出部分能量，这部分能量聚集在阴极表面而使其电位升高，导致电位较负的金属向电位较正的方向变化而容易析出。后者是由于基体金属的钝化倾向，改变了电极的表面状态，使晶体在电极表面析出的能耗增大，因而影响了合金的共沉积。

两种或两种以上的金属离子共沉积形成合金时，由于双电层中离子浓度和双电层结构的改变，离子的还原速度也将发生变化。此外，由于溶液中有两种或两种以上的金属离子存在，可能形成多核配位离子或缔合离子，从而影响到金属离子在阴极表面的析出。

2. 合金共沉积的类型

根据合金共沉积的动力学特征、镀液组成和工艺条件等参数对沉积层成分的影响等因素，Brenner 把合金电镀的机理进行了分类，如图 4.25 所示。

正常共沉积的特点是电位较正的金属优先沉积，即析出电位高的金属在镀层中所占的比例超过它在镀液中所占比例，而析出电位低的金属则正好相反。异常共沉积则是析出电位低的金属优先沉积或单独无法沉积的金属离子在其他金属的诱导下共沉积。

图 4.25 合金电镀的分类

在正常共沉积中，通过提高镀液中金属离子的总量、减小阴极电流密度、提高镀液的温度或增加搅拌强度都能使合金镀层中电位较正的金属的含量增加。受扩散控制的合金共沉积一般称为规则共沉积，电镀工艺条件对合金沉积层组成的影响小。合金镀层的组成主要受阴极电位控制的共沉积为不规则共沉积。在低电流密度下，合金沉积层中各组分金属之比与镀液中各金属离子的浓度比相等的共沉积称为平衡共沉积。

在异常共沉积中，给定的电解液在某特定条件下，电位较负的金属反而优先沉积的共沉积称为变异共沉积；通过调整镀液的组成后，在其盐的水溶液中不能单独沉积出来的金属，在其他金属离子的诱导下共同产生的沉积称为诱导共沉积。

3. 合金镀层及其应用

迄今为止，国内外已研究的电镀合金已超过 240 种，但在生产上实际应用的还不到 40 种。根据合金镀层的特点及其应用范围，一般可分为防护性合金镀层、装饰性合金镀层和功能性合金镀层三大类。常见的几种合金电镀的典型条件见表 4-23。图 4.26 所示为铜锌锡三元合金电镀工件。

表 4-23 几种合金电镀的典型条件

合 金	电解液组成/(g/L)	温度/℃	电流/(mA/cm²)	电流效率(%)	阳极
黄铜 (70% Cu+ 30%Zn)	$K_2Cu(CN)_3(45)$， $K_2Zn(CN)_3(50)$， KCN(12)，酒石酸钠(60)	40～50	5～10	60～80	黄铜
青铜 (40%Sn+ 60%Cu)	$K_2Cu(CN)_3(40)$，$Na_2SnO_3(45)$， NaOH(12)，KCN(14)	60～70	20～50	70～90	青铜或铜锡混合电极
65%Ni+ 35% Sn	$NiCl_2(250)$，$SnCl_2(50)$， $NH_4F \cdot HF(40)$， $NH_3 \cdot H_2O(30)$	60～70	10～30	97	分开的镍和锡电极
80%Ni+ 20% Fe	$NiSO_4(300)$，$FeSO_4(20)$， $H_3BO_3(45)$， NaCl(30)，(pH=3~4)	50～70	20～50	90	片状的镍和铁电极

图 4.26 铜锌锡三元合金电镀工件

4.4 化 学 镀

化学镀(chemical plating)又称为无电解镀(electroless plating)，指在无外加电流的状态下，借助合适的还原剂，使镀液中的金属离子还原成金属，并沉积到零件表面的一种镀覆方法。

化学镀技术具有悠久的历史，以往由于镀层的性能和溶液较昂贵等方面的原因，工业化应用受到较大限制。自 20 世纪 70 年代以来，化学镀在镀层结合力、直接镀取光亮镀层和镀液的使用寿命等方面取得了突破性进展，使用成本大幅度降低，因此在工业上得到越来越广泛的应用。

4.4.1 化学镀的原理与特点

化学镀是在催化条件下发生的氧化-还原反应过程。化学镀溶液由金属离子、络合剂、还原剂、稳定剂、缓冲剂等组成。化学镀能够顺利实施的必要条件是金属的沉积反应只发生在具有催化作用的工件表面，溶液本身相对稳定，自发发生氧化-还原反应的速度极慢，以保证溶液在较长的时间内不会因自然分解而失效。

与电镀不同的是，在化学镀中，溶液内的金属离子是依靠得到由还原剂提供的电子而还原成相应的金属的。完成化学镀的过程有以下 3 种方式。

(1) 置换沉积：利用被镀金属的电位比沉积金属负，将沉积金属离子从溶液中置换在工件表面上。其化学反应可表述为：

$$Me_1 + Me_2^{n+} \rightarrow Me_2 + Me_1^{m+}$$

溶液中金属离子被还原沉积的同时，伴随着基体金属的溶解，当基体金属表面被沉积金属完全覆盖时，反应即自动停止。所以，采用这种方法得到的镀层非常薄。

(2) 接触沉积：利用电位比被镀金属高的第三金属与被镀金属接触，让被镀金属表面富积电子，从而将沉积金属还原在被镀金属表面。其化学反应实际上与置换沉积相同，只是 Me_1 不是基体金属，而是第三金属。其缺点是第三金属离子会在溶液中积累。

(3) 还原沉积：利用还原剂被氧化时释放出的自由电子，把沉积金属还原在镀件表面。其反应过程可表述为：

$$Me^{n+} + Re \rightarrow Me + Ox$$

式中，Re 为还原剂；Ox 为氧化剂。

一般意义上的化学镀主要是指还原沉积化学镀。它只在具有催化作用的表面上发生。如果沉积金属（如镍、铜等）本身就是反应的催化剂，该化学镀过程就称为自催化化学镀，它可以得到所需的镀层厚度。如果在催化表面上沉积的金属本身不能作为反应的催化剂，一旦催化表面被沉积金属覆盖，沉积反应就会自动终止，所以只能获得有限厚度的镀层。

与电镀相比，化学镀的优点是不需要外加直流电源、不存在电力线分布不均匀的影响，因而无论工件的几何形状多复杂，各部位镀层的厚度都是均匀的；只要经过适当的预处理，它可以在金属、非金属、半导体材料上直接镀覆；得到的镀层致密、孔隙少、硬度高，因而具有极好的化学和物理性能。

由于在化学镀过程中，还原剂参与了整个化学沉积过程，并有少量沉积于镀层中，因而对镀层的性能有着显著的影响。还原剂是化学镀溶液中的主要成分之一，除应具有较强的还原作用外，还应不使催化剂中毒。化学镀溶液常用的还原剂有次磷酸盐、甲醛、肼、硼氢化物、胺基硼烷及其衍生物等，它们的氧化-还原电位见表 4-24。

表 4-24 常用还原剂的标准电极电位

介质	反应方程式	标准电极电位(V)
碱性介质	$H_2PO_2^- + 3OH^- = HPO_3^{2-} + 2H_2O + 2e$	-1.57
	$BH_4^- + 8OH^- = H_2BO_3^- + 5H_2O + 8e$	-1.24
	$N_2H_4 + 4OH^- = N_2 + 4H_2O + 4e$	-1.16
	$HCHO + 3OH^- = HCOO^- + 2H_2O + 2e$	-1.07
酸性介质	$H_3PO_2 + H_2O = H_3PO_3 + 2H^+ + 2e$	-0.50

化学镀技术在化工、电子、石油等工业中有着极为重要的地位，但因溶液的稳定性较差，溶液的维护、调整和再生都比较麻烦，生产成本较高等因素而限制了它在其他工业中的应用。目前，用化学镀的方法能获得镍、铜、银、金、钴、锡、钯、铂等单金属镀层和合金镀层，并已在工业生产中得到应用。其中，以化学镀镍、化学镀铜应用最为普遍。

4.4.2 几种典型化学镀实例

1. 化学镀镍

化学镀镍层结晶细致，孔隙率低，硬度高，磁性好，目前已广泛用于电子、航空、航天、化工、精密仪器等工业中。例如，用非金属材料制成的零件经化学镀镍后电镀一层装饰层，已在汽车、家电、日用工业品中得到大规模应用；化学镀镍层的高防腐性和硬度及其对化工材料的稳定性使其在化工用泵、压缩机、阀等产品部件上所占的地位越来越高，在核工业、航空航天业中的应用也越来越广；化学镀镍层优异的磁性能使其在计算机光盘生产中也得到大规模应用。

化学镀镍使用的还原剂有次磷酸盐、肼、硼氢化钠和二甲基硼烷等。采用次磷酸盐作还原剂的化学镀镍层一般含有 4%～12%的磷，人们习惯称之为化学镀镍-磷合金镀层；以硼氢化物或胺基硼烷为还原剂得到的镀层含有 0.2%～5%的硼，一般称之为化学镀镍-硼合金；而以肼为还原剂的镀层纯度高达 99.5%。由于硼氢化钠和二甲基胺基硼烷价格较贵，因而使用较少，国内生产上大多采用次磷酸钠作还原剂。

以次磷酸盐作还原剂的化学镀镍溶液分为酸性和碱性两大类。典型的几种化学镀镍溶液的组成及性能见表 4-25。

表 4-25 几种化学镀镍液的组成及性能

镀液成分及性能	酸性镀液		碱性镀液	
	工艺 1	工艺 2	工艺 3	工艺 4
$NiSO_4 \cdot 6H_2O/(g/L)$	20～30	20	10～20	30
$NaH_2PO_2 \cdot H_2O/(g/L)$	20～25	24	5～15	25
$NaC_2H_3O_2/(g/L)$	5			

(续)

镀液成分及性能	酸性镀液		碱性镀液	
	工艺 1	工艺 2	工艺 3	工艺 4
$Na_3C_6H_5O_7$/(g/L)	5		30~60	
乳酸(80%)/(mL/L)		25	1~5	
焦磷酸钠/(g/L)				60~70
pH	4~5	4.4~4.8	7.5~8.5	10~10.5
沉积速度/(μm/h)	10	10~13		20~30
镀层中 Ni(质量分数,%)	8~10	8~9		7~8

在化学镀镍的过程中,镍的沉积过程如下:

$$H_2PO_2^- + H_2O \rightarrow H^+ + HPO_3^{2-} + 2H$$

$$Ni^{2+} + 2H \rightarrow Ni + 2H^+$$

$$H_2PO_2^- + H \rightarrow P + H_2O + OH^-$$

所有反应均在固体催化剂表面进行。

在酸性溶液中,提高镍离子的浓度可显著提高镍的沉积速度,但镍盐浓度超过 30g/L 时,其速度反而下降,镀液稳定性变差且易出现粗糙镀层。而碱性镀液中,镍盐的浓度低于 20g/L 时,升高镍盐的浓度可使沉积速度明显提高;但镍盐浓度高于 25g/L 时,沉积速度趋于稳定。

提高还原剂的浓度也可以提高沉积速度,但这种作用不是无限的。而且还原剂的浓度超过了一定量后,镀液的稳定性下降并对镀层质量产生不利影响。

由溶液中沉积出来的化学镀镍层是一种非晶态镀层,呈层叠的薄片状,如图 4.27 所示。此时镀层的硬度、矫顽磁力较低,电阻率较高。经过一定温度下的热处理后,镀层转变为晶型组织,镀层的硬度和矫顽磁力均会呈现大幅度提高,而电阻率则明显下降。化学镀镍-磷合金镀层的综合性能见表 4-26。化学镀镍-磷合金镀层的物理化学性能除与镀层中的含镍量有关外,还受到工艺条件等多方面因素的影响。化学镀镍工件如图 4.28 所示。

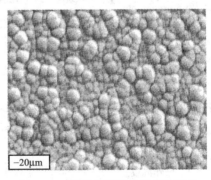

-20μm

图 4.27 化学镀镍层的形貌(SEM)

表 4-26 化学镀镍-磷合金镀层的综合性能

综合性能	热处理前	400℃热处理后
镀层硬度 /HV	500	1000
镀层密度/(g/cm³)	7.9	7.9
电阻率/μΩ·cm	60~75	20~30
熔点/℃	890	890
热导率/(W/mK)	5.02	
矫顽磁力/(A/m)	100~180	>1000

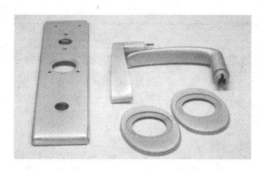

图 4.28 化学镀镍工件

2. 化学镀铜

化学镀铜主要用于非导体材料的金属化处理，在电子工业中有着非常重要的地位。它很好地解决了多层印制电路板层间电路的连接孔金属化问题，使得电子产品可以向小型化方向发展，并大大地提高了其可靠性。

化学镀铜也是自催化还原反应，以甲醛为还原剂，溶液的 pH 值在 11 以上，可获得足够厚度的铜层。在化学镀铜过程中铜的还原反应如下：

$$Cu^{2+} + 2HCHO + 4OH^- = Cu + H_2\uparrow + 2H_2O + 2HCOO^-$$

此外，作为中间产物，上述反应还有一价铜盐生成，而稳定性极差的一价铜盐会发生歧化反应（自身氧化-还原反应），生成金属铜粉末，而一价铜盐在水中的溶解度很小，并容易以氧化亚铜的形式与金属共沉积，夹杂于镀层中，导致铜层的机械强度、导电性、延展性等物理性能下降。

值得肯定的是，经过不断的努力，人们发明了一些高速稳定的化学镀铜新工艺，溶液可以连续使用几个月以上，并逐步实现了对镀液的自动控制和调整。几种较稳定的化学镀铜溶液的组成和性能比较见表 4-27，其中的酒石酸钾钠、EDTA 二钠盐为配位剂，它使铜离子在碱性条件下的溶液中不形成 $Cu(OH)_2$ 沉淀；α,α'-联吡啶等是溶液的稳定剂，只需极少量即可有效地抑制氧化铜的生成和氧化亚铜的进一步还原。

表 4-27　几种化学镀铜溶液的组成和性能

镀液组成和工艺性能	工艺 1	工艺 2	工艺 3
硫酸铜/(g/L)	7～9	10～15	6～10
酒石酸钾钠/(g/L)	40～50		
EDTA 二钠盐/(g/L)		30～45	30～40
甲醛(质量分数 36%)/(g/L)	11～13	5～8	10～15
氢氧化钠/(g/L)	7～9	7～15	7～10
α,α'-联吡啶/(g/L)		0.05～0.10	0.05～0.10
操作温度/℃	25～32	25～40	60～70
pH	11.5～12.5	12～13	12～13
搅拌方式	无油压缩空气	无油压缩空气	无油压缩空气
适用范围	塑料金属化	印制电路板	塑料金属化、印制电路板

3. 化学镀银

化学镀银是工业应用最早的化学镀工艺，即基础化学中的银镜反应。该技术以前多用于玻璃镜子、热水瓶内胆等轻工产品的制造，现在其用途越来越多，如反射率高达 92% 以上的塑料反光镜就是对塑料进行化学镀银而制得。此外，非导体的金属化、激光测距机上的聚光腔镀覆等也是采用的该技术。

　　表 4-28 是几种化学镀银溶液的组成及操作条件。除以二甲胺基硼烷作为还原剂的化学镀银溶液具有较好的稳定性，并可得到较厚的镀银层外，其他溶液的稳定性都较差，而且沉积的银层极薄。工艺 1 镀液以葡萄糖作为还原剂，镀液一般只能使用一次；工艺 2 镀液以酒石酸钾钠作为还原剂，得到的银层与玻璃的结合力为 16～20MPa，适当温度下的热处理还可进一步提高结合力；工艺 3 镀液以甲醛作为还原剂，沉积速度快，但镀层晶粒粗大，反射率低，结合力仅在 8MPa 左右；以二甲胺基硼烷作为还原剂的镀液，银的沉积过程与化学镀镍基本相同，也属于自催化过程，在镀液中加入少量的硫脲、硫代硫酸钠或硫基苯并噻唑钠等，可提高镀液的稳定性，在 55℃时，镀液的沉积速度可达 2.5μm/h。

表 4-28　几种化学镀银镀液的组成及操作条件

镀液成分及工艺性能	工艺 1	工艺 2	工艺 3	工艺 4
硝酸银/(g/L)	30	8	17.5	
银氰化物/(g/L)				1.83
氨水(25%)/(g/L)	80		适量	
氰化钠/(g/L)				1.0
氢氧化钠/(g/L)				0.75
氢氧化钾/(g/L)	15	4		
葡萄糖/(g/L)	15			
酒石酸钾钠/(g/L)		15	15	
乙醇/(g/L)	50		47.5	
二甲胺基硼烷/(g/L)				2.0
溶液温度/℃	10～20	10～20	15～20	55
时间/min	5～10	10	按需而定	按需而定

　　4. 化学镀其他金属

　　1) 化学镀金

　　化学镀金分为置换法镀金和还原法镀金两类。置换法镀金所得金镀层极薄。还原法镀金是用酒石酸盐、甲醛、葡萄糖、次磷酸钠、肼、硼氢化物及其衍生物等作为还原剂，将溶液中的金属离子还原为金属沉积于基体之上，镀液的沉积速度可达 4μm/h，并可得到较厚的镀金层。

　　2) 化学镀钴

　　极少量的磷、硼与钴共沉积的沉积层具有很高的磁性能，而采用化学镀钴可使表面层无论是尺寸还是性能，都具有极佳的均匀性，因而广泛应用于电子计算机的记忆储存元件。

　　化学镀钴溶液与化学镀镍溶液的组成基本相似。还原剂一般选用次磷酸钠、硼氢化物、肼等，但不同的是酸性化学镀钴溶液的沉积速度非常缓慢，只有碱性溶液才能获得较好的钴镀层。在以次磷酸钠为还原剂的碱性溶液中，可获得含磷量为 1%～6% 的钴-磷合金，镀层的矫顽磁力为 8～8000A/m，可以通过选择溶液配方、工艺条件、适当的镀层厚度以获得硬磁性(矫顽磁力大于 1000 A/m)和软磁性(阻矫顽磁力小于 16 A/m)镀层。前者被用于记忆元件，后者则被用于高速开关存储装置元件上。

3) 化学镀钯

通信工业中常将化学镀钯用于电接触和连接器方面，也有用它作为金的代用品，或金与其他金属之间的扩散阻挡层，使金沉积层的寿命延长。

钯的催化活性较强，可以用肼、次磷酸盐作为还原剂进行自催化沉积。化学镀钯可以在铜、黄铜、金、钢或化学镀镍层上自发地进行。用次磷酸盐作为还原剂的化学镀钯层含有约 1.5% 的磷，硬度为 165HV。

4.5 复合镀技术

在电镀或化学镀溶液中加入非溶性的固体微粒，并使其与主体金属共沉积在基体表面，或把长纤维埋入或卷缠于基体表面后沉积金属，形成一层金属基的表面复合材料的过程称为复合电镀，也叫弥散镀或分散镀。所得镀层称为复合镀层或弥散镀层。

复合镀起源于 20 世纪 20 年代，但受到人们的重视并获得迅猛发展则是从 70 年代开始的。复合镀层由基质金属与分散微粒或埋置纤维两相组成，两相之间存在明显的界限。与单纯的金属基镀层相比，复合镀层在耐蚀性、耐磨性、润滑性、表面外观及其他功能方面都有着非常显著的提高。因此，人们可根据不同的用途来选择基质金属和分散微粒或埋置纤维。

4.5.1 复合镀的基本原理

复合镀按沉积方式的不同可分为以下 3 种。

(1) 以微粒子为弥散相，使之悬浮于镀液中进行电沉积或化学沉积，这种方法称为弥散沉积法。

(2) 粒子大或重时，让粒子先沉积于基体表面，再用析出金属填补粒子间隙，这种方法称为沉积共析法。

(3) 把长纤维埋入或卷缠于基体表面后进行沉积，这种方法称为埋置沉积法。

习惯上把前两种方法称为复合镀，而把后一种方法称为纤维强化复合镀。

复合镀的过程是物理过程和化学过程的有机结合。一般认为，弥散复合电镀时，微粒与金属共沉积过程分为镀液中的微粒向阴极表面附近输送、微粒吸附于被镀金属表面、金属离子在阴极表面放电沉积形成晶格并将固体微粒埋入金属层中等几个步骤。共析出的粒子在沉积的金属中形成不规则分布的弥散相。在纤维强化复合镀中，卷缠的长纤维呈现有规则的排列。化学镀同样可以制备高质量的复合镀层。

微粒向阴极表面附近的输送主要取决于镀液的搅拌方式和强度，以及阴极的形状和排布状况。微粒在阴极表面的吸附受到微粒与电极间作用力等各种因素的影响，如微粒和电极的特性、镀液的成分和性能及电镀的操作条件等。一般来说，只有在微粒周围的金属层厚度大于微粒粒径的一半时，才认为微粒已被金属嵌入。因此，微粒在阴极表面的吸附程度、流动的溶液对阴极上微粒的冲击作用、金属电沉积的速度等都会对微粒在基质金属中的嵌入产生影响。

要制备理想的复合镀层，不仅要求微粒和纤维自身稳定，而且还应不促使镀液分解。微粒的粒径或纤维的直径要适当，通常为 $0.1 \sim 10 \mu m$，但以 $0.5 \sim 3 \mu m$ 最好。此外，适当的搅拌也必不可少。

4.5.2 复合镀层的种类及应用

原则上，凡可镀覆的金属均可作为主体金属来制备复合镀层，但研究和应用较多的只有镍、钴、铬、铜、锌、金、银等，而作为固体微粒的主要有两类，一类是提高镀层耐磨性的高硬度、高熔点微粒，如氧化铝、氧化锆、碳化硅、碳化钨、金刚石等；另一类是提供自润滑特性的固体润滑剂微粒，如石墨、硫化钼、聚四氟乙烯、氟化石墨等。表 4-29 列出了几种基本金属与复合材料形成的复合镀层及其用途。

表 4-29 常见复合镀层及其用途

基本金属 \ 复合材料	Ni	化学 Ni	Cu	化学 Cu	Co	Zn	Cr	Au	Ag	Fe	Pb	Pb-Sn 合金	主要用途
氧化铝	√	√	√	√	√	√	√		√	√	√	√	耐蚀性
二氧化锆	√	√					√			√			硬度、耐蚀性
碳化硅	√	√	√		√			√	√				耐磨性、耐蚀性
碳化钨	√	√					√						耐热性
碳化钛	√	√									√		硬度
Cr₃C₂	√				√								硬度
氮化硼	√	√	√			√	√						润滑
聚四氟乙烯	√	√					√						润滑
二硫化钼	√									√			润滑
硼化物	√									√			硬度
金属粉末	√					√				√	√	√	合金化、耐蚀性
碳	√	√	√				√	√		√			润滑
金刚石	√		√		√								耐磨性
树脂	√	√					√	√					润滑
荧光材料	√												装饰用

从表 4-29 可以看出，复合镀的主要用途在于提高镀层的耐蚀性、耐磨性、润滑性、改进表面外观和提高其他功能特性。对铁基体而言，防护装饰性镀层一般采用 Cu-Ni-Cr 和多层 Ni-Cr 组合镀层。而像汽车挡板之类的外露装饰性零件，要提高其耐蚀性，面层必须采用微孔铬镀层，以增大镍的暴露面积，分散腐蚀电流。得到微孔铬镀层的方法有两种，即在镀铬溶液中添加石墨得到微孔铬镀层，或在镀光亮镍后，镀上一层 Ni-SiO₂ 复合镀层（俗称镍封），再镀铬得到微孔铬镀层。实际生产中以后一种方法使用最多，得到的镀铬层的微孔数每平方毫米 400～800 个为好。

过去，装饰性镀层都是镜面光亮的，在光照下特别耀眼，越来越不受欢迎。采用复合镀技术可较好地解决这一问题，方法是在光亮镀镍溶液中加入粒径 1～5μm 的硫酸钡、二氧化硅之类的粒子，形成亚光镍镀层；或在镀液中添加温度升高后可分解形成乳状液的表面活性剂以形成无光镀层。后者得到的镀层均匀微细，显示出绒状外观，在音频零件、汽车内装零件、视频零件上应用普遍。

耐磨性复合镀层大多用镍镀层作基体，此外，还有铜、铁、铬、钴和镍-磷合金等，弥散粒子一般是硬度较高的材料如碳化硅、氮化硼、氧化铝、金刚石等。这种复合镀层在发动机汽缸、砂轮、研磨机、牙科用磨削针等上应用普遍。

润滑性也是复合镀层的一大特性。以镍或铜为基质金属，二硫化钼、石墨、氟化石墨、聚四氟乙烯(PTFE)等为弥散粒子的复合镀层，摩擦系数很低，在轴承、轴、汽缸、齿轮等上应用最多，特别适用于容易发生热胶着的金属之间的组合。

镍-聚四氟乙烯复合镀层对塑料、橡胶的成型用金属模的脱模性良好；锌-二氧化硅复合镀层可改善涂膜的附着性；镍-磷-碳化硅复合镀层在高温时能改善耐磨性，用于连续铸造用的模型；镍-铝复合镀层可改善耐热性；镍-荧光染料复合镀层可提高装饰性。此外，用复合镀还可获得导电性、防止反射性、触化活性、多孔性等功能。

4.6 脉冲电镀工艺

4.6.1 概述

脉冲电镀是借助于脉冲电源与镀槽建立起来的电镀装置，在含有某种金属离子的电解质溶液中，将被镀工件作为阴极，阳极是该种金属离子的金属或不溶性阳极，通以一定波形的脉冲电流，使金属离子在阴极上脉冲式的电沉积过程。

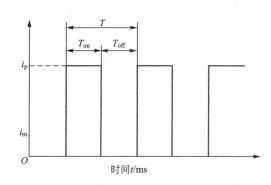

图 4.29 矩形脉冲电流波形示意图

T—脉冲周期；T_{on}—脉冲宽度(导通时间)；

T_{off}—脉冲间隔(断开时间)；

i_m—平均电流；i_p—峰值电流

脉冲电镀所用的电流波形有方波(或称矩形波)、正弦半波、锯齿波和间隔锯齿波等多种形式，一般镀单金属以矩形波为好。矩形脉冲电流波形如图4.29所示。

脉冲电镀能克服直流电镀的不足，这主要是由于脉冲宽度(即导通时间)很短，峰值电流很大，在T_{on}期间靠近阴极处金属离子急剧减少，但扩散层来不及长厚就被切断电源，在脉冲间歇(T_{off})时间里，阴极表面缺少的金属离子及时从溶液中得到补充，脉冲扩散层基本被消除，而使电解液中金属离子浓度趋于一致。这样，脉冲电镀可以采用较高的阴极平均电流密度，不但电流效率不会下降，而且改进了镀层质量。

1. 脉冲电镀的优点

脉冲电镀具有以下优点：

(1) 改变了镀层结构，晶粒度小，能获得致密、光亮相均匀的镀层。

(2) 改善了分散能力和深镀能力。

(3) 镀层孔隙率低，提高了抗蚀性。

(4) 降低了镀层内应力，提高了镀层韧性。

(5) 提高镀层耐磨性。

(6) 降低镀层中的杂质含量。

(7) 能获得成分稳定的合金镀层。

(8) 沉积速率和电流效率比周期换向电流的高。

此外采用脉冲电镀可以用比较薄的镀层代替较厚的直流电镀镀层，节约了原材料，尤其是在节约贵金属方面具有很大的潜力，即脉冲电镀是利用提高镀层质量的方法来达到节约贵金属的目的，具有较高的经济效益。

目前生产中应用脉冲电镀的主要用途是贵金属，如镀金、镀银；其次是镀镍，也有将直流与脉冲电流叠加用于铝的阳极化。

2. 脉冲电镀参数

脉冲电镀时，根据不同类型镀液，有 4 个参数可供选择，可通过实验来选择所能适用的各个参数最佳值。

(1) 波形：有矩形波、锯齿波、间隔锯齿波、正弦波、三角波等，最常用的是矩形波。

(2) 频率：可在数十到几千赫兹之间选择，常用的都在几百赫兹。

(3) 通断比：电流导通与断开的时间比称为通断比，可在一至数十之间选择。

(4) 平均电流密度：脉冲电镀时也可用导通时间 T_{on}、断开时间 T_{off} 和峰值电流作为电镀参数，它们之间的关系可按下列公式进行换算。

通断比：

$$\gamma = T_{on}/T_{off} \tag{4-22}$$

平均电流：

$$i_m = \text{峰值电流 } i_p \times \text{通断比 } \gamma \tag{4-23}$$

峰值电流：

$$i_p = \text{平均电流}(i_m) / \text{通断比}(\gamma) \tag{4-24}$$

脉冲频率：

$$f = \frac{1000}{T_{on} + T_{off}} \tag{4-25}$$

3. 脉冲电源

脉冲电源是脉冲电镀获得脉冲电流的主要设备，常见脉冲电源如图 4.30 所示。目前国内生产的脉冲电源有如下几种：

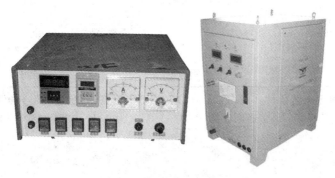

图 4.30　常见脉冲电源

材料表面处理技术与工程实训

(1) 矩形波脉冲电源。
(2) 矩形波恒电流脉冲电源。
(3) 矩形波脉冲直流叠加电源。
(4) 矩形波双脉冲、脉冲反向电源。
(5) 多波形脉冲电源(可产生矩形波、三角波、锯齿波和正弦波)。

4.6.2 脉冲镀银

1. 脉冲镀银的优点

在不同氰化物镀银溶液中，用脉冲镀与直流镀获得的银层相比，有以下优点。

(1) 外观：脉冲镀银比直流镀银结晶细、密度大、纯度高，外观呈均匀光亮银白色。

(2) 硬度和耐磨性：均比直流电镀高。

(3) 分散能力和深镀能力：分散能力和深镀能力均比直流电镀好，如镀 ϕ2mm、深度为 10～20mm 的盲孔零件，用直流镀银，内孔发黑，镀不进，采用脉冲镀，盲孔深处不仅能镀上，且经浸亮后，也不易露底。

(4) 材料消耗：由于脉冲镀银减少了零件边角处的超镀，镀层分布均匀性好，可节约银。当将银层厚度降低 20% 时，脉冲镀银层仍具有与直流镀银层相当的性能。一般脉冲镀银的节银率为 15%～20%。

2. 脉冲镀银配方和工艺条件

1) 无氰脉冲烟酸镀银

烟酸镀银是国内代替氰化镀银的配方之一，它虽然消除了氰化物污染，但直流烟酸镀银在质量上与氰化物镀银还存在一定的差距，如存在镀液分散能力与深镀能力不理想，致使一些深孔零件内孔镀不进去等缺陷，而用脉冲电镀可克服这些缺点。脉冲烟酸镀银配方见表 4 - 30。

表 4 - 30　脉冲烟酸镀银配方

镀液成分	含量
硝酸银/(g/L)	40～50
烟酸/(g/L)	80～95
氢氧化铵/(g/L)	55
碳酸钾/(g/L)	70～80
水	加至 1.0L

注：脉冲烟酸镀银工艺条件：pH 值 9.5～10(用氨水调整)；脉冲波形为恒电流矩形波；脉冲频率为 500～1000Hz；通断比为 1:4～10(T_{on} 为 0.1～0.5ms)；平均电流密度为 0.2～0.5A/dm^2。

2) 脉冲氰化镀银

脉冲氰化物镀银配方及工艺条件见表 4 - 31。

表 4-31　脉冲氰化物镀银配方及工艺条件

镀液成分及工艺条件	配方 1	配方 2
	挂镀	滚镀
AgCl/(g/L)	30～40	35～40
KCN 总量/(g/L)	65～80	50～60
K_2CO_3/(g/L)	30～40	—
温度/℃	15～35	15～30
脉冲波形	矩形波	矩形波
脉冲频率/Hz	500～1000	700～1000
通断比	1∶4～9	1∶5～10
平均电流密度/(A/dm²)	0.2～0.6	0.2～0.5

4.6.3　脉冲镀金

采用脉冲镀金，不但外观色泽好，镀层结晶细、密度大、均匀性好，深镀能力强，还可消除超镀（即为保证对镀件内孔或表面中心部位镀层厚度的最低要求，而镀件表面边缘棱角处不必要的过厚镀层的现象）。因此，当镀层的技术指标与直流电镀相同时，脉冲电镀可减少材料的消耗，采用脉冲镀金可节约金 10%～20%。

1. 亚硫酸盐脉冲镀金

亚硫酸盐脉冲镀金配方及工艺条件见表 4-32。

表 4-32　亚硫酸盐脉冲镀金配方及工艺条件

镀液成分及工艺条件	配方 1	配方 2	配方 3
	挂镀金	挂镀 Au-Co 合金	挂镀 Au-Co 合金
金(以 $AuCl_3$ 形式加入)/(g/L)	10～15	10～20	15～20
亚硫酸铵/(g/L)	250～280	—	150～180
亚硫酸钠/(g/L)	—	150～160	—
柠檬酸钾/(g/L)	50～80	—	80～100
磷酸氢二钾/(g/L)	—	20～35	—
EDTA 二钠盐/(g/L)	—	2～5	—
硫酸钴/(g/L)	—	0.5～1	0.3～0.5
整平剂(多铵类)	10	—	—
pH	7.5～8.5	8～9	8～9
温度/℃	55～65	45～55	25～35
脉冲波形	矩形波	矩形波	矩形波
脉冲频率/Hz	1000	500～1000	500～1000
通断比	1∶9	1∶4～9	1∶5～15
平均电流密度/(A/dm²)	0.3～0.5	0.3～0.4	0.2～0.5
搅拌方式	阴极移动	阴极移动	阴极移动

2. 酸性脉冲镀金

酸性脉冲镀金配方及工艺条件见表 4－33。

表 4－33 酸性脉冲镀金配方及工艺条件

镀液成分及工艺条件	配方 1	配方 2	配方 3
	挂镀	挂镀	挂镀
金（以 KAu(CN)$_2$ 形式加入）/(g/L)	6～8	10～20	5～10
柠檬酸钾/(g/L)	120	110～130	—
柠檬酸/(g/L)	75	—	—
酒石酸氧锑钾/(g/L)	0.3	—	0.1～0.3
硫酸钾/(g/L)	—	18～22	—
柠檬酸铵/(g/L)	—	—	110～120
pH	4.8～5.6	4.5～6.5	5.2～5.6
温度/℃	20～40	45～55	40～55
脉冲波形	矩形波	矩形波	矩形波
脉冲频率/Hz	1000	900～1000	1000
通断比	1∶5～10	1∶9	1∶7～15
平均电流密度/(A/dm^2)	0.1～0.4	0.1～0.5	0.1～0.4

4.6.4 脉冲镀镍

脉冲镀镍可获得孔隙少、内应力低、结晶细致、纯度高、沉积速度快、结合力好的镀层。脉冲镀镍配方及工艺条件见表 4－34。

表 4－34 脉冲镀镍配方及工艺条件

镀液成分及工艺条件	含量
硫酸镍/(g/L)	180～240
硫酸镁/(g/L)	20～30
氯化钠/(g/L)	10～20
硼酸/(g/L)	30～40
水	加至 1.0L
pH	5～5.4
脉冲波形	矩形波
脉冲频率/Hz	1000
通断比	1∶9～10
平均电流密度/(A/dm^2)	0.6～0.8

4.7 高速电镀工艺

4.7.1 概述

高速电镀的电沉积速度很快，一般高于普通电镀数倍乃至数百倍。例如，电镀 20～

$30\mu m$ 的镀层，普通电镀要用 1h，甚至数小时，采用高速电镀仅需数分钟，有时甚至不到 1min。高速电镀需用特殊装置，使镀液在阴阳极间高速流动，并施以每 dm^2 面积数十至数百安培的高阴阳极电流密度，被镀零件表面以很高的沉积速度获得所需的镀层厚度。

因为高速电镀所用的电流密度极高，电流分布不均匀现象很突出，阳极设计和配置的难度较大，因此高速电镀目前只适用于形状较简单的零件，对结构复杂的零件尚未得到满意的结果。

高速电镀需要的特殊设备与普通电镀相比，其投资较大。

电子元器件镀贵金属可采用高速局部电镀，用特殊的装置把不需电镀的部位掩盖起来，同时使镀液在被镀零件表面高速流动，并使用高的电流密度进行电镀，这种工艺可节约大量贵金属。

高速电镀采用较多的有以下两种方法。

1. 强制阴极表面镀液流动的方法

1）平行液流法

将阴、阳极间距离缩至 $1\sim5mm$；并在阴、阳极狭缝间通以高速流动的镀液，流速应大于 2400mm/s，使镀液流动保持在湍流状态，提高了搅拌效果。

2）喷流法

将镀液通过喷嘴连续喷射到阳极表面，使金属离子在阴极上还原沉积。从喷嘴喷出的镀液经收集回流至储槽中，再由泵输送至喷嘴循环使用。这种方法的特点是能局部使用高电流密度，主要应用于印制电路板触头及半导体元件的焊接点电镀等。喷流法只限于局部高电流密度，因而使其适用范围受到一定的限制。

2. 在镀液中高速移动阴极的方法

这种方法适用于金属薄板、带材、线材的电镀，即镀件在较高的电流密度下以较高的速度连续通过镀液，镀件在镀液中连续移动速度为 $5\sim80m/min$，电流密度为 $5\sim60A/dm^2$。

高速连续移动阴极一般有以下 3 种形式：

（1）垂直浸入式：优点是节省空间。

（2）水平运动式：有两种类型，一种是镀件直接水平地通过各个处理槽，每个槽壁上开有特制的缝，并有专门的防漏措施；另一种是镀件由一个槽过渡到另一槽时，要升出液面。

（3）盘绕式：可以做得很紧凑，能垂直盘绕，适用于线材电镀。

4.7.2 铜带、铜引线电镀光亮锡

铜带、铜引线快速电镀光亮锡工艺广泛应用于电子、电器等行业。目前主要以硫酸-硫酸亚锡为基础镀液，并加入某些光亮剂和稳定剂，从而获得光亮性好、色泽均匀、可焊性优良的镀层。该工艺具有镀液稳定，沉积速度快等优点。

1. 工艺流程

（1）铜引线电镀光亮锡工艺流程：放线→阴极电解除油→流动水洗→阳极电解腐蚀→水洗→去离子水洗→镀光亮锡→清洗→碱洗→清洗→钝化→清洗→热去离子水洗→烘干→收线。

（2）铜带电镀光亮锡工艺流程：放带→阴极电解除油→清洗→阳极电解腐蚀→清洗→镀光亮锡→清洗→清洗→热去离子水洗→烘干→收带。

2. 镀液配方及工艺条件

1) 铜引线镀光亮锡

铜引线镀光亮锡工艺条件如下。

阴极电解除油：NaOH 30g/L，Na_3PO_4 50g/L，Na_2CO_3 50g/L，电流密度 5A/dm²，阳极 Fe 板。

阳极电解腐蚀：H_2SO_4 180g/L，电流密度 5A/dm²，阴极不锈钢板。

镀光亮锡：$SnSO_4$ 35～45g/L，H_2SO_4（98%）100mL/L，$Ce(SO_4)_2 \cdot 4H_2O$ 8g/L，稳定剂 50mL/L，光亮剂 15～20mL/L，电流密度 3～4A/dm²，温度 10～35℃。

碱度：Na_2HPO_4 50g/L，温度 50～60℃。

钝化：$K_2Cr_2O_7$ 40g/L，pH4，温度 20～40℃。

铜引线镀光亮锡采用多线盘绕镀槽，铜线分上、中、下 3 层分布于镀液中，浸入镀液的线长约 30m，铜线的线速度 7～10m/min，铜线水平方向间距 15mm，上下间距 50mm。烘干用热风或红外线烘干。

2) 铜带镀光亮锡

铜带镀光亮锡前处理工艺条件同铜引线工艺。

镀光亮锡：$SnSO_4$ 25～35g/L，H_2SO_4（98%）100mL/L，稳定剂 50mL/L，光亮剂 16～20mL/L，电流密度 1～2A/dm²，温度 10～35℃，铜带线速度 1.5～5m/min。

4.7.3　铜引线电镀铅锡合金

铜引线电镀铅锡合金前处理工艺条件同铜引线光亮镀锡，具体配方及工艺条件见表 4-35。

表 4-35　铜引线电镀铅锡合金配方及工艺条件

镀液成分及工艺条件	含量
Sn^{2+}（以氟硼酸锡形式加入）/(g/L)	15～20
Pb^{2+}（以氟硼酸铅形式加入）/(g/L)	8～10
氢氧化铵/(g/L)	55
游离氟硼酸（HBF_4）/(g/L)	250～300
甲醛/(mL/L)	10～15
苯叉丙酮/(g/L)	0.3
4,4'-二氨基二苯甲烷/(g/L)	0.6
OP-21/(g/L)	13
温度	室温
电流密度/(A/dm²)	2～6
镀层厚度/μm	8～12
合金成分	Sn 60%，Pb 40%
铜线的线速度/(m/min)	4～8

4.7.4 钢带、钢线电镀锌

钢带可在垂直浸入式设备中快速连续电镀，钢带的两面同时镀上锌层，电镀时钢带的行进速度可达 50 m/min。

钢线镀锌多数采用水平运动式设备，电镀时可十多根钢线一起电镀。钢线镀锌层厚度与钢线直径有关，直径为 0.25～1.5mm、1.6～3.5mm、3.6～5mm 的钢线上镀锌，其厚度折合质量后分别为 30～35g/m²、50～75g/m²、75～100g/m²。

钢线、钢带镀锌所用溶液有氰化物镀液、硫酸盐镀液和氯化物镀液 3 种，其镀液配方及工艺条件如下。

1. 氰化物镀锌

钢线、钢带氰化物镀锌配方及工艺条件见表 4-36。

表 4-36　钢线、钢带氰化物镀锌配方及工艺条件

镀液成分及工艺条件	含量
氰化锌($Zn(CN)_2$)/(g/L)	90
氰化钠(NaCN)/(g/L)	38
氢氧化钠(NaOH)/(g/L)	90
温度/℃	60～70
电流密度/(A/dm²)	12
运行速度/(m/min)	40～50
阴极电流效率/(%)	≈90

2. 硫酸盐镀锌

钢线、钢带硫酸盐镀锌配方及工艺条件见表 4-37。

表 4-37　钢线、钢带硫酸盐镀锌配方及工艺条件

镀液成分及工艺条件	含量
硫酸锌($ZnSO_4 \cdot 7H_2O$)/(g/L)	330
硫酸钠(Na_2SO_4)/(g/L)	70
硫酸镁($MgSO_4 \cdot 7H_2O$)/(g/L)	60
pH	3～4
温度/℃	55～65
电流密度/(A/dm²)	25～40
运行速度/(m/min)	30
阴极电流效率/(%)	≈90

3. 氯化物镀锌

钢线、钢带氯化物镀锌配方及工艺条件见表 4-38。

表4-38 钢线、钢带氯化物镀锌配方及工艺条件

镀液成分及工艺条件	含量
氯化锌($ZnCl_2$)/(g/L)	135
氯化钠(NaCl)/(g/L)	230
氯化铝($AlCl_3 \cdot 6H_2O$)/(g/L)	23
pH	3~4
温度/℃	40~60
电流密度/(A/dm^2)	50
运行速度/(m/min)	50

图4.31 镀锌铁丝

氯化物镀锌溶液的导电性好,允许使用较高的电流密度和运行速度。镀锌铁丝如图4.31所示。

4.7.5 钢带、黄铜带镀镍

镀镍钢带可经冲压、铆接、曲折等镀后机械加工,为防止镀层脆性,不宜采用光亮镀镍,可镀暗镍或氨基磺酸镍(低应力镀层)。

钢带镀镍前要先预镀氰化铜(厚度0.2~0.8μm),而黄铜带可直接镀镍。

1. 钢带、黄铜带氨基磺酸盐快速镀镍

钢带、黄铜带氨基磺酸盐快速镀镍配方及工艺条件见表4-39。

表4-39 钢带、黄铜带氨基磺酸盐快速镀镍配方及工艺条件

镀液配方及工艺条件	含量
氯化镍($NiCl_2 \cdot 6H_2O$)/(g/L)	6~18
氨基磺酸镍 [$Ni(SO_2NH_2)_2 \cdot 4H_2O$] /(g/L)	650~750
硼酸(H_3BO_3)/(g/L)	35~45
pH	4
温度/℃	60~70
电流密度/(A/dm^2)	5~60

2. 钢带、黄铜带瓦特型快速镀镍

钢带、黄铜带瓦特型快速镀镍配方及工艺条件见表4-40。

表4-40 钢带、黄铜带瓦特型快速镀镍配方及工艺条件

镀液配方及工艺条件	含量
硫酸镍($NiSO_4 \cdot 7H_2O$)/(g/L)	250
氯化镍($NiCl_2 \cdot 6H_2O$)/(g/L)	70

（续）

镀液配方及工艺条件	含量
硼酸（H_3BO_3）/（g/L）	35~45
pH	4~4.5
温度/℃	40~45
电流密度/（A/dm²）	2~5
运行速度/（m/min）	2~6

4.7.6 铜带、铜引线快速镀银

铜带、铜引线快速镀银配方及工艺条件见表4-41。

表4-41 铜带、铜引线快速镀银配方及工艺条件

镀液配方及工艺条件	含量
氰化银（AgCN）/（g/L）	40~45
氰化钾（KCN）/（g/L）	60~70
碳酸钾（K_2CO_3）/（g/L）	60
氢氧化钾（KOH）/（g/L）	11
温度/℃	30~45
电流密度/（A/dm²）	2~10

4.7.7 喷流法高速局部镀金

喷流法高速局部镀金的特点是镀速快，把不需电镀的部位掩盖起来，同时使镀液在被镀表面高速喷射流动，并使用高的电流密度进行电镀，提高了生产效率并节约了金。电子元器件，如半导体器件和集成电路框架上局部电镀金多采用这种工艺。在实际工业生产中，集成电路框架局部高速镀金工艺流程如下：

集成电路框架→化学除油→清洗→活化→局部镀金→回收→清洗→干燥。

如果框架是铜基体则先镀镍打底，如果框架是铁镍合金或柯伐合金基体，则可直接镀金。

高速局部镀金配方及工艺条件见表4-42。

局部镀金在特殊电镀设备上进行，用气压把阴极（镀件）压紧，硅橡胶把不需电镀的部位遮盖，镀液通过喷嘴（白金喷嘴，不溶性阳极）喷射到阴极上，与此同时接通电源，控制一定的电流数分钟后，紧压盖板自动松开，取下镀件。

表4-42 高速局部镀金配方及工艺条件

镀液配方及工艺条件	含量
氰化金钾/（g/L）	10~20
导电盐/（g/L）	150

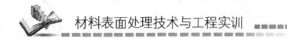

（续）

镀液配方及工艺条件	含量
光亮剂/(mL/L)	10
pH	5.5～6.5
温度/℃	65～75
电流密度/(A/dm^2)	4～10
阳极材料	白金(Pt)喷嘴

4.8 非金属电镀

4.8.1 非金属电镀工艺介绍

随着科学技术的不断发展，各种非金属材料在汽车、电器、电子、五金等产品制造中的使用越来越多。然而，非金属材料自身的耐磨性、导电性、导热性和装饰性等都难以满足各种零件的要求，但是通过在非金属零件表面电镀上金属层可以达到目的。

在工业制造中可以使用的非金属材料很多，但以 ABS 塑料应用最普遍。非金属材料制品在电镀前必须经过前处理，这是决定非金属电镀能否顺利进行的关键。不同的非金属材料的前处理步骤相同，包括粗化、除油、敏化、活化和化学镀等，但在处理溶液的组成和操作条件上有差异。

金属镀层与非金属制品之间的结合力是很微弱的分子间力，它难以保证镀层与基体间牢固结合。粗化的目的是通过扩大镀层与基体间的接触面积来提高结合强度。粗化方法包括机械粗化和化学粗化两大类。机械粗化采用喷砂、滚磨、金相砂纸打磨等方法对受镀表面进行加工，尽可能增加镀层与基体的接触面积。但具体方法需根据对零件表面光洁度的要求、零件的大小和材质等进行选择。化学粗化是采用化学制剂，在一定的条件下使工件表面变得微观粗糙，并使高分子材料表面的物理化学性能发生变化的方法，它包括氧化和溶胀。氧化是采用强氧化剂使工件表面的微观结构发生改变，溶胀是用溶剂使工件表面或表面的填料溶解。不同的非金属材料采用的化学粗化溶液组成不同，操作条件也有较大差异。机械粗化提高结合力的程度有限，如果要进一步提高镀层与基体材料的结合力，必须使用化学粗化。

非金属制品表面附着有脱模剂和各种污垢，为了保证电镀层的质量，必须经过适当的除油处理。非金属制品的除油也可以采用有机溶剂和碱性除油溶液。

非金属制品是不导电的，要在其表面进行电镀，必须先采用化学还原法在其表面沉积一层导电金属膜。而为了诱导这一化学还原过程的发生，制品表面上必须有足够的金属晶核。为此，首先将已经过粗化、除油等处理的非金属制品浸入含有一定浓度的易被氧化的化合物溶液中，使其表面吸附一些还原剂，这一过程称为敏化。然后，将其浸入含有氧化剂的溶液中，使其表面形成胶体状微粒沉积层，这一过程称为活化。最后用一定浓度的化学镀时所用的还原剂溶液将制品表面残留的活化剂还原干净，以免影响后面的化学镀溶液，这一步骤就是还原处理。敏化处理常用的是酸性的二价锡、三价钛盐溶液，因为它们具有较强的还原性。活化剂则大多是贵金属盐溶液，如银盐、钯盐、金盐等。由于敏化溶液不稳定，人们又研制了胶体钯直接活化溶液，它是将敏化剂（$SnCl_2$）和催化剂（$PdCl_2$）结合在一起所制成的。

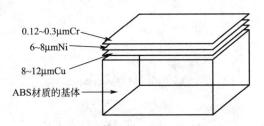

预处理完后的非金属制品就可以进行化学镀了，在形成一定厚度的金属镀层以后，再进行电镀，使获得的镀层加厚，即可完成非金属的电镀，ABS 材质的塑件的电镀铬层一般主要由图 4.32 所示的几层构成。

图 4.32　ABS 材质的塑件的电镀铬层

4.8.2　非金属电镀效果介绍

1. 高光电镀

高光电镀效果的实现通常要求模具表面良好抛光，注射出的塑件采用光铬处理，如图 4.33 所示。

2. 亚光电镀

亚光电镀效果的实现通常要求模具表面良好抛光，注射出的塑件采用亚铬处理，如图 4.34 所示。

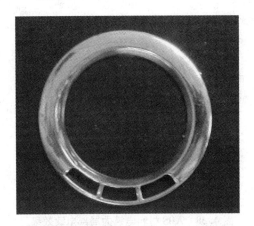

图 4.33　ABS 材料电镀的高光电镀效果

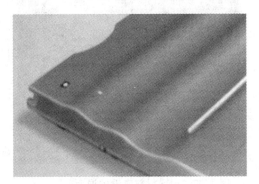

图 4.34　ABS 材料电镀的亚光电镀效果

3. 珍珠铬电镀

珍珠铬电镀效果的实现通常要求模具表面良好抛光，注射出的塑件采用珍珠铬处理，如图 4.35 所示。

4. 蚀纹电镀

蚀纹电镀效果的实现通常要求模具表面处理出不同效果的蚀纹方式后，注射出的塑件采用光铬处理，如图 4.36 所示。

图 4.35　ABS 材料电镀的珍珠铬电镀效果

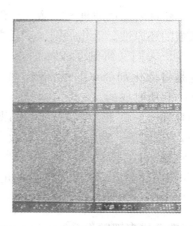

图 4.36　ABS 材料电镀的蚀纹电镀效果

5．混合电镀

混合电镀在模具处理上既有抛光的部分又有蚀纹的部分，注射出的塑件电镀后出现高光和蚀纹电镀的混合效果，突出某些局部的特征，如图 4.37 所示。

6．局部电镀

局部电镀通过采用不同的方式使得成品件的表面局部没有电镀的效果，与有电镀的部分形成反差，形成独特的设计风格，如图 4.38 所示。

图 4.37　ABS 材料电镀的混合电镀效果

图 4.38　ABS 材料电镀的局部电镀效果

4.9　镀层的质量评价

任何一种零件，在电镀加工完成后都要经过质量检查。电镀层质量检查的内容包括镀层的外观、厚度、与基体金属的结合力、延展性、显微硬度、脆性、耐蚀性、耐磨性、可焊性等。虽然具体质量检查的内容因零件和镀层而异，但镀层的外观、厚度、耐蚀性和与基体金属的结合力是所有镀层都必须检查的内容。电镀层的质量检查方法和评判，各个国家有各自制定的国家标准，也有统一的国际标准；不同的企业也制定有相应的企业标准。

1）镀层的外观

镀层的外观是任一零件、任一镀种都必须检查的项目之一。通常，镀层的外观是在自然光照下直接用肉眼观察的。其内容包括镀层的宏观均匀性、颜色、光亮度、结晶状况和宏观结合力等。一般来说，镀层除应有其特有的颜色和光泽外，还应均匀、细致、结合力好，不允许有针孔、条纹、起泡、起皮、毛刺、结瘤、麻点、烧焦、开裂、剥离、脱落、不正常色泽或漏镀等。但对于挂镀件，一般允许挂钩处有轻微缺陷。

2）镀层的厚度

要保证零件的使用性能，零件表面的镀层必须达到一定的厚度。常用的镀层厚度测量方法包括破坏性和非破坏性两大类。破坏性测厚法包括阳极溶解库仑法、金相法、溶解称重法、液流法、点滴法等；非破坏性测厚法包括机械量具法、磁性法、涡流法、β射线反向散射法、X射线分光法等。采用这些方法测量镀层的厚度时请参照相应的国家标准。

3）镀层的耐蚀性

评定镀层耐蚀性的试验方法主要有两大类：自然环境试验和人工加速腐蚀试验。前者包括使用环境下的现场试验和不同气候条件下的大气暴露试验，这类方法可真实地评定镀层的耐蚀性，但缺点是周期太长；后者包括中性盐雾试验（NSS）、醋酸铜加速试验（CASS）、腐蚀膏试验、电解腐蚀试验、工业性气体腐蚀试验、湿热试验等。所有这些耐蚀性试验都有相应的国家标准，其规定了试验的条件和评价方法。

4）镀层的结合力

电镀层与基体金属的结合力（也称结合强度）的检验方法有很多，但都是定性的测试。常见的镀层结合力的测试方法有摩擦抛光试验、剥离试验、锉刀试验、划格划线试验、弯曲试验、热振试验、深引试验等。不同的方法适用于不同的镀层，也有不同的评定标准，具体使用时可查阅相应的国家标准。

4.10　电镀和其他涂层的物理、化学性能测试方法

4.10.1　电镀层的外观检验

镀层（包括电镀层、化学镀层、转化膜）的外观检查，是镀层质量检验中最常用、最基本的方法。外观不合格的镀层就没必要进行其他项目的检测。

检查镀层外观的方法，是在天然散射光或无反射光的白色透明光线下用目力直接观察。光的照度应不低于300lx（即相当于零件放在40W日光灯下距离500mm处的光照度）。检查的内容包括镀层种类的鉴别、宏观结合力、颜色、光亮度、均匀性及缺陷等。

1. 镀层的质量要求

（1）镀层的种类应符合技术要求。普通镀层的颜色和光泽等外观质量情况可直接鉴别。必要时，可采取化学定性分析。对特殊的或合金镀层，需要进行光谱分析鉴别。

（2）镀层除应有其特有的颜色和光泽外，还应具有均匀、细致、结合力好的基本特点。光亮镀层应有足够的光泽度。

（3）镀层不允许有针孔、条纹、起泡、起皮、结瘤、脱落、开裂、剥离、斑点、麻

点、烧焦、暗影、粗糙、树脂状和海绵状沉积、不正常色泽，以及应当镀覆而没有镀覆等缺陷。有上述缺陷的镀层，应及时进行返修处理，包括需要退除不合格镀层而重新电镀和不需要去掉镀层而补充加工的(如重新抛光)。

(4) 轻微的挂具接触印和水迹印及其他一些不影响镀层使用性能的镀层缺陷允许存在。

2. 镀层的废品

(1) 过腐蚀的镀件。

(2) 有机械损坏的镀件。

(3) 具有大量的孔隙，而且要用机械方法破坏其尺寸才能消除孔隙的铸件、焊接件或钎焊件。

(4) 由于发生短路过热而被烧坏的零件。

(5) 不容许去掉不合格镀层的零件。

3. 镀层的外观要求

常见几种镀层的外观质量要求见表 4-43。

表 4-43 镀层外观质量要求

镀层	外观要求	允许的缺陷	不允许的缺陷
镀锌及镀镉	(1) 表面未钝化的锌镀层应是银白色或银灰色，未钝化的镉镀层应是银白色或银灰色。钝化的锌、镉镀层应具有带绿色或彩虹色，或呈金黄色。镀前喷砂的零件，膜层允许为黄色或彩虹色。经由槽除氢的钝化膜，允许无光泽 (2) 镀层应细致均匀	(1) 轻微的水印、形状复杂零件的棱边有轻微的粗糙 (2) 同一零件上允许有不均匀的颜色和光泽 (3) 钝化膜有轻微的划伤，焊接镀层发暗 (4) 局部镀的零件部分与不镀的交界处有轻微的黑印	(1) 粗糙、烧焦、斑点、黑点、气泡和脱落 (2) 树枝状、海绵状和条纹状的镀层 (3) 局部无镀层(工艺规定处除外) (4) 可擦去的或呈棕色、褐色的钝化膜 (5) 未洗净的盐类痕迹
镀银	(1) 银镀层应是银白色，经抛光的银镀层应是光亮的、镜面般的银白色。经钝化的银镀层，为稍带浅黄色调的银白色 (2) 镀层应细致均匀	(1) 同一零件上稍有轻微不均匀的颜色和黄色光泽 (2) 形状复杂零件的棱边有轻微的粗糙	(1) 树枝状、海绵状、条纹状的镀层 (2) 粗糙、黑点、斑点、烧焦、气泡、起皮和脱落的镀层 (3) 零件腐蚀和未洗净的盐类痕迹
镀锡	(1) 锡镀层应是银灰色至浅灰色 (2) 镀层应细致均匀	(1) 零件的焊缝处允许镀层发暗 (2) 同一零件的颜色稍有不均匀 (3) 轻微水印 (4) 形状复杂的零件的棱边有轻微的粗糙	(1) 树枝状、海绵状、条纹状的镀层 (2) 黑点、斑点、粗糙、烧焦、气泡、起皮等缺陷 (3) 未洗净的盐类痕迹 (4) 镀层呈褐色或暗灰色

(续)

镀层	外观要求	允许的缺陷	不允许的缺陷
镀铬	(1) 铬镀层应具有光泽至带白色或蓝色(硬铬层应是稍带白色或浅蓝色的银白色,装饰镀铬层应是光亮的、镜面般的颜色并稍带浅蓝色) (2) 镀层应细致均匀	(1) 非主要表面有轻微的夹具印 (2) 形状复杂的零件的棱边有轻微的粗糙 (3) 同一零件上有不均匀的颜色和光泽(装饰性镀铬不允许有上述缺陷)	(1) 粗糙、毛刺、烧焦、裂纹、膨胀、起皮、脱落和树枝状镀层 (2) 主要表面有无铬露底
黑铬	较均匀的无光黑色	(1) 轻微水迹浮灰和夹具印 (2) 由于零件的表面状态和复杂程度的差别,黑度稍不均匀,深凹处或遮蔽部分无镀层或镀层发黄	(1) 粗糙、疏松、脱落 (2) 局部无镀层(盲孔、通孔深处及工艺文件规定除外)
镀镍	(1) 镍镀层颜色为稍带淡黄色的银白色,光亮镀镍应是非常光亮的银白色 (2) 镀层应细致均匀	(1) 颜色稍微不均匀 (2) 同一零件上有不均匀的光泽	(1) 树枝状、海绵状、条纹状及黑点、斑点、粗糙、烧黑、气泡、起皮 (2) 灰色、褐色、绿色和黑色斑点 (3) 未洗净的盐类痕迹
化学镀镍	(1) 化学镀镍层的颜色应是光亮的银白色,除氢后呈浅黄色调的半光泽 (2) 镀层应细致均匀	(1) 同一零件有不均匀的光泽 (2) 轻微的水印	(1) 树枝状、海绵状、条纹状的镀层 (2) 黑点、斑点、气泡、起皮、暗色和镀层脱落 (3) 未洗净的盐类痕迹
镀铜	(1) 铜镀层颜色为紫色或玫瑰色 (2) 铜镀层应细致均匀	(1) 稍有不均匀的颜色 (2) 形状复杂的零件的棱边有轻微粗糙(用于装饰性多层电镀打底的铜层除外) (3) 局部镀的零件交界面允许移动 1mm	(1) 树枝状、海绵状、条纹状、黑点、斑点、脱落、气泡、烧焦和粗糙等缺陷 (2) 未洗净的盐类痕迹
镀黄铜	(1) 黄铜镀层的颜色为浅黄色或浅粉黄色 (2) 镀层应细致均匀	同一零件上稍有不均匀的颜色	(1) 条纹状、海绵状的镀层 (2) 粗糙、烧焦、气泡和脱落 (3) 红色、白色及棕色的镀层 (4) 未洗净的盐类痕迹
锡合金	(1) 锡合金镀层为灰白色至浅暗灰色 (2) 镀层应细致均匀	(1) 同一零件上的镀层颜色稍有不均匀 (2) 形状复杂的零件的棱边有轻微的粗糙	(1) 树枝状、海绵状、条纹状的镀层 (2) 烧焦、发黑、气泡和脱落 (3) 未洗净的盐类痕迹

(续)

镀层	外观要求	允许的缺陷	不允许的缺陷
镀黑镍	(1) 镀层为黑色 (2) 镀层应细致均匀	同一零件上有轻微不均匀的颜色	(1) 镀层粗糙、起皮和脱落 (2) 机械损伤 (3) 未洗净的盐类痕迹
镀金	(1) 金镀层的颜色为金黄色 (2) 镀层应细致均匀	同一零件上有很轻微的不均匀颜色和光泽	(1) 粗糙、发暗、棕色的镀层 (2) 未洗净的盐类痕迹

注：渗碳零件镀层不允许有气孔(一般零件不应超过 2 孔/cm²)；镀黑镍不做厚度检查。

4.10.2 表面光亮度的测定

镀层的光亮度(也称光泽度)是装饰性要求较高的镀件必须测量的项目，镀层光亮度是指在一定照度和角度的入射光作用下，镀层表面反射光的比率和强度。反射光的比率或强度越大，镀层的光亮度越高。镀层光亮度主要以目测法进行检验评定和样板对照法作比较测定。

1. 目测法

目测法评定镀层的光亮度，是以检验人员在实践中积累的经验，观察镀层表面的反光性强弱作为依据，将光亮度分为 1～4 级，以 1 级光亮度最佳。此法通常用于多数轻工日用产品的光亮度检验，获得一定效果。

目测光亮度经验评定法的分级参考标准如下。

一级(镜面光亮)：镀层表面光亮如镜，能清晰地看出面部五官和眉毛。

二级(光亮)：镀层表面光亮，能看出面部五官和眉毛，但眉毛部分发糊。

三级(半光亮)：镀层表面稍有亮度，仅能看出面部五官轮廓。

四级(无光亮)：镀层基本上无光泽，看不出面部五官轮廓。

由于经验评定法评定受人为因素影响，有时会对评定结果产生争议，所以在必要时可采取封样对照，作为评定时的参考。

2. 样板对照法

样板对照法实际上是对目测法的改进，属于目测法中的比较测量法。由于样板对照法是以规定的标准光亮度样板进行比较，有相对参考依据，所以在一定程度上排除了人为争议，提高了评定正确性。

1) 制作标准光亮度样板

(1) 一级光亮度样板：经加工标定粗糙度为 $0.04\mu m < Ra < 0.08\mu m$ 的铜制(或铁制)试片，经电镀光亮镍后套铬抛光而成。

(2) 二级光亮度样板：经加工标定粗糙度为 $0.08\mu m < Ra < 0.16\mu m$ 的铜制(或铁制)试片，经电镀光亮镍后套路抛光而成。

(3) 三级光亮度样板：经加工标定粗糙度为 $0.16\mu m < Ra < 0.32\mu m$ 的铜制(或铁制)试片，经电镀光亮镍后套铬抛光而成。

(4) 四级光亮度样板：经加工标定粗糙度为 $0.32\mu m < Ra < 0.64\mu m$ 的铜制(或铁制)试

片，经电镀光亮镍后套铬抛光而成。

2）检验与评定方法

将被检镀件在规定的测试条件下（与检验表面缺陷相同），反复与标准光亮度样板进行比较，观察两者反光性能，最后以被检镀层的反光性与某一标准样板相似，又低于更高一级光亮度样板时，以该标准样板的光亮度级别作为被检镀层的光亮度级别。

3）注意事项

（1）标准光亮度样板应妥善保存，防止保存不善而改变表面状态。

（2）使用前应用清洁软布小心擦拭标准样板，使其表面洁净，并呈现规定的反光性能。擦拭时要防止损坏标准样板的标准状态。

（3）标准光亮度样板使用期一般为一年，经常使用时应定期更新。

3. 光亮计测量镀层的光亮度

由于目测法评定镀层光亮度没有严格的标准，观察因人而异，所以近年来国外报道用光度计测定镀层的光亮度，用于平面状镀件获得较好的效果。

4.10.3 镀层附着强度的测试方法

镀层附着强度，通常称为镀层结合力，是指镀层与基体或中间镀层结合的好坏。镀层附着强度的好坏，对所有的金属表面保护层的防护、装饰性能，均有直接的影响，它是金属镀层质量的重要检验指标之一。测量附着强度大小的方法很多，但是定量的测量附着强度很困难，多数方法是定性的测量，作为工艺的比较或检验产品质量还是可行的。

1. 摩擦抛光试验

对于相当薄的镀层可以使用摩擦抛光试验。基本原理：当镀件的局部面积被摩擦抛光时，既有摩擦力的作用，也有热量的产生，可能造成镀层的表面硬化和发热。对于薄镀层，在此条件下，附着强度不良的区域，镀层会起泡而与基体分离。

具体操作方法：若镀件的形状及尺寸允许，在面积小于 $6cm^2$ 的镀覆面上，以一根直径为 6cm、顶端加工成平滑半球形的钢条作抛光工具，摩擦 15s，所施加的压力应在每一行程中足以抛光镀层，但不应削去镀层。若结合力不好，镀层会起泡，继续摩擦，泡会不断增大至泡破裂，镀层将从基体上剥离。也可将试件放在一个内部装有直径为 3mm 钢球的滚筒或振动抛光机内，并以肥皂水溶液作润滑剂进行摩擦抛光试验。当镀层的附着强度非常差时会起泡。

2. 锉刀试验

锉刀试验具体操作如下：锯下一块硬件，将镀件夹在台钳上，用一种粗齿锉刀，锉其锯断面的边棱，力图锉起镀层。锉动的方向是从基体金属至镀层，锉刀与镀层表面约呈45°角。如图 4.39 所示，附着强度好的镀层不应揭起或脱落。

本方法不适用于很薄的镀层及锌或镉之类的软镀层。

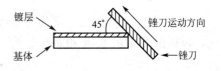

图 4.39　锉刀试验

3. 磨、锯试验

磨、锯试验具体操作方法：用一砂轮，磨削镀件的边缘，磨削的方向是从基体至镀层，如果附着强度差，镀层会从基体上剥离。

磨、锯试验对镍和铬这些较硬的金属镀层特别有效。

4. 凿子试验

凿子试验通常适用于相当厚的覆盖层（大于 $125\mu m$）。

试验方法之一是将一锐利的凿子，置于镀层突出部位的背面，并给予一猛烈的锤击。如果结合强度好，即使镀层可能破裂或凿穿，镀层也不与基体分离。

另一种"凿子试验"是与"锯子试验"结合进行的。试验时，先垂直于镀层锯下一块试样，如果附着强度不好，镀层会剥落；如果断口处镀层无剥落现象，则用一锐利的凿子在断口边缘尽量撬起镀层，若镀层能够剥下相当一段，则表明镀层的附着强度差。每次试验前，凿子刃口应磨锋利。

对于较薄的镀层可以用刀子代替凿子进行试验，并且可以用一个锤子轻轻敲击。

凿子试验对于锌、镉等软金属镀层不适用。

5. 划线、划格试验

划线、划格试验具体操作方法：采用一刃口磨到 30°锐角的硬质钢划刀，在零件表面上相距约 2mm 处划两根并行线，划线时应施以足够压力，使划刀一次就能划破金属镀层到达基体金属，如果两条划线之间的覆盖层有任何部分脱离基体金属，则认为附着强度不好。

本试验的另一种划法是用钢划刀在镀件表面上划一个或几个边长为 1mm 的方格，观察在此区域内的金属镀层是否有起皮、脱落现象。

6. 弯曲试验

弯曲试验是将镀件进行弯曲或拐折。弯曲的程度和方式随基体金属的种类、形状、镀层的性质，以及基体金属与镀层的相对厚度不同而不同。

本试验通常用手或钳子进行。将试样先向一边弯曲，然后向另一边尽可能地急速弯曲，直到试样断裂。弯曲的速率和半径可用合适的机械装置控制。

本试验会在基体金属和镀层之间产生切应力，如果镀层具有延展性，则由于镀层的滑移使切应力大为减小，甚至当基体断裂时，也不会引起镀层剥落。

弯曲时，脆性镀层会断裂，即便如此，本试验仍然能够提供一些有关附着强度的情况，即对断裂处进行检查，确定镀层是否剥落或是能否用刀子或凿子剥去。

任何剥离、碎裂、片状剥落的迹象均可以认为是附着强度不好。

试样弯曲时，镀层可以在试样的里侧，也可以在试样的外侧。一般只需检查试样的里侧，就可以判断镀层的附着强度如何。但是，在有些情况下，检查试样的里侧，有可能使判断更全面。

7. 缠绕试验

缠绕试验是将试样（通常为带状或线状镀件）沿一心轴缠绕，试验的每一部分都能标准化，包括试验带的长度和宽度、弯曲速率、弯曲动作的均匀性及缠绕试样所用圆棒的直径。

试验中出现任何剥离、碎裂、片状剥落的迹象均可以认为是附着强度不好。

试样缠绕时，镀层可以在试样的里侧，也可以在试样的外侧。一般只需检查试样的里侧，就可以判断镀层的附着强度如何。但是，在有些情况下，检查试样的里侧，有可能使判断更全面。

8. 刷光法试验

刷光法试验是使用直径为 0.1～0.3mm 的细丝做成直径为 100mm 左右的钢丝轮或钢丝刷(对软镀层)，转速为 1500～2800r/min，刷光时间不少于 15s，然后用肉眼或 1～5 倍放大镜观察，镀层不应鼓泡、脱落。

9. 试验方法的选择

上述不同的试验方法适用于检查不同种类金属镀层的附着强度，选择方法见表 4-44。其中，大多数试验对镀层及试样都有破坏作用，而某些试验仅破坏镀层。即使试验表明镀层附着强度好，也不破坏试样，但仍然不能认为试样未受损伤。例如，摩擦抛光试验可能使试样变形，热振试验可能使试样的金相组织发生不能容许的变化。

表 4-44　附着强度试验方法的选择

附着强度试验方法	镀层金属									
	镉	铬	铜	镍	镍/铬	银	锡	锡-镍合金	锌	金
摩擦抛光法	√		√	√	√	√	√		√	
钢球摩擦抛光法	√	√	√	√	√	√	√	√	√	√
拉伸剥离法			√	√				√		
剥离(粘胶带)法	√		√	√				√	√	
锉刀法			√	√	√					
凿子法		√		√				√		
划线、划格法	√		√	√	√				√	
弯曲和缠绕法		√	√	√				√		
磨、锯法		√		√	√					
拉力法	√			√					√	
热振法							√			
深引(杯突)法	√	√		√	√		√			
深引(凸缘帽)法		√	√	√	√			√		
喷丸法				√						
阴极处理法		√		√	√					
刷光法	√		√				√	√		√

注：标有"√"符号的表示镀层所适用的试验方法。

4.10.4　镀层的耐蚀性试验

镀层的耐蚀性测试方法有户外曝晒腐蚀试验和人工加速腐蚀试验。户外曝晒试验对鉴定户外使用的镀层性能和电镀工艺特别有用，其试验结果通常可作为制定厚度标准的依据。人工加速腐蚀试验主要是为了加速鉴定电镀层的质量。但任何一种加速腐蚀试验都无法表征和代替镀层的实际腐蚀环境和腐蚀状态，试验结果具有相对性。

人工加速腐蚀试验方法有中性盐雾试验、乙酸盐雾试验、铜加速乙酸盐雾试验、腐蚀膏腐蚀试验、电解腐蚀试验、二氧化硫腐蚀试验、硫化氢腐蚀试验、潮湿试验等。

1. 不同环境中的腐蚀情况

1) 不同环境中的腐蚀条件

一般产品的使用环境大致分为室内环境、室外环境和海洋气候环境 3 种。

(1) 室内环境：空气中侵蚀金属的主要因素大多数是氧气。但是当空气有一定的相对湿度(即所谓临界湿度)时才会发生重要的实际腐蚀作用。一般临界湿度为 60%～70%，超过临界湿度越大，则腐蚀作用越大。

在居住和工作房间中，夏季的相对湿度高，因而腐蚀作用比冬天大。在山区和海洋地区，室内的相对湿度大多比平坦的内地高，腐蚀作用相对较大。如果空气中不存在特别侵蚀的成分，那么腐蚀的量一般来说就比较小。因此，腐蚀作用会由于尘埃的增加，空气中的气态杂质，特别是二氧化硫、酸雾(由燃烧气体产生)、含硫有机化合物(厨房和餐室中)、氨气(主要是厕所、木工场)等含量的增加而加剧。

更严重的腐蚀可能是由于制件和各种物体相接触而产生的，如接触汗水、木材(有机酸或浸湿剂)、纸张(酸、碱，氯化物和硫化物)等。

(2) 室外环境：腐蚀影响的情况基本上同室内环境相似，它们的主要差别是室外环境大多数情况会有更多的杂质和大气尘埃。

雨水，一方面润湿金属，从而促进腐蚀作用；另一方面也可能对加速腐蚀成分的冲洗，从而减轻腐蚀作用。

室外环境中主要腐蚀因素起源于烟道气，这些气体使空气中硫化物的含量增加，特别是二氧化硫、硫酸和硫酸铵。因此，大气腐蚀一般是工业区大于市区，而市区又大于农村，在住宅区冬天空气中硫含量大都显著高于夏天。

(3) 海洋气候环境：在海岸上，大多数都有高的相对湿度(80%以上)和高的盐含量，这促使腐蚀作用增强。但腐蚀危险地带沿海岸只有几千里宽，并且在这区域的内部也有显著的差别。如果物体直接受到海水区域的细水雾粒作用，则腐蚀作用还会加快。

例如，放置在船舶甲板上的物体，直接受到海水飞溅，就会产生严重的腐蚀。在这种情况下将腐蚀作用增高至和最严重的工业区大气腐蚀相同。

2) 各种镀层腐蚀反应情况

(1) 金属的平均腐蚀速度：各地区金属的平均腐蚀速度见表 4-45。

表 4-45　各地区金属的平均腐蚀速度　　　　　　　　　(单位：$\mu m/a$)

金属	农村空气	城市空气	工业区空气	海洋空气
铅	0.7～1.4	1.3～2.0	1.8～3.7	1.8
镉	1	2～15	15～30	1
铜	1.9	1.5～2.5	3.2～4.0	3.8

（续）

金属	农村空气	城市空气	工业区空气	海洋空气
锌	1.0～3.4	1.0～6.0	3.8～19	2.5～15
锡	1	1.5	1	1
镍	1.1	2.4	4.5～5.8	2.8

（2）金属电镀层在不同环境下的腐蚀如下。

铅镀层：在室内环境中，铅镀层大多数是很稳定的。但在以下 4 种情况下可能形成显著的腐蚀：①低脂肪酸（由木材和塑料产生）；②酚（在医院内或出自沥青物质）；③冷凝水长期接触；④湿的碱性物质。

在室外环境中，铅镀层厚度在 $10\mu m$，对工业区空气已显示有良好的结果。铅镀层在海洋气候环境下是不稳定的。

铬镀层：一般厚度在 $1\mu m$ 以下的光亮镀层，只起到防止变暗的作用。厚度大于 $1\mu m$ 时，镀层会有过早脱落现象，这是由于铬镀层的内应力和不充分的黏附所引起的。

装饰铬层（铜-镍-铬）如无孔，则可以完全保护下面的金属，并可以无期限地防止大气的各种影响。氯化氢（盐酸）气体和稀硫酸对铬镀层有腐蚀作用。

镉镀层：在室内具有良好的防蚀能力，厚度在 $3\mu m$ 以上一般均可以保持表面的美观色彩。但在轻度的冷凝水侵蚀下和室外环境中会发生显著的腐蚀情况下，镀层厚度应在 $12\mu m$ 以上。

镉在腐蚀时因环境条件的不同，相对于钢而言，可能是阳极性镀层，也可能是阴极性镀层。

铜及铜合金镀层：不论是在室内还是在室外环境中，该类镀层均易变暗，但比铜稳定，如果有孔隙，则易导致钢的锈蚀（阴极性镀层的特征）。故铜镀层很少单独用来防止大气腐蚀，一般用作中间层或打底镀层。

黄铜层在正常的室内环境中较不易变化，且使用较广。黄铜常应用于橡胶工业中，具有良好的接合性。但黄铜镀层在湿或污浊的室内环境中以及大多数室外环境中，也会迅速变暗。黄铜与硫化物作用后能进一步防止腐蚀发生：Cu＋S＝CuS（黑色的保护膜）。

黄铜表面涂以透明有机覆盖层能保持金黄颜色。

镍镀层：镍比钢稳定，但镍镀层有多孔性，因此，镍的厚度要在 $20\mu m$ 以上，或在镀镍前镀以一定厚度的铜镀层。为保持镍的光泽，往往在镍的表面镀以铬层。

锌镀层：价廉，并且有良好的耐气候性。锌是阳极性镀层，有自腐蚀，从而保护下层的钢基体金属，所以锌镀层存在小孔在一定程度上可以说是无害的。

锌在常温冷凝水作用下会产生白点，损坏锌层表面的外观，从防锈观点而言一般是无关紧要的，但在极度冷却的冷凝水作用下锌层就可能在短时间内完全被破坏。锌镀层不建议用快速腐蚀试验方法，一般测量其镀层的厚度即可。为了加强对锌层的保护通常采用化学钝化或涂上一层保护涂层。

锡镀层：在室内环境中锡镀层能保持它的光泽。它在室外环境中的耐蚀情况和铅镀层一样。

2. 静止户外曝晒腐蚀试验

把各种金属覆盖层、转化膜和其他无机覆盖层静止在户外曝晒场内的试样架上，进行自然大气条件下的腐蚀试验，定期观察及测定其腐蚀过程特征和腐蚀速度，并进行记录，这种方法称为静止户外曝晒腐蚀试验，又称为大气曝晒试验。

1）曝晒条件

根据曝晒场所在地区的环境，一般将大气条件分为工业性大气、海洋性大气、农村大气、城郊大气 4 类。

工业性大气：在工厂集中的工业区，大气中被工业性介质（如 SO_2、H_2S、NH_3 及煤灰等）污染较严重。

海洋性大气：靠近海边 200m 以内的地区，大气易受盐雾污染。

农村大气：远离城市没有工业区废气污染的乡村，空气洁净，大气中基本上没有被工业性介质及盐雾所污染。

城郊大气：在城市边缘地区，大气较轻微地被工业性介质所污染。

2）曝晒方式

根据试验目的，试样可以采用敞开曝晒、遮挡曝晒、封闭曝晒等方式。

敞开曝晒：敞开曝晒的试样直接放在框架上。框架采用能够耐规定条件腐蚀的材料制作，框架最低边缘距地面高度不低于 0.5m，架子与水平面呈 45°角，并且面向南方。架子附近的植物高度不应大于 0.2m。

遮挡曝晒：试验在遮挡曝晒棚中进行，可以使用通常的屋顶材料做伞形棚顶。棚顶做成倾斜的，以便能让雨水流下，但要以能完全防止雨水从棚顶漏下，且能完全地或部分地遮蔽太阳光直接照射试样为宜。棚顶高度应不小于 3m。

封闭曝晒：采用百叶箱作为封闭曝晒用棚。设计时，应防止大气沉降、阳光辐射和强风直吹。但应与来自外界的空气保持流通。棚顶应是不渗透的，且有适当倾斜，有檐和雨水沟槽。百叶箱应是活动百叶箱类型，箱内外空气可以进行交换，雨、雪不会进入箱内。根据放在架子上的试样数量选择百叶箱的内部尺寸。百叶箱应放在试验场的空地上。若同一个试验站放置两个以上的百叶箱，则箱子之间的最小距离应等于箱子高度的 2 倍。

3）试样要求与试样放置

试样要求：

① 为使边缘效应减到最小，并且得到有代表性的腐蚀，户外曝晒试验用的每一个试样表面积都应尽可能大。在任何情况下都不要小于 $0.5dm^2$。片状试样以 50mm×100mm 的钢板（或其他金属板）为基体金属。零部件试样则规格不限。

② 每个试样应有不易消失的标记，如打上钢字或挂有刻字的塑料牌等。

③ 试样在试验之前，应有专用的记录卡，记录试样的来源、编号、数量、厚度、镀层的基本性能等。并编写试验纲要（包括试验目的、要求、检查周期等）。每种试样需留 1～3 件保存于干燥器内，以供试验过程检查对比之用。

④ 在任何一批试验中，试样数量的选择要根据试样的类型、评价物理性能所需的数量以及在曝晒试验期间预计要取出检查的数量来决定。对于某一规定的评价，所采用的每种试样数量不能少于 3 件，表面积最小为 $0.5dm^2$。

⑤ 试样在户外开始曝晒后，头一个月内每 10 天检查记录一次。以后每月检查记录一次。曝晒超过 2～3 年以后，每 6 个月检查记录一次。

试样放置：

① 各试样之间，或试样与其他会影响试样腐蚀的任何材料之间不要发生接触。一般可采用耐大气腐蚀的且不会腐蚀试样的非金属材料制作夹具或挂钩，把试样固定在框架上，并使试样和夹具之间的接触面积尽可能小。

② 腐蚀产物和含有腐蚀产物的雨水不得从一个试样的表面落到另一个试样的表面上。试样之间不得彼此相互造成遮盖，也不得受其他物体的遮盖。

③ 容易接近表面，也容易取下试样。

④ 防止试样跌落或破坏。

⑤ 试样曝晒在相同的条件下，均匀地接触来自各个方向的空气。

⑥ 从地面上溅回的雨滴不得到达试样的表面。

⑦ 对户外曝晒来说，试样表面应朝南；一般试样表面倾斜 45°角，且不要被附近的植物或其他对象遮蔽。

⑧ 在伞形棚下或百叶箱曝晒的试验，除非另有规定，否则一般都将试样倾斜 45°角。

3. 人工加速腐蚀试验

金属镀层的人工加速腐蚀试验，主要是为了快速鉴定金属镀层的质量，如孔隙率、厚度是否达到要求，镀层是否存在缺陷，镀前预处理和镀后处理的质量等；同时也用来比较不同镀层抗大气腐蚀条件，应能保证镀层的腐蚀特征和大气条件下的腐蚀过程相仿，它有别于化学工业气体和化学溶液的直接腐蚀。

人工加速试验的种类很多，常用的有 7 种：中性盐雾试验(NSS 试验)；乙酸盐雾试验(ASS 试验)；铜加速乙酸盐雾试验(CASS 试验)；腐蚀膏腐蚀试验(CORR 试验)；电解腐蚀试验(EC 试验)；二氧化硫腐蚀试验；硫化氢腐蚀试验。

1) 中性盐雾试验

中性盐雾试验(NSS 试验)是目前应用最广泛的一种人工加速腐蚀试验，它适用于防护性镀层(如锌镀层、镉镀层等)的质量鉴定和同一镀层的工艺品质比较，但不能作为镀层在所有使用环境中的抗腐蚀性能的依据。

试验溶液：将化学纯的氯化钠溶液溶于蒸馏水中或去离子水中，其浓度为 (50 ± 5)g/L，溶液的 pH 值为 6.5～7.2，使用前需过滤。

试验设备：用于制造试验设备的材料，必须抗盐雾腐蚀和不影响试验结果；箱的容积不小于 $0.2m^3$，最好不大于 $0.4m^3$，聚集在箱顶的液滴不得落在试样上；要能保持箱内各个位置的温度达到规定的要求，温度计及自动控温组件距箱内壁不小于 100mm，并能从箱外读数；喷雾装置应包括喷雾气源、喷雾室和盐水储槽 3 个部分。压缩空气经除油净化，进入装有蒸馏水、其温度高于箱内温度数摄氏度的饱和塔而被湿化，再通过控压阀，使干净湿化的气源压力控制在 70～170kPa。喷雾室由喷雾器盐水槽和挡板组成。

试验条件如下。

试验温度：(35 ± 2)℃　　　　　喷雾量：1～2mL/h$(80cm^2)$

相对湿度：>95%　　　　　　　喷雾时间：连续喷雾

盐水溶液 pH：6.5～7.2

试验时间应按被试镀层或产品标准的要求而定；若无标准，可经有关方面协商而定。推荐的试验时间为 2h、6h、16h、24h、48h、96h、240h、480h、720h、960h。

试样：试样的数量一般规定为 3 件，也可按有关方面协商确定。试验前必须对试样进行洁净处理，但不得损坏镀层和镀层的钝化膜。试样在盐雾箱中一般有垂直悬挂或与垂直线呈 15°～30°角两种放置方式。试样间距不得小于 20mm。试样支架用玻璃或塑料等材料制成且不得落在试样上。

试验后用流动冷水冲洗试样表面上沉积的盐雾，干燥后进行外观检查和等级评定。

试验结束的评价：通常试验结果的评价标准，应由镀层或产品标准提出。就一般试验而言，常规记录的内容有 4 个方面：①试验后的外观；②去除腐蚀产物后的外观；③腐蚀缺陷，如点蚀、裂纹、气泡等的分布和数量；④开始出现腐蚀的时间。

其中前 3 个方面，可采用 GB/T 6461—2002 中所规定的方法进行评定。

2）乙酸盐雾试验

乙酸盐雾试验（ASS 试验）适用于检测铜/镍/铬复合镀层和镍/铬镀层，也适用于铝的阳极氧化膜检测。

试验溶液：将氧化钠溶于蒸馏水或去离子水中，其浓度为 (50±5)g/L。在上述溶液中加入适量的冰乙酸，使溶液 pH 为 3.1～3.3。溶液在试验前必须过滤。

试验条件和方法：参阅中性盐雾试验。

3）铜加速乙酸盐雾试验

铜加速乙酸盐雾试验（CASS 试验）适用于检测铜-镍-铬复合镀层和镍-铬镀层，也适用于铝的阳极氧化膜检测。

试验溶液：在 1L 蒸馏水中加入 (50±5)g NaCl；在上述溶液中再加入 (0.26±0.02)g $CuCl_2 \cdot H_2O$；用冰乙酸调节 pH 至 3.2±0.1。过滤除去固体杂质所用试剂均为化学纯。

试验条件和方法：参阅中性盐雾试验。

4）腐蚀膏腐蚀试验

腐蚀膏腐蚀试验（CORR 试验）是将含有腐蚀性盐类的泥膏涂敷在试样上，待泥膏干燥后，将试样放在相对湿度一定的潮湿箱中按规定时间进行暴露，试验完毕后取出试样进行检查和评价。本方法适用于钢铁和锌合金上铜-镍-铬等装饰性镀层耐蚀性能的快速鉴定。

腐蚀膏的制备方法如下。

方法 1：在玻璃烧杯中溶解 0.035g 硝酸铜 [$Cu(NO_3)_2 \cdot 3H_2O$]，0.165g 三氯化铁（$FeCl_3 \cdot 6H_2O$）和 0.1g 氯化铵（NH_4Cl）于 50mL 蒸馏水中，搅拌，加入 30g 高岭土，用玻璃棒搅拌使浆料充分混合并使其静置 2min，以便高岭土被充分浸透。使用前再用玻璃棒搅拌使其充分混合。

方法 2：称 2.5g 硝酸铜 [$Cu(NO_3)_2 \cdot 3H_2O$] 在 500mL 容量瓶中用蒸馏水稀释至刻度，称取 2.5g 三氯化铁（$FeCl_3 \cdot 6H_2O$）在 500mL 容量瓶中用蒸馏水稀释至刻度，称 50g 氯化铵（NH_4Cl）在 500mL 容量瓶中用蒸馏水稀释至刻度，然后取 7mL 硝酸铜溶液、33mL 三氯化铁溶液和 10mL 氯化铵溶液于烧杯中并加入 30g 高岭土，用玻璃棒搅拌。

上述两种方法可任选其一，所用试剂均为化学纯，并且最好现配现用。

试验方法：

（1）用二甲苯-乙醇溶剂清洗试样表面上的油污和脏物。

（2）用一个蘸有配好的腐蚀膏的干净刷子在试样上做圆周运动使试样完全被覆盖，然后用刷子轻轻地沿一个方向将涂层整平。湿膏膜厚度不应小于 0.08mm，也不应大于 0.2mm。试样置于潮湿箱前，在室温且相对湿度低于 50% 的条件下干燥 1h。如环境相对湿度不能低于 50% 时，可在温度为 (20±5)℃ 的环境条件下进行干燥。

（3）将试样移至潮湿箱中进行试验。潮湿箱暴露区的温度维持在 (38±1)℃，相对湿度维持在 80%～90%。只要箱内湿度不低于 80%，允许在箱顶和箱壁上产生凝露。

（4）在潮湿箱中连续暴露 16h 作为一周期。试验周期及循环次数在产品技术中规定。

若试验需进行两个周期以上，则第一周期结束后，用清水和海绵将试样上的膏剂清除干净，再用如前所述方法涂上新的泥膏，如此反复循环。

试样的检查和评定：取出试样，首先检查带有完整泥膏的试样，然后用新鲜清水清洗并以清洁的粗棉布或人造海绵除去所有的泥膏。可用一种软磨料（如氧化镁等），除去任何黏附较牢的物质。

试验结果的评价标准通常是在覆盖层或受试产品的规范中给定。对于一般试验，仅需考虑3点：①试验后的外观；②除去表面腐蚀产物后的外观；③腐蚀缺陷的数量和分布，如凹点、裂纹、气泡等。可按 GB/T 6461—2002 中规定的方法进行评定。

5）电解腐蚀试验

电解腐蚀试验（EC 试验）用来评价户外钢铁上或锌基压铸件上铜-镍-铬和镍-铬装饰性镀层的耐蚀性能，方法快速而准确。它依据的原理是使铬镀层上不连续处，如裂纹、孔隙被暴露的镍层在电解液中作阳极溶解。试验表明，通电 2min 能产生大约相当于一年的使用会出现的腐蚀程度。

试验仪器：

（1）恒电位仪：能在 ±0.002V 内调节阳极电位，能保证被试表面电流密度稳定在 3.3mA/cm²。

（2）电解池：结构如图 4.40 所示。其容器要能容纳足够多的电解液，使试样（阳极）、阴极和参比电极浸入其中。电解池的底面和侧面要平整透明，最好能附有均匀照明底部的装置，以便观察阳极试样表面。

（3）指示剂溶液槽：底面和侧面要平整透明。试验钢基试样时，要有均匀照亮底部的装置。试验锌试样时，附有照明侧面和使底部变黑的装置。

（4）其他。阴极一般采用镀铂金片，参比电极用饱和甘汞电极。鲁金毛细管尖端的内径约为 1mm，外径约为 2mm，上部玻璃内径能放入甘汞电极。

试验溶液：常用试验溶液和显示液见表 4-46。

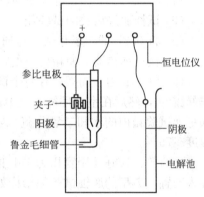

图 4.40　电解池的结构

表 4-46　常用试验溶液和显示液

基体金属	试验溶液		显示液	
锌压铸件	硝酸钠（NaNO₃）	10.0g/L	冰乙酸	2mL/L
	氯化钠（NaCl）	1.3g/L	喹啉	8mL/L
钢铁件	硝酸（HNO₃）	5mL/L	冰乙酸	2mL/L
	该溶液寿命为每升溶液使用 900C		硫氰酸钾	3g/L
钢铁件	硝酸钠（NaNO₃）	10.0g/L	溶液中已加有指示剂，故不必定期把试样从电解槽中移到显剂溶液中	
	氯化钠（NaCl）	1.0g/L		
	硝酸（HNO₃）（相对密度 1.42）	15mL/L		
	盐酸二氮杂菲	1.0g/L		
	该溶液寿命为每升溶液使用 200C			

试验条件：试样最高电流密度 3.3mA/cm²。试样相对于甘汞电极的电位为 +0.3V。

必要时，可稍低些，以便保持试样的最高电流密度。通电周期为通电 1min，断电 2min。

试验方法：

（1）选择试验用的试样，用绝缘漆或胶带将不需要试验的部分密封。

（2）测定要试验部分的表面积，按 $3.3mA/cm^2$ 计算总的电流强度。

（3）除去试样表面油污并清洗干净。

（4）按图 4.40 接好试验装置，调节恒电位仪，使阳极电位恒定于＋0.3V。

（5）开始电解，并启动计时器，记录电流。

（6）连续电解 1min，然后停止电解和计时。

（7）取出试样，用流动水清洗，将试样移入相应的显示剂溶液中。钢铁基体镀件，可观察到红色；在锌基试样表面出现白色浑浊液流，表示镀层被穿透，基体金属已腐蚀。

（8）重复上述步骤，直至所需电解时间到达为止。

6）二氧化硫腐蚀试验

二氧化硫腐蚀试验主要用快速评定防护-装饰性镀层在二氧化硫气氛和凝露条件下的耐蚀性能和质量。

试验条件和试验方法：

（1）将(2.0±0.2)L 电导率为（或低于）$500\mu\Omega/m$ 的去离子水或蒸馏水盛于箱子底部。

（2）试样放好后关闭试验箱。

（3）将 0.2L 的二氧化硫气体通入试验箱内，并开始计时。

（4）接通加热器，使箱内温度在 1.5h 内升至(40±3)℃并保持此温度。

（5）以 24h 为一周期，在每个试验周期内，可以是在试验箱内连续暴露，或是在箱内先暴露 8h，然后在室内环境大气中暴露 16h。无论采用哪种方法，在每一周期开始前，必须更换试验箱内的水和二氧化硫气氛。在室内暴露中，要求大气温度为(20±5)℃，相对湿度＜75%。

试验箱：最好使用容积为 10L 的试验箱，其门可以严密封闭，并配有温度调节和气体导入装置，典型的腐蚀试验箱结构如图 4.41 所示。

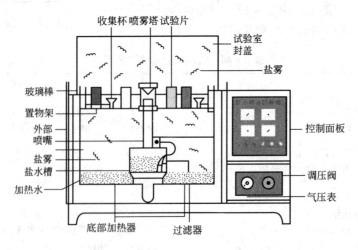

图 4.41 腐蚀试验箱结构

试验结果的评定：通常在镀层或受试产品的规范中给定。对于常规试验，仅需考虑下列 4 点：①试验后的外观；②除去表面层腐蚀产物后的外观；③腐蚀缺陷(如指针孔、裂纹、鼓泡等)的数量和分析；④第一个腐蚀点出现以前经历的试验时间。

其中前 3 点可按 GB/T 6461—2002 中规定的方法进行评定。

7) 硫化氢腐蚀试验

硫化氢腐蚀试验适用于铜和铜合金镀层以及银和银合金镀层的抗变色腐蚀试验。

试验条件：

硫化氢浓度(体积分数)：(0.5±0.1)%；温度：(42±1)℃；

相对湿度：(90±5)%；

试验时间：每 5min 观察一次，直至变色，累计变色时间。表面涂保护膜者在开始 1h 内，每 5min 观察一次，如无变化，则以后每隔 1h 观察一次，直至变色，累计变色时间。

试验方法：在一透明可观察的试验箱内进行试验，箱内保持规定的试验条件，被测零件悬挂其中，并保持使气体畅通的适当间距，不得互相遮蔽。

硫化氢气体的配制：用硫化纳/钠和硫酸反应产生硫化氢，反应式为 $Na_2S + H_2SO_4 = Na_2SO_4 + H_2S \uparrow$。例如，在 50L 的试验箱中，可用化学纯的硫化钠 0.8g 和化学纯硫酸 1g 发生反应，使产生规定浓度的硫化氢。试验箱盛器中先放入规定的硫化钠，经 30mL 蒸馏水稀释后的 1g 硫酸通过安全漏斗流入箱内盛器中。

试验结果评定：可与未试验的原样比较，来确定其变色的最初时间，也可以规定一定的试验时间，然后检查确定变色面积和程度，用相应的标准进行评级。

4. 金属镀层及化学处理层腐蚀试验结果的评定和鉴定

对金属基体表面覆的阴极性镀层，如铜基体上或锌压铸件及铝合金上的 Ni-Cu、Cu-Ni-Cr、Cu-Sn 合金-Cr 等镀层，经过静止户外曝晒腐蚀试验、人工加速腐蚀试验、腐蚀膏腐蚀试验、电解腐蚀试验、二氧化硫腐蚀试验等，对所产生的各种不同的腐蚀结果，应作出保护性的评定。下面简述评定和鉴定方法。

1) 评定名称的定义

主要表面：镀层起主要保护作用的表面，或受腐蚀试验的表面。该面应在产品标准中注明或在试验时商定。

镀层腐蚀：镀层的泛点变色，不包括变暗。泛点变色一般不易擦去且与整个表面有明显界限，变暗则易于抹亮且与整个表面无明显界限。

基体腐蚀点：穿透镀层的基体金属腐蚀点，其大小不包括随同出现的锈迹。腐蚀点不易擦去，而锈迹则易于抹除。

考核面积：人为划定 $5mm^2$ 的面积作计算用，此考核面积一般应取在产品的主要表面上。

边缘面积：当计算方格数 N 时，位于测试边缘的方格，超过 1/2 及其以上者，以一个方格计算，不足者略去不计。

2) 试验后的试样处理

试样应在腐蚀试验完毕后，立即进行处理后检查，如有必要，需将腐蚀介质的残余物除去，此时可用流动水冲洗，再作检查。

在某些情况下，需将腐蚀产物除去，可采用物理的方法，如用湿的棉花擦洗，但要注意不要损坏镀层，以便准确地评价腐蚀点。

3) 评级计算

用透明的划有方格(5mm×5mm)的有机玻璃板或塑料薄膜,将其覆盖在待测试的镀层的主要表面上,即镀层主要表面被划分成若干方格,数出方格总数,假设为 N,并数出镀层经过腐蚀试验后有腐蚀点的方格数设为 n,则其腐蚀率的计算见下式,若有 10 个或 10 个以上的腐蚀点包含在任何两个相邻的方格中,或有任何腐蚀点的面积大于 $2.5mm^2$,则此试样不能进行评级。

$$腐蚀率 = \frac{n}{N} \times 100\%$$

式中,n 为腐蚀点占据格数;N 为覆盖主要表面的方格总数。

评定级别中,10 级最好,0 级最差。例如,某产品经盐水喷雾试验后,按评级方法进行评级,其覆盖主要面积为 164 格(N),腐蚀点占据 3 格,则腐蚀率 $= \frac{3}{164} \times 100\%$,腐蚀评定结果为 6 级。根据基体腐蚀和镀层腐蚀有可分为基体耐蚀和镀层耐蚀。常见的腐蚀现象如下:

① 电镀钢铁件——呈现红色;
② 电镀锌压铸件——呈现白色腐蚀产物或气泡;
③ 阳极氧化铝件——呈现腐蚀点或腐蚀产物。

按照腐蚀率确定的级别见表 4 - 47。

表 4 - 47 按照腐蚀率确定的级别

腐蚀率/%	评定级数
0(无腐蚀点)	10
0～0.25	9
0.25～0.5	8
0.5～1	7
1～2	6
2～4	5
4～8	4
8～16	3
16～32	2
32～64	1
＞64	0

对产品形状复杂的小零件,在进行腐蚀评价有困难时,允许以"个"数来评定,具体方法在产品标准中规定。

4) 试验取样数量

凡要进行级别考核或 8 级以上考核的产品,其主要表面应有 ≥400 个考核面积,总面积相当于 $1dm^2$ 或以上;若单个试件的面积较小,则以多个总和,使达到前述之面积。

4.11 电镀的发展趋势

电镀生产过程中排出大量的有害气体和生产废水,对人类生存环境构成潜在的危害,并造成极大的资源浪费，也极大地限制了电镀工业的发展。即使对这些有害气体和生产废水进行处理，仍然会残留一些难以处理的大量泥渣。此外，电镀是一种劳动密集型、低附加值工业。一些工业发达国家已逐步将一些规模大的电镀加工向发展中国家或不发达国家转移。

为了减轻电镀对环境产生的影响，同时获得高性能的电镀层，电镀技术的研究者们一直在不断努力开发新的切实可行的电镀工艺技术。当前，电镀正在由单金属电镀向合金电镀、高能耗向低能耗方面转移，主要表现在以下几个方面。

(1) 采用无毒或低毒的合金镀层代替有毒的单金属镀层，如利用锌与铁族元素形成的合金镀层的优异防护性能代替镉镀层，已在航空航天、汽车、矿产、冶金等行业获得广泛应用。

(2) 采用有害物排放少的合金电镀代替单金属镀层，如利用镍-钨等合金镀层的高硬度取代工程镀铬；利用 Sn-Co，Sn-Ni，Sn-Ni-Cu 合金的装饰防护代替装饰镀铬。前者正在研究中，而后者已在日用五金、轻工产品上获得应用。

(3) 采用无毒或低毒易处理的工艺材料取代剧毒的工艺材料，如开发的无氰电镀工艺、无铬化合物钝化处理等。

(4) 利用合金镀层代替贵金属镀层以减少资源的浪费，如采用 Cu-Sn 或 Cu-Zn-Sn 合金的金色外观，在装饰性电镀中代替镀金，利用锡合金镀层的可焊性和导电性代替镀银等。

总之，电镀是一门古老而又年轻的技术，它将随着科学技术的不断发展而不断革新、进步。

思 考 题

1. 什么是电镀？电镀分为哪两种？

2. 什么是有槽电镀？

3. 分析说明电镀反应中的基本反应？

4. 如何判断金属制件的镀层是阳极镀层还是阴极镀层？阴极镀层是如何保护基体金属的？周围介质是电解质的镀件，一旦镀层损伤最早遭腐蚀的将是基体金属而非镀层，既然如此，为什么还要采用阴极镀层？

5. 对钢铁制件而言，铬镀层是阳极镀层还是阴极镀层？为什么？

6. 有一在有机酸介质中工作的中碳钢件需要镀铬，镀层厚度要求 $60\mu m$。拟采用标准镀铬溶液(表 4-18 中的中浓度镀液)，请为试镀确定镀面电流密度和电镀时间。

7. 飞机上使用的一些继电器非常重要，其电接触元件的工作表面需要电镀，请为镀层选择提出建议，并说明理由。

8. 举出电镀的两种镀后处理工艺，并简要说明。

9. 化学镀的机理与电镀有何不同？

10. 化学镀为现代制造业解决了哪些电镀无法解决的问题？举三个实例。

11. 为什么化学镀对于形状复杂的镀件也能得到厚度均匀的镀层，而电镀则比较困难？

12. 与电镀相比化学镀的技术难点在哪里？

13. 什么是合金电镀？

14. 镀槽内壁的粗糙度对化学镀有无影响？为什么？

15. 什么是复合电镀，复合电镀中使用的固体微粒主要有哪两类？

16. 什么是非金属电镀，实现非金属材料的电镀最关键的工艺是什么？

第5章
转化膜技术

本章学习目标

★ 了解磷化、钝化和氧化技术及国内外现状；
★ 掌握磷化、钝化和氧化技术。

本章教学要点

知识要点	能力要求	相关知识
钢铁的磷化工艺	掌握磷化技术，了解国内外现状	钢铁磷化膜形成原理，假转化型磷化，转化型磷化
钝化工艺	掌握钝化技术，了解国内外现状	铬酸盐膜的形成机理，锌和铝及铝合金的钝化
氧化工艺	掌握氧化技术，了解国内外现状	化学氧化、阳极氧化、发蓝、发黑、彩色铝合金

导入案例

金属表面彩色化是近年来表面科学技术研究与应用最活跃的领域之一。我国在 20 世纪 70 年代后期以来相继在化学染色和电解着色等方面开展工作，虽然和工业发达的国家还有差距，但经过科技工作者的努力，在铝、铜及其合金和不锈钢的表面着色方面已积累了大量经验，并均已形成规模生产。随着装饰行业的不断发展，对彩色金属的需求量也必将越来越大，金属的表面着色技术也将得到越来越多的应用。经过氧化和着色的铝制品把手如图 5.1 所示。

表面转化膜与着色技术是材料表面工程技术中的重要分支之一，具有悠久的历史，应用非常广泛。近二十多年来，表面转化膜与着色技术的新工艺、新方法层出不穷，发展极快。过去它主要以防护及提高基体与涂层间的结合力为目的，近年来主要在提高产品表面装饰性能方面进行研究开发，使转化膜技术得到了极大的发展。

图 5.1　经过氧化和着色的铝制品把手

5.1　磷　化　膜

磷化膜是由金属表面与稀磷酸及磷酸盐溶液接触而形成的。磷化膜可在很多金属表面上形成，而以钢铁磷化处理应用最广。钢铁磷化膜按其厚度可分为厚膜和薄膜；根据磷化膜的形成方式可分为假转化型磷化和转化型磷化；根据其处理溶液成分可分为锰系、锌系、锌-锰系、锌-钙系磷化等；根据其处理温度又可分为高温（90℃以上）、中温（60～70℃）、低温（30～50℃）和常温（或室温）磷化等。

5.1.1　钢铁磷化膜形成基本原理

1. 磷化膜的形成

当金属浸入热的稀磷酸溶液中，会生成一层磷酸亚铁（锌、铝）膜。但这种膜防护性能差，通常的磷化处理是在含有 Zn^{2+}、Mn^{2+}、Ca^{2+}、Fe^{2+} 等离子的酸性溶液中进行的。以假转化型磷化为例，其形成过程分为如下两个阶段。

第一阶段，将钢铁件仔细清洗干净浸入酸性磷化液中，金属表面在溶液中发生溶解，发生反应：

$$Fe + 2H_3PO_4 \longrightarrow Fe(H_2PO_4)_2 + H_2 \uparrow$$

第二阶段，金属与溶液界面处 pH 升高，使得此处可溶性的磷酸（二氢）盐向不溶性的磷酸盐转化，并沉积在金属表面成为磷化膜：

$$Me(H_2PO_4)_2 \longrightarrow MeHPO_4 + H_3PO_4$$

$$3Me(H_2PO_4)_2 \longrightarrow Me_3(PO_4)_2 + 4H_3PO_4$$

其中，Me 代表 Zn^{2+}、Mn^{2+}、Ca^{2+}、Fe^{2+} 等二价金属离子。对膜层成分进行分析，发现磷化膜中除含有溶液中的金属离子和磷酸根外，还含有铁，基体金属铁也可与磷酸二氢盐发生反应：

$$Fe + Me(H_2PO_4)_2 \longrightarrow FeHPO_4 + MeHPO_4 + H_2\uparrow$$

$$Fe + Me(H_2PO_4)_2 \longrightarrow Me_2Fe(PO_4)_2 + 2H_2\uparrow$$

整个成膜过程可以写成如下反应式：

$$5Me(H_2PO_4)_2 + Fe(H_2PO_4)_2 + 8H \rightarrow Me_3(PO_4)_2 \cdot 4H_2O + Me_2Fe(PO_4)_2 \cdot 4H_2O + 8H_3PO_4$$

此类磷化过程中，虽然被处理金属发生溶解并参与反应，但磷化膜的金属离子主要由溶液提供，一般为 Zn^{2+}、Mn^{2+}、Ca^{2+} 中的一种或两种，所以称为"假转化型磷化"。按处理液成分不同，假转化型磷化可分为锌系、锰系、锌-锰系、锌-钙系磷化等。

转化型磷化膜的形成过程与上述不同，处理液成分是磷酸的碱金属盐或铵，沉积的膜层是基体金属的磷酸膜或氧化物，其中的金属离子是由基体转化而来的，称为"转化型磷化"，或者"铁系"磷化。当对铝等进行处理时，并无"铁"参与成膜，习惯上仍称为"铁系"磷化。

2. 成膜过程及加速作用

磷化过程不仅是化学过程，而且还伴随电化学过程。因为材料表面进入磷化液会产生微阳极和微阴极。许多研究者认为，难溶性磷酸盐的沉积发生在微阴极区，其试验依据是阴极极化处理或用交流电处理能加速磷化膜的形成，而阳极极化处理效果却相反。研究表明，磷化反应速度是阳极面积的函数：

$$\frac{-dF}{dt} = K \cdot F_A \tag{5-1}$$

式中，t 为时间；F_A 为 t 时间内存在的阳极面积；K 为反应速率常数，K 越大，反应速度越大，成膜时间越短，效果越好。K 是温度、金属性质及表面状态、溶液组成的函数。

K 和温度的关系可以用动力学反应式表示：

$$K = K_{max} \, e^{-E_a/RT} \tag{5-2}$$

式中，K 为在温度 T 时的速率常数(min^{-1})；K_{max} 为最大速率常数(相应的活化能为零)(min^{-1})；E_a 为活化能(J/mol)；R 为气体常数，$8.3143 J/mol \cdot K$；T 为温度(K)。

由式(5-2)可知，随着温度的上升，速率常数 K 也相应增大，最后达到最大值。另外，金属材料的表面状态也与速率常数密切相关。表面越粗糙，晶核数就越多，成膜速度也越快。处理溶液的成分也是影响速率常数的重要因素。溶液性质不同，其相界面的扩散系数、溶液成分进入晶格时结晶的排列情况以及催化作用和抑制作用也不同。

磷化处理到一定时间以后，成膜速度降低到零，膜的形成和溶解达到平衡。Machu 等人用电化学方法测定了未钝化处理膜的孔隙率，发现磷化膜的形成并不是在停止放氢时就停止了，而是在细孔中进一步形成的。在停止放氢的一瞬间，膜的孔隙率仍占金属总面积的 3%～20%，只有在某一时间以后(大约 10min)，孔隙率才达到 0.5% 的恒定值。图 5.2 表示锰系磷化过程中，磷化时间与孔隙率之间的关系。

为了加快磷化速度，提高磷化膜质量，通常采用如下方法。

（1）加入氧化剂，如 NO_3^-、NO_2^-、ClO_2^- 等，它们能除去成膜时产生的 H^+ 和亚铁离子。

（2）加入电位比铁高的金属，如 Cu^{2+}、Ni^{2+}、Co^{2+}，它们通过电化学反应沉积在基材表面上，扩大阴极面积，加速磷化过程。

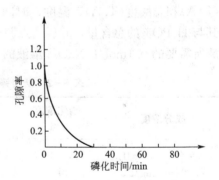

图 5.2 锰系磷化过程中孔隙率
随磷化时间的变化

5.1.2 钢铁磷化工艺

1. 前处理

除常规的除油除锈前处理外，涂漆前磷化必须有表面调整工序，对于非涂漆的防护磷化（厚膜），表面调整也可大大提高其防护性。表面调整的方法很多，包括机械方法（如擦、刷、喷砂等）和化学方法（如钛盐、草酸、镍盐、铜盐等），其中最有效和最有实用价值的是钛盐活化。

2. 磷化

厚膜磷化：通常在较高温度（92℃以上）及较长时间（15～60min）下形成，膜厚可达 $20\mu m$ 以上，膜重可达 $60g/m^2$。这种磷化膜只能用于浸油、防护油或蜡及染黑后作防护用。稍薄一些的磷化膜（$5.0g/m^2$ 以上）常用于冷作、耐磨、润滑、电绝缘等。厚膜磷化也可在较低温度下进行，只要将磷化液成分稍加改变，也可得到足够厚度的磷化膜（25～$55g/m^2$）。

表 5-1 和表 5-2 给出了磷酸锰基慢磷化液、磷酸锌基慢性磷化液配方及工艺条件。

表 5-1　磷酸锰基慢磷化液配方及工艺条件

产品成分（质量分数）/%				磷化槽液浓度	磷化条件		升高1点需要量/100L^{-1}
P_2O_5	Mn	Fe	其他		温度/℃	时间/min	
49.5	15.5	0.57	SO_4^{2-} 1.18 F^- 0.17	3%溶液	95～98	60～90	
50～53	18～20	1.5～2	CaO 少量 SO_4^{2-} 少量	27～32g/L	95～98	40～90	0.5L 浓缩液
49.2	14.6	2.7	CaO 少量 SO_4^{2-} 少量	3%溶液	65～98	40～90	0.1kg 盐
$Mn(H_2PO_4)_2$ 30%，H_3PO_4 4%，H_2O 65%				2.5L/100L，16 点	95～99	45～60	0.12L 或 0.165kg 浓缩液

薄膜磷化：薄膜磷化所得膜层厚度为 1～$5\mu m$，处理时间短，一般只有 0.5～3min。其膜重范围：浸渍磷化为 2.0～$5.0g/m^2$，喷淋 1.0～$3.0g/m^2$。根据不同磷化液一般为 20～90℃。薄膜磷化广泛用于油漆底层，以提高有机涂膜与基体结合力。溶液主要成分是磷酸锌（称为锌系），但也有锌-钙系、锌-锰系、锌-镍系等。各厂家的磷化液产品都有自己的工艺指标要求，使用者按其要求进行槽液的分析和维护管理。一般只需控制其游离酸

度(F. A)和总酸度(T. A)、温度、时间等参数(游离酸度和总酸度即溶液中游离磷酸含量及其与 $H_2PO_4^-$ 的总含量,并以"点"来表示,"点"是指用酚酞作为指示剂中和 10mL 磷化液所需要的 0.1mol/L NaOH 溶液的毫升数)。

表 5-2　磷酸锌基慢性磷化液配方及工艺条件

成分浓度	磷化浓度 /点	温度 /℃	时间 /min	升高 1 点需要量 /100L⁻¹
P_2O_5 600~650g/L, Zn162~168g/L, Cu0.04g/L	40	95~98	45	0.12L 或 0.165kg 浓缩液
$Zn(H_2PO_4)_2$ 41%, H_3PO_4 21%, 水(质量分数)38%	40	98~99	10~13	0.025L 或 0.12kg 浓缩液

转化型磷化:转化型磷化即铁系磷化。铁系磷化的工艺过程与上述稍有不同,一般采用弱碱性脱脂,溶液含有碱金属多磷酸盐以及使表面活化的钛化合物及表面活性剂。原则上不采用酸洗除锈工序。最好的成膜酸度是 pH 为 4~5,通常以磷酸进行调整,磷化温度必须提高到 60~70℃(有单一清洗工序时,磷化温度一般不超过 50℃)。

3. 磷化膜的结构

钢铁在碱金属或铵的磷酸盐及单一磷酸钙盐中形成的磷化膜是无定型的磷酸铁膜,其他磷化膜是结晶型的磷化膜。钢铁表面上的磷化膜由磷酸锌及少量磷酸铁组成,但在磷化的初始几秒钟形成的是磷酸铁和氧化铁组成的混合物膜,然后再生成磷酸锌晶体,中间并没有明显的界面,是一个整体结构,有良好的结合力。当结晶核心极少时,膜层晶粒较粗,需要较厚的膜才能封住表面;当结晶核心较多时,膜层晶粒较细,较薄的膜层就能封住表面。

磷化膜的晶粒越大,膜层越厚。慢磷化结晶粗大,加入加速剂或磷化前用机械的方法,如擦、刷、喷砂、喷丸等处理都具有加速磷化细化晶粒,降低膜重的效果,特别有利于涂漆前的低温、中温及室温磷化。

磷化膜是多孔的,孔的密度为每平方毫米一百至数百个,一般体积分数占表面膜的 0.5%~1.5%。膜越厚,晶粒越细,孔隙率越低。磷化膜平均孔隙率约 0.5%。

4. 磷化膜的性质

高温磷化法从磷酸锰中得到的磷化膜具有较好的防护性。磷化膜一般只有配合其他处理时,防护性才大大提高,特别是作为有机涂层基底非常有利。这种配合处理,其防护性有时大于金属镀层。

金属磷酸盐转化膜质量评定已建立国家标准,见 GB/T 11376—1997。当所用的磷化膜是作为涂装底层时,其质量检验应采用 GB/T 6807—2001《钢铁工件涂装前磷化处理技术条件》。转化膜的膜重测量方法参考 GB/T 9792—2003《金属材料上的转化膜　单位面积膜层质量的测定 重量法》。

5.2 钝 化 膜

通过化学处理或电化学处理可以得到铬酸盐膜,但化学处理法用得更多,主要用于锌镀层或锌基材、铝及铝合金成膜,也可用在其他一些金属上形成铬酸盐膜。铬酸盐膜耐蚀性高,锌镀层经钝化处理,耐蚀性提高 6~8 倍,所以镀锌后必须进行钝化处理。铝和铝合金上的铬酸盐膜虽然很薄,防护性却较好,不仅可单独用作防护膜,也可用作涂料底层。

5.2.1 铬酸盐膜形成机理

铬酸盐膜的形成是通过金属—溶液界面上的化学反应,其中关键反应是金属与六价铬之间的氧化还原。因为铬酸盐是强氧化剂,其还原产物如 Cr_2O_3 通常是不溶性的,金属的铬酸盐也通常是不溶性的。铬酸盐膜的形成过程如下:

(1) 金属与六价铬之间的氧化还原反应,金属表面溶解,金属离子进入溶液,六价铬被还原成三价铬。

(2) 上述反应消耗了氢,金属表面 pH 升高,使凝胶状的 $Cr(OH)_3$ 等在表面沉淀,形成钝化膜。

(3) 上述凝胶状沉淀物吸附其他成分,如六价铬、水、金属离子等,构成成分复杂的铬酸盐膜钝化膜。

钝化膜是无定形膜,主要由不溶性的三价铬化合物和可溶性的六价铬化合物两部分组成。不溶性部分具有足够的强度和稳定性,成为膜的骨架,可溶性部分充填在管架内部,当钝化膜受到轻度损伤时,露出的基体与膜中的可溶性部分相互作用,使膜自动修复。这就是铬酸盐钝化膜耐蚀性较佳的根本原因。

钝化膜的颜色与膜的厚度有密切关系,彩虹色的膜只出现在一定的厚度范围内。长期以来,人们普遍认为钝化膜的彩虹色是化学组成决定的。三价铬呈绿色,六价铬呈红色,有时呈紫红色。因此钝化膜的颜色随六价铬含量和三价铬含量和膜的厚度不同而千变万化。另一观点认为钝化膜的颜色主要是由于物理原因,即光的干涉所引起的,当光线从膜的外表面和内表面反射后,发生了光的干涉,从而使膜呈现出各种颜色。

5.2.2 锌的钝化

1. 前处理

采用常规的前处理工艺除去工件表面的油、脂、污物、氧化皮。刚电镀完毕的零件清洗干净即可钝化。

2. 钝化

钝化最常用的六价铬化合物是铬酸酐、重铬酸钠、重铬酸钾,并加有硝酸、硫酸,有的还有少量添加剂以改善工艺。六价铬是钝化处理的主要成分,硝酸主要起化学抛光作用,可整平金属表面,增加光泽。硫酸具有加速成膜的作用,含量过高会使膜溶解过快。pH 对钝化有一定影响,一般为 1~1.8,过低时基体溶解太快,过高则膜层发暗,成膜速度减慢。钝化一般在 15~40℃进行,低于 15℃成膜反应慢,温度升高成膜反应加快,但温度太高时，膜层疏松，易脱落。

钝化时间是钝化处理关键因素之一。钝化初始阶段，膜的成长速度大于膜的溶解速度。随着膜层增厚，成膜反应受阻变慢，溶解速度增加，至膜的成长速度与溶解速度相等。继续延长钝化时间，溶解速度反而大于膜层成长速度，膜又开始变薄，所以掌握钝化时间很重要。

3. 老化

钝化膜形成后的烘干称为老化处理。新生成的钝化膜较柔软，容易磨掉。加热可使钝化膜变硬，成为憎水性的耐腐蚀膜。但老化温度不应超过 75℃，否则钝化膜失水，产生网状龟裂，同时可溶性的六价铬转变为不溶性的，使膜失去自修复能力，导致膜的耐蚀性下降。若老化温度低于 50℃，成膜速度太慢，所以一般采用 60～70℃。铬酸盐转化膜质量评定标准参考 GB 9800—1988。

5.2.3 铝和铝合金的铬酸盐钝化

1. 前处理

前处理是先除油后再碱蚀，以除去制件表面氧化层，露出新鲜、均匀的基体表面。好的碱蚀剂对基体有一定的整平作用。碱蚀溶液为 30～50g/L 氢氧化钠加碱蚀添加剂，在 40～70℃ 的操作温度下处理 3～5min。碱蚀完毕后，酸洗出光，以除去碱蚀的腐蚀产物，洗亮制件。一般采用 30% 体积比的硝酸，铝-硅合金一般采用 1∶3 的氢氟酸、硝酸溶液酸洗出光。

2. 成膜处理

铝材铬酸盐成膜溶液的特殊之处是含有氟离子。所形成的膜层薄(小于 $1\mu m$)，清晰而透明，处理时间一般为 1～5min，膜层由无色透明至彩虹色、黄色、深棕色。膜层是无定形膜。表 5-3 是铝及铝合金铬酸盐成膜工艺。

表 5-3 铝及铝合金铬酸盐成膜工艺

镀液组成	工艺 1	工艺 2	工艺 3
铬酸酐/(g/L)	3.5～6	4～6	6.0～20
铁氰化钾/(g/L)		0.5	磷酸 20～100
重铬酸钾/(g/L)	3～3.5		
氟化钠/(g/L)	0.8	1	4.4～13.3
水	加至 1.0L	加至 1.0L	加至 1.0L
pH	1.2～1.8		1.5～2.5
温度/℃	25～30	30～35	室温
时间/s	180	20～60	60～300

表 5-3 中，工艺 3 是一种铬酸-磷酸处理法，最早由美国化学油漆公司使用，称为 Alodine 法。后来该工艺得到了很大发展，德国 Henkel 公司即生产其系列产品，如 1200S 等，在我国也有不少应用。后来，英国化学有限公司也推广了 Alodine 法，并称之为 Alocrom 法，铬的范围及各成分的浓度界限如图 5.3 所示，处理温度和时间利膜层厚度的

影响如图 5.4 所示。

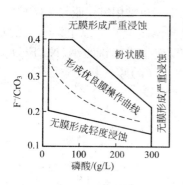
图 5.3　Alodine/Alocrom 法操作浓度界限

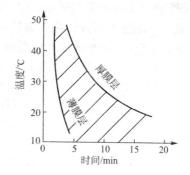
图 5.4　Alodine 法操作时间和温度对膜层的影响

从图 5.4 中可知，该工艺中操作温度范围比较宽，较低的温度（10～15℃）下也能进行成膜处理，这种膜层厚度可达 $10\mu m$，其耐蚀性较差，不单独用作防护膜而广泛用作涂层基底，但其耐磨性却比前所述的铬酸盐膜好得多。

5.3　氧　化　膜

化学氧化处理因为成本低，设备简单，处理方便，使用范围不断扩大。化学氧化处理可在铝、铜、钢铁、锌、锡、锚等金属及其合金上进行，可获得不同性能、不同颜色的氧化膜。

5.3.1　钢铁的化学氧化

钢铁的化学氧化俗称发蓝处理，膜的主要成分是 Fe_3O_4。根据制件的表面状态、材料成分和氧化处理工艺的不同，可获得蓝黑色和黑色的氧化膜，如图 5.5 和图 5.6 所示。但这类氧化膜防护性能较差，通过用肥皂或重铬酸钾溶液处理，或者进行涂油处理，可提高氧化膜的防护性和润滑能力。

图 5.5　发蓝螺栓

图 5.6　民用剪刀（套管、发蓝）

钢铁氧化常用于机械零件、精密仪器与仪表、武器和日用品的防护与装饰。氧化在碱性溶液中进行，氧化后没有氢脆影响，像弹簧、细钢丝及薄钢片也常用氧化膜作为防护层。

钢铁氧化常用强碱溶液，称为碱性氧化法。即在较高温度（130℃以上）下，在氢氧化钠溶液中加入氧化剂（硝酸钠或亚硝酸钠）进行处理。铁反应生成亚铁酸钠（Na_2FeO_2）和铁酸钠（$Na_2Fe_2O_4$），然后两者相互作用，生成磁性氧化铁（Fe_3O_4）膜，其反应如下：

$$3Fe + NaNO_2 + 5NaOH = 3Na_2FeO_2 + H_2O + NH_3 \uparrow$$
$$6Na_2FeO_2 + NaNO_2 + 5H_2O = 3Na_2Fe_2O_4 + 7NaOH + NH_3 \uparrow$$
$$Fe + NaNO_3 + 2NaOH = Na_2FeO_2 + NaNO_2 + H_2O$$
$$8Na_2FeO_2 + NaNO_3 + 6H_2O = 4Na_2Fe_2O_4 + 9NaOH + NH_3 \uparrow$$
$$Na_2Fe_2O_4 + Na_2FeO_2 + 2H_2O = Fe_3O_4 + 4NaOH$$

在氧化膜生成过程中，开始时金属铁在碱性溶液中溶解，在界面处形成氧化铁的过饱和溶液，此后氧化铁晶体成核长大，形成一层连续的氧化膜，将金属表面覆盖。

氧化膜的致密程度取决于晶体形成速度与晶体长大速度之比。比值越大，膜层越致密；反之，膜层结晶越粗大、疏松，膜层也越厚。

为了得到较厚和耐蚀性较好的膜层，常使用两种溶液对制件进行两次氧化。第一槽主要是形成晶种，第二槽主要是加厚膜层。钢铁氧化处理溶液的主要成分是氢氧化钠、亚硝酸钠，氧化后采用肥皂、重铬酸钾等进行钝化处理，以提高膜层性能。钢铁的氧化处理质量标准参考 GB/T 15519—2002/ISO 11408：1999《化学转化膜　钢铁黑色氧化膜　规范和试验方法》。

5.3.2　铝及铝合金的化学氧化

新鲜的铝表面会很快生成一层氧化膜，但这层膜厚度只有 4～5nm，防护性低，选择适当的溶液可以得到具有一定防护价值的化学氧化膜。

铝浸在水中就会发生下列反应：

$$Al \longrightarrow Al^{3+} + 3e$$
$$2H_2O + 2e \longrightarrow 2OH^- + H_2 \uparrow$$
$$Al^{3+} + 2OH^- \longrightarrow AlOOH + H^+$$
$$2H^+ + 2e^- \longrightarrow H_2 \uparrow$$
$$2AlOOH \longrightarrow \gamma \cdot Al_2O_3 + H_2O$$

上述反应的结果，是生成一层薄的氧化膜。要使膜层加厚，溶液必须能适当地溶解膜层。当铝进入酸性或碱性溶液时，将同时发生膜的生成和溶解作用，得到一定厚度的膜层。工业上的化学氧化处理采用碱性溶液加适当的抑制剂。著名的化学氧化工艺 M. B. V法是几经改进而来的，配方见表 5-4（以软化水配液）。

表 5-4　M. B. V 配方

物质名称	含量
Na_2CO_3（质量分数）/%	2～5
Na_3CrO_4（质量分数）/%	0.7～2.5
温度/℃	95～100
时间/min	10～30

碱性化学氧化膜层组成为 75% 的 $Al_2O_3 \cdot H_2O$ 加 25% 的 $Cr_2O_3 \cdot H_2O$。以 M. B. V法

为基础修改的配方有 E.W 法(获得无色或浅色的膜)、L.W 法(加入磷酸氢二钠)、Plumin 法(加入重金属碳酸盐,如碱性碳酸铬)和 Alork 法(与 M.B.V 法相似)。如果工件比较清洁,这类转化处理可不进行前处理,所产生的膜层经过水玻璃封孔(质量分数 3%~5% 的硅酸钠水溶液,90℃,15min)后具有较好的耐蚀性。

5.3.3 铝及铝合金的阳极氧化

阳极氧化是指在适当的电解液中,以金属作为阳极,在外加电流作用下,使其表面生成氧化膜的方法。通过选用不同类型、不同浓度的电解液,以及控制氧化时的工艺条件,可以获得具有不同性质,厚度在几十至几百微米(铝自然氧化膜层厚 0.010~0.015μm)的阳极氧化膜。

1. 铝及其合金的氧化膜的性质和用途

(1)氧化膜结构的多孔性。氧化膜具有多孔的蜂窝状结构,膜层的空隙率决定于电解液的类型和氧化的工艺条件。氧化膜的多孔结构,可使膜层对各种有机物、树脂、地蜡、无机物、染料及油漆等表现出良好的吸附能力,可作为涂层的底层,也可将氧化膜染成各种不同的颜色,提高金属的装饰效果。

(2)氧化膜的耐磨性。铝氧化膜具有很高的硬度,可以提高金属表面的耐磨性。当膜层吸附润滑剂后,可进一步提高其耐磨性。

(3)氧化膜的耐蚀性。铝氧化膜在大气中很稳定,因此具有较好的耐蚀性,其耐蚀能力与膜层厚度、组成、空隙率、基体材料的成分以及结构的完整性有关。为提高膜的耐蚀能力,阳极氧化后的膜层通常再进行封闭或喷漆处理。

(4)氧化膜的电绝缘性。阳极氧化膜具有很高的绝缘电阻和击穿电压,可以用作电解电容器的电介质层或电器制品的绝缘层。

(5)氧化膜的绝热性。铝氧化膜是一种良好的绝热层,其稳定性可达 1500℃,因此在瞬间高温下工作的零件,由于氧化膜的存在,可防止铝的熔化。氧化膜的热导率很低,为 0.419~1.26W/(m·K)。

(6)氧化膜的结合力。阳极氧化膜与基体金属的结合力很强,很难用机械方法将它们分离,即使膜层随基体弯曲直至破裂,膜层与基体金属仍保持良好的结合。

图 5.7 展示了阳极氧化的部分应用领域。

化妆品 建材 3C产品

图 5.7 阳极氧化的应用领域举例

2. 阳极氧化膜的形成机理

铝及其合金的阳极氧化所用的电解液一般为中等溶解能力的酸性溶液,铅作为阴极,仅起导电作用。铝及其合金进行阳极氧化时，在阳极发生下列反应：

$$H_2O-2e\rightarrow O+2H^+$$

$$2Al+3O\rightarrow Al_2O_3$$

在阴极发生下列反应：

$$2H^++2e\rightarrow H_2\uparrow$$

同时酸对铝和生成的氧化膜进行化学溶解，其反应如下：

$$2Al+6H^+\rightarrow 2Al^{3+}+3H_2\uparrow$$

$$Al_2O_3+6H^+\rightarrow 2Al^{3+}+3H_2O$$

氧化膜的生成与溶解同时进行，氧化初期，膜的生成速度大于溶解速度，膜的厚度不断增加；随着厚度的增加，其电阻也增大，结果使膜的生长速度减慢，一直到与膜溶解速度相等时，膜的厚度才为一定值。

此外，还可以通过阳极氧化的电压—时间曲线来说明氧化膜的生成规律(图 5.8)。

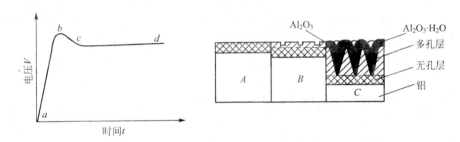

图 5.8 阳极氧化特性曲线与氧化膜生成过程示意图

整个阳极氧化电压—时间曲线大致分为以下三段。

第一段 A：无孔层形成。曲线 ab 段，通电刚开始的几秒到几十秒时间内，电压由零急剧增至最大值，该值称为临界电压。表明此时在阳极表面形成了连续的、无孔的薄膜层。此膜的出现阻碍了膜层的继续加厚。无孔层的厚度与形成电压成正比，与氧化膜在电解液中的溶解速度成反比。

第二段 B：多孔层形成。曲线 bc 段，电压达到最大值以后，开始有所下降，其下降幅度为最大值的 $10\%\sim15\%$。表明无孔膜开始被电解液溶解，出现多孔层。

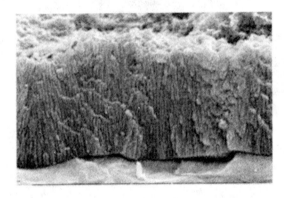

图 5.9 铝阳极氧化膜的扫描电镜照片(SEM)

第三段 C：多孔层增厚。曲线 cd 段，经过约 20s 的氧化，电压开始进入平稳而缓慢的上升阶段。表明无孔层在不断地被溶解形成多孔层的同时，新的无孔层又在生长，也就是说多孔层在不断增厚，在向一个膜胞的底部进行着膜的生成和溶解的过程。当膜的生成速度和溶解速度达到动态平衡时，即使氧化时间再延长，氧化膜的厚度也不会再增加，此时应停止阳极氧化过程。铝阳极氧化膜的扫描电镜照片如图 5.9 所示。

3. 铝及其合金的阳极氧化工艺

铝及其合金阳极氧化的方法有很多，这里主要介绍常用的硫酸阳极氧化。铝及其合金的其他阳极氧化法还有铬酸阳极氧化、草酸阳极氧化、硬质阳极氧化、瓷质阳极氧化等。

硫酸阳极氧化：在稀硫酸电解液中通以直流或交流电对铝及其合金进行阳极氧化。可获得 $5\sim20\mu m$ 厚，吸附性较好的无色透明氧化膜。该法工艺简单，溶液稳定，操作方便。表 5-5 所示为硫酸阳极氧化的工艺规范。

表 5-5 硫酸阳极氧化的工艺规范

溶液组成的质量浓度	直流法		交流法
	工艺 1	工艺 2	
硫酸/(g/L)	150~200	160~170	100~150
铝离子(Al^{3+})/(g/L)	<20	<15	<25
温度/℃	15~25	0~3	15~25
阳极电流密度/(A/dm²)	0.8~1.5	0.4~6	2~4
电压/V	18~25	16~20	18~30
氧化时间/min	20~40	60	20~40
适用范围	一般铝及铝合金装饰	纯铝和铝镁合金装饰	一般铝及铝合金装饰

(1) 硫酸的质量浓度的影响：硫酸的质量浓度高，膜的化学溶解速度加快，所生成的膜薄而且软，空隙多，吸附力强，染色性能好；降低硫酸的质量浓度，则氧化膜生长速度较快，而空隙率较低，硬度较高，耐磨性和反光性良好。

(2) 温度的影响：电解液的温度对氧化膜质量影响很大，当温度为 10~20℃时，所生成的氧化膜多孔，吸附性能好，并富有弹性，适宜染色，但膜的硬度较低，耐磨性较差。如果温度高于 20℃，则氧化膜变疏松并且硬度低。温度低于 10℃，氧化膜的厚度增大，硬度高，耐磨性好，但空隙率较低。因此，生产时必须严格控制电解液的温度。

(3) 电流密度的影响：提高电流密度则膜层生长速度加快，氧化时间缩短，膜层化学溶解量减少，膜较硬，耐磨性好。但电流密度过高，则会因焦耳热的影响，使膜层溶解作用增加，导致膜的生长速度反而下降。电流密度过低，氧化时间较长，使膜层疏松，硬度降低。

(4) 时间的影响：阳极氧化时间可根据电解液的质量浓度、温度、电流密度和所需要的膜厚来确定。在相同条件下，随着时间延长，氧化膜的厚度增加，空隙增多。但达到一定厚度后，生长速度会减慢下来，到最后不再增加。

(5) 搅拌的影响：搅拌能促使溶液对流，使温度均匀，不会造成因金属局部升温而导致氧化膜的质量下降。搅拌的设备有空压机和水泵。

(6) 合金成分的影响：铝合金成分对膜的质量、厚度和颜色等有着十分重要的影响，一般情况下铝合金中的其他元素使膜的质量下降。对 Al-Mg 系合金，当镁的质量分数超过 5%且合金结构又呈非均匀体时，必须采用适当的热处理使合金均匀化，否则会影响氧化膜的透明度；对 Al-Mg-Si 系合金，随硅含量的增加，膜的颜色由无色透明经灰色、紫色，最后变为黑色，很难获得颜色均匀的膜层；对 Al-Cu-Mg-Mn 系合金，铜使膜层硬度下降，空隙率增加，膜层疏松，质量下降。在同样的氧化条件下，在纯铝上获得的氧化膜最厚，硬度最高，耐蚀性最好。

4. 阳极氧化膜的着色和封闭

铝及其合金经阳极氧化处理后，在其表面生成了一层多孔氧化膜，经过着色和封闭处理后，可以获得各种不同的颜色，并能提高膜层的耐蚀性、耐磨性，如图 5.1 所示。

1) 氧化膜的着色

(1) 无机颜料着色，主要是物理吸附作用，即无机颜料分子吸附于膜层微孔的表面，进行填充。该法着色色调不鲜艳，与基体结合力差，但耐晒性较好。无机颜料着色所用的染料分为两种，经过阳极氧化的金属要在两种溶液中交替浸渍，直至两种盐在氧化膜中的反应生成物数量（颜料）满足所需的色调为止。

(2) 有机染料着色，其机理比较复杂，一般认为有物理吸附和化学反应。有机染料分子与氧化铝化学结合的方式如下氧化铝与染料分子上的酚基形成共价键；氧化铝与染料分子上的酚基形成氢键；氧化铝与染料分子形成络合物。有机染料着色色泽鲜艳，颜色范围广，但耐晒性差。配制染色液的水最好是蒸馏水或去离子水，而不用自来水，因为自来水中的钙、镁等离子会与染料分子配位形成配位化合物，使染色液报废。

(3) 电解着色，是把经阳极氧化的铝及其合金放入含金属盐的电解液中进行电解，通过电化学反应，使进入氧化膜微孔中的重金属离子还原为金属原子，沉积于孔底无孔层上而着色（图 5.10）。由电解着色工艺得到的彩色氧化膜具有良好的耐磨性、耐晒性、耐热性、耐蚀性和色泽稳定持久等优点，目前在建筑装饰用铝型材上得到了广泛的应用。电解着色所用的电压越高，时间越长，颜色则越深。

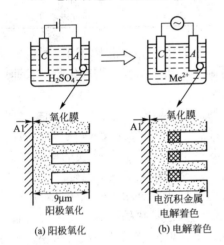

图 5.10 电解着色过程示意图

2) 氧化膜的封闭处理

铝及其合金经阳极氧化后，无论是否着色都需及时进行封闭处理，其目的是把染料固定在微孔中，防止渗出，同时提高膜的耐磨性、耐晒性、耐蚀性和绝缘性。封闭的方法有热水封闭法、水蒸气封闭法、重铬酸盐封闭法、水解封闭法和填充封闭法。

(1) 热水封闭法的原理是利用无定形 Al_2O_3 的水化作用：

$$Al_2O_3 + nH_2O = Al_2O_3 \cdot nH_2O$$

式中，n 为 1 或 3。当 Al_2O_3 水化为一水合氧化铝（$Al_2O_3 \cdot H_2O$）时，其体积可增加约 33%；生成三水合氧化铝（$Al_2O_3 \cdot 3H_2O$）时，其体积增大约 100%。由于氧化膜表面及孔壁的 Al_2O_3 水化的结果，体积增大而使膜孔封闭。

热水封闭工艺为热水温度 90~100℃，pH6~7.5，时间 15~30min。封闭用水必须是蒸馏水或去离子水，而不能用自来水，否则会降低氧化膜的透明度和色泽。

(2) 水蒸气封闭法的原理与热水封闭法相同，但效果要好得多，只是成本较高。

(3) 重铬酸盐封闭法是在具有强氧化性的重铬酸钾溶液中，并在较高的温度下进行的。当经过阳极氧化的铝件进入溶液时，氧化膜和孔壁的氧化铝与水溶液中的重铬酸钾发生下列化学反应：

$$2Al_2O_3 + 3K_2Cr_2O_7 + 5H_2O = 2AlOHCrO_4 + 2AlOHCr_2O_7 + 6KOH$$

生成的碱式铬酸铝及碱式重铬酸铝沉淀和热水分子与氧化铝生成的一水合氧化铝及三水合氧化铝一起封闭了氧化膜的微孔。封闭液的配方和工艺条件如下：重铬酸钾 50~70 g/L；温度 90~95℃；时间 15~25min；pH 值 6~7。

此法处理过的氧化膜呈黄色，耐蚀性较好。适用于以防护为目的的铝合金阳极氧化后的封闭，不适用于以装饰为目的的着色氧化膜的封闭。

(4) 水解封闭法是指镍盐、钴盐的极稀溶液被氧化膜吸附后，即发生如下的水解反应：

$$Ni^{2+} + 2H_2O = Ni(OH)_2 + 2H^+$$
$$Co^{2+} + 2H_2O = Co(OH)_2 + 2H^+$$

生成的氢氧化镍或氢氧化钴沉积在氧化膜的微孔中，从而将孔封闭。因为少量的氢氧化镍和氢氧化钴几乎是无色的，故此法特别适用于着色氧化膜的封闭处理。

(5) 填充封闭法，除上面所述的封闭方法外，阳极氧化膜还可以采用有机物质，如透明清漆、熔融石蜡、各种树脂和干性油等进行封闭。

思 考 题

1. 化学转化膜的定义。
2. 简述化学转化膜的形成机理。该机理与电镀和化学镀机理有何本质区别？化学转化膜与电镀化学镀所得的镀层在结合力方面有何不同？
3. 简述钢铁高温氧化的化学反应机理和电化学反应机理。
4. 铝能与空气中的氧化合成 Al_2O_3，为什么铝或铝合金制件还要进行氧化处理？
5. 铝或铝合金制件电化学阳极氧化的原理是什么？
6. 用交流电源能否进行铝或铝合金制件的电化学氧化处理？如果可以，工件应挂在电解槽哪一个导电杆？是否两个导电杆都可以挂工件？
7. 为什么铝或铝合金制件阳极氧化处理后还要进行封闭处理？经染料着色的氧化件为什么也要进行封闭处理？
8. 为了改善铝或铝合金制件阳极氧化后的着色性能，在阳极氧化时，应采取哪些措施？
9. 简述阳极氧化膜热水封闭法、重铬酸封闭法、水解盐封闭法的机理。

第6章
其他表面处理技术

 本章学习目标

★ 了解离子镀技术原理；
★ 了解电泳涂装技术的特点；
★ 了解表面微加工技术的特点及功能；
★ 了解常用电极修饰技术。

 本章教学要点

知识要点	能力要求	相关知识
离子镀技术原理	了解离子镀技术原理	等离子体、阴极溅射
电泳涂装技术的特点	了解电泳涂装技术的特点	电泳漆、阳极电泳涂装、阴极电泳涂装
表面微加工技术的特点及功能	了解表面微加工技术的特点及功能	光刻腐蚀、纳米加工

导入案例

在人类的发展历史上，材料的使用经历了石器时代、青铜时代和钢铁时代，现在进入了复合材料时代。在现在这个时代，材料表面处理技术在很多领域起着特别重要的作用。

在近代历史上，人们认识到表面性能障碍限制了大多数技术领域的进步，而材料和化学科学家正是通过革新表面加工技术缓解了这种限制，使大多数技术领域取得了长足的进步，同时也加速了材料表面处理技术本身的革命。本章着重介绍离子镀技术、电泳涂装技术、表面微加工技术和常用电极修饰技术。图 6.1 所示为采用离子镀技术镀的表壳。

图 6.1　采用离子镀技术镀的表壳

6.1　离子镀技术

离子镀属物理气相沉积技术中的一种。它是在低气压气体放电等离子体环境中进行的，是靠等离子体增强的物理气相沉积，故也可称为离子气相沉积。离子镀不仅可以镀单一金属和合金，而且还可以获得电镀和化学镀所不能得到的金属与非金属化合物镀层。此镀层的硬度和耐磨性极高，若用于刀具，可以大幅度提高刀具的切削速度和使用寿命，还可以改善切削过程，提高加工精度。在一般情况下离子镀的镀层很薄，所以常将离子镀的镀层称为镀膜。

6.1.1　离子镀原理

离子镀与电镀不同，在电镀过程中金属离子是电解的产物，金属离子是在低压直流电场的静力作用下到达作为阴极的镀件表面，还原沉积为镀层。而离子镀是在一个处于低气压环境的等离子体中进行的，金属离子是镀材蒸气被高能电子激发电离的产物，它在强电场的作用下以很高的能量、速度撞击工件表面。镀面对金属离子的接纳有金属离子从作为阴极的工件取得电子而还原为金属原子的作用，也伴随有机械的作用、能量的转换、扩散等物理过程。

1. 等离子体及其获得方法

等离子体是一种电离气体，它是物质由带电粒子的集合体所表征的一种存在形态，称为物质的第四态。由于等离子束是带电粒子的流动，因此它在磁场的作用下可以聚焦和偏转。

为了获得等离子体，必须使中性粒子电离。获得等离子体的方法主要有热激发、电弧蒸发、电磁波激发和电子碰撞激发等。在离子镀技术中使用的方法多属电子碰撞法。用电子碰撞法使气体电离的原理和过程简述如下。

在低气压下用高压电场加速电子的运动。在离子镀中工作气(如氩气)和镀覆材料蒸气的中性粒子(分子或原子)与高速运动的电子相碰撞，若电子的能量(以"电子伏特"计量)大于工作气的"激发电位"，则气体的中性粒子将被电离成带正电荷的离子和电子。电离繁衍出来的电子又加入了碰撞中性粒子的行列，而使更多的中性粒子被碰撞电离。这种雪崩式的作用使工作气瞬间被激发电离为等离子体。

2. 在离子镀中离子与工件表面的作用

在离子镀过程中，离子对工件表面的轰击产生一系列物理现象和化学反应，它们对离子气相沉积的过程和结果有非常重要的影响。这些现象和反应主要如下。

(1) 二次电子发射。离子轰击阴极引起的二次电子发射是维持放电的必要条件。

(2) 气体的解析。离子轰击阴极表面，首先会将工件表面上吸附的气体溅射掉或热解析出来。这个效应无疑对镀面起了有效的净化作用。离子轰击阴极表面时相当一部分能量转化为热能，使工件表面被加热，从而促进了离子镀过程中膜层原子向基体的扩散，并有利于提高膜层与基体的结合强度。

(3) 阴极溅射。高能离子轰击阴极表面，将会使阴极表面上一些中性原于或分子被溅出。这在离子镀中表现为与沉积的同时，将有部分膜层原子被轰击下来，即出现了"反溅射"现象。

6.1.2 离子镀特点和分类

1. 离子镀的特点

(1) 离子镀分散能力强，形状比较复杂的镀件也能得到均匀的镀层。

在离子镀过程中，镀材原子被电离成带电离子，它们将沿电场电力线的方向运动，所以凡是分布有电力线的地方，都是离子所及之处。另外在射向工件的过程中无可避免地会与尚未电离的镀材蒸气原子、电子发生激烈碰撞，这将使离子产生非定向的散射。所以在高压直流电场中处于阴极地位的工件，无论是面向处于阳极地位的蒸发源的表面，还是背面；也无论是裸露的表面，还是孔和凹槽，离子镀都能镀上。

(2) 镀层与基体的结合强度高。

如前所述在离子镀中，离子对镀面的轰击所产生的溅射效应对镀面有净化作用，它清除了吸附在镀面上的气膜和污物，而且这种净化作用伴随离子镀过程的始终。离子的轰击作用还会产生"反溅射"，基体表面上有部分原子被溅射下来并电离，而后又随其他离子返回镀件表面，这就可能在镀膜与基体表面之间的膜基面上形成过渡层或镀材成分与基材成分的混合层。另外，在离子镀过程中溅射效应还能将与基体表面或与已镀层附着不牢的镀材原子再轰击下来。离子轰击还能使整体表面出现一些晶体缺陷，使镀材原子的机械嵌入成为可能。所有这些作用都有利于镀膜与基体间结合强度的提高。

(3) 镀膜组织细密。

在离子镀中离子对镀面的剧烈撞击，改变了镀膜的形核和晶核长大机制。实验证明，随着镀件负偏压的提高将会得到细密的晶粒。而细密的组织结构无疑将使镀膜获得良好的力学性能。

（4）突破了镀层只可以是单一金属或合金的局限，离子镀可以得到化合物镀层。

在离子镀过程中，如在蒸发金属的同时，向镀膜室通以反应气，则可反应生成化合物，从而使在较低温度下得到化合物镀层成为可能。而如果使用别种技术，通常只有在很高的温度下靠热激活才可能做到。

2. 离子镀分类

根据基极所加负偏压的高低、等离子体激发方法和等离子体放电方式的不同，离子镀又分为许多类别，如图 6.2 所示。

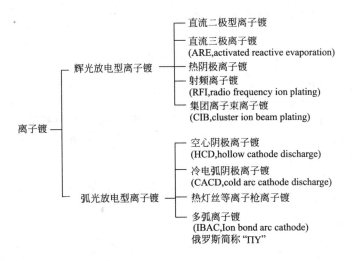

图 6.2　离子镀分类

6.1.3　离子镀设备

不同的离子镀设备，其构成有所不同。现以图 6.3 所示的空心阴极离子镀设备为例，说明这类设备的基本组成。

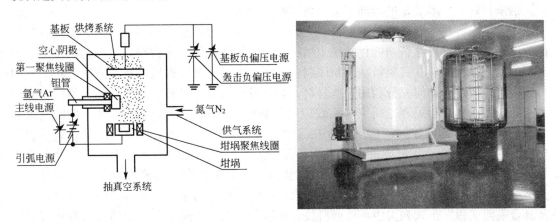

图 6.3　空心阴极离子镀设备

（1）镀膜室：镀覆材料蒸发、等离子体产生、镀膜沉积的空间。

（2）坩埚：用以加热蒸发镀覆材料，并且是电场的阳极。

（3）基板：安装工件的所在，工作时它在电场中为阴极，在空心阴极离子镀中它加有一定的负偏压。

（4）空心阴极：在它和阳极之间启动离子弧。

（5）抽真空系统：功能是使镀膜室获得本底真空度。

（6）供气系统：向镀膜室输送工作气和反应气。

（7）电源系统：包括引弧电源、基板负偏压电源、轰击负偏压电源、磁控系统电源和烘烤电源等。

（8）磁控系统：包括坩埚聚焦线圈、偏转线圈，其作用分别为离子弧聚焦和控制离子流动的方向。

（9）烘烤装置：作用是在离子弧激发之前烘烤预热工作。

6.1.4 离子镀工艺过程

离子镀的工艺流程：镀前处理→将工件和镀材装入镀膜室→抽真空预热→通入工作气→引弧→预轰击净化→通入反应气→离子沉积→冷却→从镀膜室取出镀件。

6.2 纳米复合镀技术

6.2.1 概述

1. 纳米表面技术的内涵

纳米技术是 20 世纪 80 年代末诞生并正在崛起的新技术。1990 年 7 月，在美国巴尔的摩召开了国际首届纳米科学技术会议（Nano‑ST）。纳米科技研究范围是过去人类很少涉及的非宏观、非微观的中间领域（$10^{-9} \sim 10^{-7}$ m），它的研究开辟了人类认识世界的新层次。纳米材料与技术的发展得到了世界各国的高度重视。

随着纳米科技的发展和纳米材料研究的深入，具有力、热、声、光、电、磁等特异性能的许多低维、小尺寸、功能化的纳米结构表面层能够显著改善材料的组织结构或赋予材料新的性能。目前，在高质量纳米粉体制备方面已取得了重大进展，有些方法已在工业中得到应用。但是，如何充分利用这些材料，如何发挥出纳米材料的优异性能是亟待解决的关键问题。在开展相关理论研究与实践应用的基础上，"纳米表面工程"这一新的概念和领域应运而生。2000 年，徐滨士等人在《中国机械工程》杂志上首先提出了"纳米表面工程"的概念，2002 年国际表面工程学科创始人、中国工程院外籍院士、英国伯明翰大学 T. Bell 教授访华时对纳米表面工程的提法给予充分的肯定，并确定要与中国学者联合开展纳米表面工程的研究工作。经双方努力，已将"用于高性能汽车零件的纳米复合涂层及复合表面工程"正式列为中英政府科技合作项目。纳米表面工程是以纳米材料和其他低维非平衡材料为基础，通过特定的加工技术或手段，对固体表面进行强化、改性、超精细加工或赋予表面新功能的系统工程。简而言之，纳米表面工程就是将纳米材料和纳米技术与表面工程交叉、复合、综合并开发应用。

2. 实现表面纳米化的三条途径

在金属材料表面获得纳米结构表层主要的途径有 3 种：表面涂覆或沉积方法、表面自身纳米化方法和混合纳米化方法，如图 6.4 所示。

1）表面涂覆或沉积方法

首先利用纳米粉体制备技术获得具有纳米尺度的颗粒，再将这些颗粒通过表面技术固结在材料的表面，形成一个与基体化学成分相同（或不同）的纳米结构表层，如图 6.4（a）所示。这种材料的主要特征是：纳米结构表层内晶粒大小比较均匀、晶粒尺寸可以控制；表层与基体之间存在着明显的界面；材料的外形尺寸较处理前有所增加。

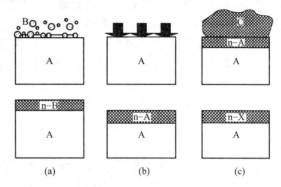

图 6.4　表面纳米化的 3 种方法
（a）表面涂覆或沉积方法；（b）表面自身纳米化方法；
（c）混合纳米化方法

许多常规表面涂层和沉积技术都具有开发纳米表面膜层的潜力，如 PVD、CVD、电解沉积等。通过工艺参数的调节，可以控制纳米结构表层的厚度和纳米晶粒的尺寸，整个工艺过程的关键是实现表层与基体之间以及表层纳米颗粒之间的牢固结合。目前，这些技术经过不断的发展和完善，已比较成熟。

2）表面自身纳米化方法

对于多晶材料，采用非平衡处理方法增加材料表面的自由能，可以使粗晶组织逐渐细化至纳米量级，如图 6.4（b）所示。这种材料的主要特征是：晶粒尺寸沿厚度方向逐渐增大；纳米结构表层与基体之间没有明显的界面；处理前后材料的外形尺寸基本不变。由非平衡过程实现表面纳米化主要有两种方法，即表面机械（加工）处理法和非平衡热力学法，不同方法所采用的工艺和由其导致纳米化的微观机理存在着较大的差异。

3）混合纳米化方法

如图 6.4（c）所示，在制备热喷涂层、电刷镀层、粘涂层等材料表面处理涂覆层时，在基质层中复合纳米颗粒以改变涂覆层本身的综合性能或制备出特殊的功能涂层。目前，较为成熟的使用纳米表面工程技术制备的表面涂覆层主要属于这种方式。

纳米复合镀技术是复合镀技术的新发展，具有广阔的应用前景。如果说复合镀技术是电镀、电刷镀、化学镀技术发展史上里程碑性质的标志，那么现代纳米技术与复合镀技术的有机结合，形成的纳米复合镀技术，则是复合镀技术发展史上又一次革命性的创新。它不仅推动了纳米材料在表面工程技术中的应用，也为制备纳米复合材料增添了新工艺。

6.2.2　纳米复合镀技术概论

1. 纳米复合镀技术定义

纳米复合镀技术就是在电解质溶液中加入一种或数种纳米尺度的不溶性固体颗粒，并进行充分的分散，使纳米不溶性固体颗粒均匀悬浮在溶液中，利用电沉积或化学沉积的原理，使金属离子被还原的同时，将纳米尺度的不溶性固体颗粒均匀地弥散在金属镀层中的工艺方法。

2. 纳米复合镀技术的特点

（1）纳米复合镀仍保留原电镀、电刷镀、化学镀的优点，使用原有设备和工艺，只要采用纳米复合镀液即可获得纳米复合镀层。当然在具体施镀过程中，为了使溶液中的纳米不溶性固体颗粒不沉淀，而且更容易到达阴极（工件）表面，不排除使用各类搅拌装置。

（2）纳米复合镀层由两类材料组成。一类是被还原沉积的基质金属，是均匀的连续相；另一类是纳米不溶性固体颗粒。由于对纳米不溶性固体颗粒分散的困难性和纳米固体颗粒的易团聚性，镀层中的一部分不溶性固体颗粒会以微米尺度存在。

（3）凡能稳定存在于镀液中的纳米不溶性固体颗粒都可以成为纳米复合镀层的分散相（不连续相）。纳米复合镀层中的纳米固体颗粒对镀层的力学性能、摩擦性能都有明显的贡献。

（4）在同一基质金属的纳米复合镀层中，纳米不溶性固体颗粒的成分、尺寸、含量、纯度等对纳米复合镀层性能有不同程度的影响。优化这些影响因素可以获得性价比最佳的纳米复合镀层。这也是获得含纳米结构的金属陶瓷材料的有效途径。

（5）纳米复合镀技术的关键是制备纳米复合镀溶液。不同材料的纳米复合镀溶液，有不尽相同的纳米复合镀工艺，可获得不同性能的纳米复合镀层。

3. 纳米复合镀技术的基本原理

纳米复合镀技术是近几年才开始研究的新技术，目前纳米复合镀技术的机理尚无科学的、权威的理论解释。尤其是涉及纳米不溶性固体颗粒在阴极动力学过程中的表现行为、作用机理，更无深入的研究，也未见国内外文献报道。纳米不溶性固体颗粒是如何到达阴极（工件）表面，并在基质金属中弥散分布，有3种不太成熟的说法，仅供参考。

1）选择性吸附说

纳米不溶性固体颗粒加入到电解质溶液中后，进行充分的机械复合（如超声振动、机械研磨、磁力搅拌等），使纳米不溶性固体颗粒均匀地弥散分布在电解质溶液中。机械复合过程中，一些纳米不溶性固体颗粒就会有选择地吸附电解质中的某些金属正离子。电镀、电刷镀过程中，在电场力的作用下，金属正离子携带着纳米不溶性固体颗粒向阴极（工件）表面运动，到达阴极后发生还原反应，在金属正离子被还原成金属原子的同时，纳米不溶性固体颗粒也被陆续还原的金属原子捕获，并镶嵌在金属基质镀层中。与此同时，由于纳米不溶性固体颗粒十分贴近工件表面，不仅会发生范德华力式的物理吸附，而且由于纳米颗粒自身的特性，富集在纳米颗粒表面的电子还会与工件表面金属或镀层金属上的原子产生化学键吸附。这也正是纳米复合镀层的结合强度高于普通复合镀层结合强度的推理解释。当然这一解释的科学性还要靠实验验证。

2）络合包覆说

首先对纳米不溶性固体颗粒进行表面预处理，然后把处理过的纳米不溶性固体颗粒与电解质溶液进行充分的机械复合，同时向复合溶液中加入表面活性剂、络合剂等材料。使复合后的溶液中纳米不溶性固体颗粒与金属正离子同时被络合包覆在一个络合离子团内。在电镀、电刷镀、化学镀时，络合离子团到达阴极（工件）表面后发生还原反应，金属离子被还原成原子的同时，纳米不溶性固体颗粒也就被陆续还原的金属原子所嵌镶。最终形成纳米不溶性固体颗粒在镀层基质金属中的弥散分布。

3) 外力输送说

在电镀、电刷镀、化学镀过程中，采取一定的工艺措施，如使用搅拌器，对复合镀溶液进行搅拌，使复合镀溶液中的纳米不溶性固体颗粒运动起来，在运动中部分到达阴极（工件）表面的纳米不溶性固体颗粒被还原的金属原子捕获，发生共沉积。有时使用输液泵或镀笔把镀液源源不断的输送到工件表面，镀液中的纳米不溶性固体颗粒随之被输送到工件表面，其中一部分纳米不溶性固体颗粒在工件（阴极）表面被金属原子捕获，发生共沉积。大多数纳米不溶性固体颗粒又回到溶液中。化学镀中，需把镀液加热到一定温度，对镀液加热会促进镀液中纳米不溶性固体颗粒的运动，有利于共沉积。当然外力输送的力要适度。例如，搅拌力太弱，输送到工件表面的纳米不溶性固体颗粒太少，不利于共沉积。而如果搅拌力太大，镀液中的纳米不溶性固体颗粒受外力太大，运动过于激烈，到达工件表面的纳米不溶性固体颗粒还没来得及与金属共沉积，就在外力作用下又从工件表面上掉下来，回到溶液中，反而不利于共沉积。纳米不溶性固体颗粒与金属原子的共沉积是一个复杂的过程。

以上说法，各有其一定的道理，也都有其明显的不充分。因此，在共沉积的过程中，可能以上3种说法的情况会同时发生，是共同作用的结果。也可能是在某一特定工艺条件一种或某两种说法起主要作用。虽然目前这一切还都没有得到充分的证实，但围绕这3种说法采取的工艺措施产生了良好的效果。

6.2.3 纳米复合镀溶液

1. 概述

纳米复合镀溶液与普通复合镀溶液的根本区别就在于将溶液中复合的微米尺度材料改变为纳米尺度材料。复合材料尺度的这一变化，给镀液的配制带来一系列困难，而成功配制出的纳米复合镀溶液，又给复合镀技术带来一系列优点，可以说是复合镀技术里程碑性质的进展。因此，对纳米复合镀溶液提出适当的要求，并对该溶液具备的特点进行描述就显得十分重要。

2. 纳米复合镀溶液的配制工艺

纳米复合镀溶液的配制工艺过程如图6.5所示。首先应当根据镀种和对镀层材料的要求，选择基质镀液，然后对镀液的理化性能进行调整。同时根据对镀层性能的要求，选择纳米不溶性固体颗粒的成分、尺寸、性能，并对其进行预处理。然后将经过预处理的纳米不溶性固体颗粒，按一定比例加入到基质镀液中并进行充分的复合处理，直至将加入到镀液中的纳米不溶性固体颗粒的团聚真正打开，使其保持规定的纳米尺寸，并在镀液中均匀悬浮。最后对镀液进行性能检测，获得合格的纳米复合镀溶液。

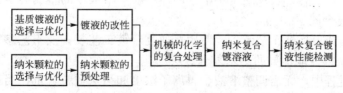

图6.5 纳米复合镀溶液的配制工艺过程

3. 纳米不溶性固体颗粒的选择原则

(1) 纳米不溶性固体颗粒的尺寸通常以 30～80nm 为宜，有利于在溶液中悬浮，有利于与金属原子共沉积，有利于在镀层中弥散分布，有利于发挥镀层材料中纳米颗粒的独特作用。

(2) 纳米不溶性固体颗粒材料化学稳定性好，不与镀液发生化学反应，如不被镀液腐蚀、溶解或生成其他物质。

(3) 纳米不溶性固体颗粒易于清洗、改性，在复合过程中，易于打破团聚。

(4) 纳米不溶性固体颗粒材料具有优良的理化性能、力学性能、摩擦学性能，如高硬度或高耐磨性、低摩擦系数、耐高温、耐高寒、与基体金属膨胀系数相宜等。

(5) 纳米不溶性固体颗粒材料成分纯度要高，不含其他杂质；颗粒直径要均匀，颗粒直径分布概率应大于 80%。

(6) 纳米不溶性固体颗粒材料来源广泛，成本低，便于推广应用。

4. 对纳米复合镀溶液的要求

纳米复合镀溶液应以普通常用电镀、电刷镀、化学镀溶液为基液，与纳米不溶性固体颗粒、表面活性剂、分散剂等材料复合配制而成，对其具体要求如下。

(1) 溶液中要富含纳米不溶性固体颗粒，其添加比例可达 20～50g/L，纳米不溶性固体颗粒的直径通常为 30～80nm。

(2) 纳米不溶性固体颗粒在溶液中能均匀悬浮，溶液长时间搁置后，纳米不溶性固体颗粒不团聚、不沉淀。

(3) 溶液具有良好的理化性能，使用普通的复合镀工艺及工艺装备，就能完成纳米复合镀，对操作者不增加更多的技术要求。

(4) 纳米不溶性固体颗粒容易与溶液中的金属离子共沉积，沉积速度不低于普通复合镀。纳米不溶性固体颗粒能在镀层中均匀弥散，不会出现因添加纳米不溶性固体颗粒造成镀层性能下降的情况，也不会出现因添加纳米不溶性固体颗粒影响镀层厚度的情况。

(5) 溶液无毒、无腐蚀、不燃烧、不爆炸，只要不被污染，就可反复使用。

(6) 溶液配制成本不宜高，能配置多种纳米材料的纳米复合镀溶液，尤其要能配制廉价纳米材料的纳米复合镀溶液，以获得性价比高、宜于推广应用的效果。

5. 纳米复合镀溶液的特点

(1) 溶液中纳米不溶性固体颗粒含量高，能均匀悬浮在溶液中，长时间不团聚，不沉淀。

(2) 仍保持普通复合镀溶液的优点，无毒(不含各类氰化物)、无腐蚀性、不燃烧、不爆炸，便于操作者使用，便于携带。

(3) 镀积速度快，容易实现纳米不溶性固体颗粒与溶液中的金属离子共沉积，形成弥散分布的金属基复合镀层。

(4) 不需增添或更换新工艺装备，使用普通复合镀工艺装备及工艺参数，使用纳米复合镀溶液，即可获得性能优异的纳米复合镀层。

(5) 复合镀过程中，无需调整溶液金属离子浓度和纳米颗粒含量，当溶液消耗一定量后，只需加入适量新溶液即可继续使用。

（6）纳米复合镀溶液性价比高，由纳米复合镀层性能提升获得的效益远远大于溶液因添加纳米颗粒而提升的成本。由纳米复合镀层性能提升而解决的关键技术问题或拓宽应用领域带来的效益，更无法用简单的性价比来衡量。

6.2.4 纳米复合镀层

1. 纳米复合镀层的形成机理

纳米复合镀层的形成是一个复杂的电沉积或化学沉积过程，对其机理目前尚无深入的研究。根据有关参考资料可以归纳为以下几个主要步骤。

（1）纳米复合镀液中的金属正离子到达阴极（工件）表面，镀液中的纳米不溶性固体颗粒也随之到达工件表面，在双电层（电场力）的作用下，水化的金属离子一方面要失去水化膜，另一方面向阴极表面迁移，失水后的金属离子中空闲价电子的能级得到提高，并与阴极表面上电子的能级接近，创造了电子转移的必要条件。纳米不溶性固体颗粒在范德华力的作用下也进一步靠近表面。

（2）金属水化离子在阴极放电（获得电子），被还原成吸附原子，实质上是电子在阴极上与金属离子间的跃迁，完成电子从阴极界面向电解液界面的转移，使脱水的离子获得电子形成失水的吸附原子。吸附原子还与纳米不溶性固体颗粒互相吸附、镶嵌、堆积，形成结晶。

（3）金属吸附原子与最靠近基体金属晶格上的原子发生置换，即镀层金属晶格上的原子跃迁到基体金属晶格上，基体金属晶格上的原子跃迁到镀层金属的晶格上，形成置换固溶体，置换现象只发生在镀层与基体的界面上。

（4）形成置换固溶体的必要条件是镀层金属与基体金属的晶格类型一致或有相同的晶面（如同为面心立方晶格或同为体心立方晶格），晶格常数相同或相近，原子半径相近，便于跃迁置换，镀层金属与基体金属原子互相置换的越多，镀层与基体金属的结合强度越高（当两者之间的原子可以任意置换时，称为无限置换固溶体；当受某些因素约束，不能任意置换时，称为有限置换固溶体）。纳米不溶性固体颗粒弥散分布在镀层基质中，对镀层金属原子和基体金属原子只有吸附作用，而不能发生置换。

（5）随着纳米复合镀过程的进行，镀液中的金属正离子不断在阴极（工件）表面上被还原，纳米不溶性固体颗粒不断被镶嵌在镀层中，纳米复合镀层不断加厚。最终形成一定厚度、与基体结合强度较高、纳米不溶性固体颗粒弥散分布的纳米复合镀层。

在纳米复合电镀和纳米复合化学镀过程中，镀层金属的结晶是连续进行的，形成的镀层基质金属是连续相，被牢固镶嵌的纳米不溶性固体颗粒是不连续相。而在纳米复合电刷镀过程中，由于纳米复合电刷镀的工艺特点，刷镀笔与工件要保持一定的相对运动速度，因而纳米复合电刷镀溶液中的金属正离子仅在刷镀笔（阳极）与工件（阴极）接触的部位被还原。当刷镀笔移开时，这里的还原过程即终止，只有当刷镀笔重新移回到这里时，这里的金属正离子还原过程才继续进行。因此，纳米复合电刷镀镀层是断续结晶形成的。这种镀层具有超细晶结构、高密度位错、大量的孪晶和其他晶体缺陷。纳米不溶性固体颗粒的弥散镶嵌起到了强化镀层的作用。

2. 纳米复合镀层的性能

纳米复合电刷镀层中由于存在大量的硬质纳米颗粒，且组织细小致密，因此其硬度、耐磨性能、抗疲劳性能、耐高温性能等均比相应的金属电刷镀层好。

6.2.5 纳米复合镀工艺

纳米复合电镀的一般工艺过程见表 6-1。

表 6-1 纳米复合电镀的一般工艺过程

工序名称	工序内容和目的	备 注
机械预处理	采用磨光、抛光和喷砂处理去除工件表面毛刺、氧化皮及其他污物	具体选用哪种方式依零件表面状况而定
脱脂处理	采用有机溶剂、化学、电化学、超声波等方法去除工件表面油脂	依零件状况选定
浸蚀	采用化学或电化学浸蚀,去除工件表面氧化膜,提高基体金属与镀层结合强度	
喷砂	对易发生氢脆的零件,不宜用酸浸蚀工艺,可采用喷细砂、磨光、滚光等机械方法去氧化膜	使用浸蚀或喷砂依零件选定
弱浸蚀	使表面处于活化状态	
中和	防止零件弱浸蚀后表面的残液带入到电镀液中,在 30~100g·L 的碳酸钠溶液中浸 10~20s	
预镀	为防止钢铁基体在某些镀液中被溶解而置换出结合强度不高的镀层,先镀一层很薄的镀层	如在酸性镀铜前,需先预镀 $0.1\mu m$ 的镍
纳米复合电镀	将安装在挂具上的工件放入纳米复合电镀溶液中进行纳米复合电镀	开启镀液搅拌装置,使纳米不溶性固体颗粒保持悬浮状态
镀后处理	吹干、快干、涂油、去应力等	依应用要求而定

纳米复合电镀过程中,根据实际工件材料、形状、表面状况、技术要求等不同情况,可在一般工艺过程的基础上,增加或减少相应的工序。同时应当注意,工序间须用清水冲洗上道工序的残留液体。工件的非镀表面,也须保持清洁,并进行遮蔽。

6.2.6 纳米复合镀技术的应用

1. 纳米复合镀技术的应用范围

纳米复合镀技术不仅是表面处理新技术,也是零件再制造的关键技术,还是制造金属陶瓷材料的新方法。纳米复合镀技术是在电镀、电刷镀、化学镀技术基础上发展起来的新技术,它是纳米技术与传统技术的结合。因此,纳米复合镀技术不仅保持了电镀、电刷镀、化学镀的全部功能,而且还拓宽了传统技术的应用范围,从而获得更广、更好、更强的应用效果。

1) 提高零件表面的耐磨性

由于纳米陶瓷颗粒弥散分布在镀层基体金属中,形成了金属陶瓷镀层,镀层基体金属中的无数纳米陶瓷硬质点，使镀层的耐磨性显著提高。使用纳米复合镀层可以代替零件镀硬铬、渗碳、渗氮、相变硬化等工艺。

2）降低零件表面的摩擦系数

用具有润滑减摩作用的纳米不溶性固体颗粒制成纳米复合镀溶液，从而获得的纳米复合减摩镀层。镀层中弥散分布了无数个固体润滑点，能有效降低摩擦副的摩擦系数，起到固体减摩作用，因而也减少了零件表面的磨损，延长了零件使用寿命。

3）提高零件表面的高温耐磨性

纳米复合镀使用的纳米小溶性固体颗粒多为陶瓷材料，形成的金属陶瓷镀层中的陶瓷相具有优异的耐高温性能。当镀层在较高温度下工作时，陶瓷相能保持优良的高温稳定性，对镀层整体起到支撑作用，有效地提高了镀层的高温耐磨性。

4）提高零件表面的抗疲劳性能

许多表面技术获得的涂层能迅速恢复损伤零件的尺寸精度和几何精度，提高零件表面的硬度、耐磨性、防腐性，但都难以承受交变负荷，抗疲劳性能不高。纳米复合镀层有较高的抗疲劳性能，因为纳米复合镀层中无数个纳米不溶性固体颗粒沉积在镀层晶体的缺陷部位，相当于在众多的位错线上打下无数个"限制桩"，这些"限制桩"可有效地阻止晶格滑移。另外，位错是晶体中的内应力源，"限制桩"的存在也改善了晶体的应力状况。

因此，纳米复合镀层的抗疲劳性能明显高于普通镀层。当然，如果纳米复合镀层中的纳米不溶性固体颗粒没有打破团聚，颗粒尺寸太大，或配制镀液时，颗粒表面没有被充分浸润，那么沉积在复合镀层中的这些"限制桩"很可能就是裂纹源，它不仅不能提高镀层的抗疲劳性能，反而会产生相反的结果。

5）改善有色金属表面的使用性能

许多零件或零件表面使用有色金属制造，主要是为了发挥有色金属导电、导热、减摩、防腐等性能，但有色金属往往因硬度较低，强度较差，造成使用寿命短，易损坏。制备有色金属纳米复合镀层，不仅能保持有色金属固有的各种优良性能，还能改善有色金属的耐磨性、减摩性、防腐性、耐热性。例如，用纳米复合镀处理电器设备的铜触点、银触点，处理各种铅青铜、锡青铜轴瓦等，都可有效改善其使用性能。

6）实现零件的再制造并提升性能

再制造以废旧零件为毛坯，首先要恢复零件损伤的尺寸精度和几何形状精度。这可先用传统的电镀、电刷镀的方法快速恢复磨损的尺寸，然后使用纳米复合镀技术在尺寸镀层上镀纳米复合镀层作为工作层，以提升零件的表面性能，使其优于新品。这样做，不仅充分利用了废旧零件的剩余价值，而且节省了资源，有利于环保。在某些备件紧缺的情况下，这种方法可能是备件的唯一来源。

2. 纳米复合镀技术展望

纳米复合镀是一个新技术，人们对它的研究还不够深入，本节涉及的许多内容研究进展也不尽如人意。无论是设备、镀液、工艺上，还是镀层形成机理、强化机理、纳米作用机理及镀层应用领域上，都有大量的工作要做。通过不断深入的开发研究，纳米复合镀技术的工艺、理论将更加完善，一个应用前景广阔的纳米复合镀技术必将展示在我们面前。

6.3 电泳涂装技术

电泳涂装(electrophoretic coatings，ED)技术是把水溶性的带有正电荷或负电荷的阳、阴离子树脂的电泳漆通过类似金属电镀的方法覆到金属表面，从而对金属进行精饰的一种电镀方法。与金属电镀不同的是，电泳漆溶液中待镀的阴、阳离子是有机树脂，而不是金属离子。电泳涂装以水为溶剂，价廉易得；有机溶剂含量少，减少了环境污染和火灾发生；得到的漆膜质量好且厚度易控制，没有厚边、流挂等弊病，同时涂料利用率高，易于自动化生产。正是如此，电泳涂装已广泛应用于汽车、自行车、电风扇等金属表面的精饰。电泳涂装分为阳极电泳和阴极电泳两大类。

6.3.1 阳极电泳涂装

阳极电泳涂装(anodic electrophoretic coatings，AED)是以被镀金属基底作为阳极，带电的阴离子树脂在电场作用下进行定向移动，从而在金属表面实现电沉积的方法。阳极电泳涂装的阴离子树脂主要为丙烯酸系列。对于阳极电泳过程，阳极反应可能伴随有氢气的析出和金属的氧化，电泳过程表示如下：

$$2H_2O \longrightarrow 4H^+ + O_2 \uparrow + 4e$$
$$\downarrow RCOO^- (阴离子树脂和包容的颜料等)$$
$$RCOOH (不溶性树脂析出)$$
$$M \longrightarrow M^{n+} + ne$$
$$\downarrow RCOO^-$$
$$(R-COO)nM (树脂析出)$$

阴极反应如下：

$$2H_2O + 2e \longrightarrow 2OH^- + H_2 \uparrow$$

阳极电泳涂料的使用源于 20 世纪 60 年代，开始仅用于汽车的底漆。现供一般用途取代烤漆，可作为各种家用电器、五金零件等的良好面漆，尤其是作为需要较高光泽的产品如排油烟机、烘干机、铝门窗和工具箱等的面漆。目前阳极电泳涂料仍占电泳漆市场的 1/3 左右。

6.3.2 阴极电泳涂装

阴极电泳涂装(cathodic electrophoretic coatings，CED)是以水溶性阳离子树脂为成膜基料，以工件作为阴极，从而在金属表面实现电沉积的一种电镀方法。阴极电泳涂装的阳离子树脂电泳漆主要为环氧树脂系列和异氰酸酯的混合物。环氧树脂中含有活泼环氧基团，易与有机胺形成环氧加成物，而这些环氧胺加成物具有碱性，与酸类物质形成溶于水的胺盐，这样可得到阳离子树脂。同时，环氧树脂中还含有大量活泼羟基，易与异氰酸酯中异氰酸根发生反应，这样漆膜的性能可得到进一步加强。环氧型阳离子树脂在阴极还原时形成不溶于水的涂层。对于阴极电泳过程，阴极反应如下：

$$2H_2O + 2e \longrightarrow 2OH^- + H_2 \uparrow$$
$$\downarrow R_3NH^+ (阳离子树脂)$$
$$R_3N (树脂析出) + H_2O$$

阳极反应如下：

$$2H_2O \longrightarrow 4H^+ + O_2 \uparrow + 4e$$

阴极电泳涂装是20世纪70年代美国PPG公司率先开发成功的，已被广泛用于汽车的底漆和面漆，也可作为各种家用电器、五金零件等的良好底漆或作为不反光产品的面漆。阴极电泳漆除具有电泳涂装的一般优点之外，与以上以工件作阳极的电泳涂装技术相比，既避免了金属离子渗入涂层，得到各种雅致的浅色漆，又避免了金属表面的氧化，因而进一步提高防腐蚀性能，同时，电沉积树脂为碱性，防锈性能较佳。目前，该技术在汽车上已得到大规模应用。表6-2列出了阳极电泳涂装(AED)和阴极电泳涂装(CED)电泳特性和漆膜性能的比较。在电泳涂装方面，中、厚涂层和低有机溶剂或无有机溶剂的阴极电泳涂料为其发展方向。

表6-2 AED与CED电泳特性和漆膜性能的比较

类别／性质		AED 丙烯酸树脂系列电泳涂料	CED 环氧树脂系列电泳涂料	
			厚涂层涂料	薄涂层涂料
电泳特性	前处理	以磷酸铁皮膜化成为主	以磷酸锌皮膜化成为主	磷酸锌皮膜
	固体份(%)	9～11	15～21	14～16
	颜料比	5～50(依颜色而异)	15～25	15～25
	pH	8.7～9.1	6.0～6.3	5.2～5.5
	电导率(S/cm)	600～800	1000～1600	900～1000
	有机溶剂含量(%)	1.0～2.0	<2.5	3～4
	电泳温度/℃	25～30	24～28	25～27
	涂装电压/V	50～150	100～300	150～200
	通电时间/s	60～120	60～180	
漆膜性能	烘烤 烘烤前	漆膜仍具粘性，不能接触	漆膜干硬，可触摸	
	烘烤 温度/℃	160～175	180	165～175
	烘烤 时间/min	20	20	20
	铅笔硬度/HV	1～2	3～4	1～2
	标准膜厚/μm	15～30	20～35	20～30
	光泽度(60)	20～85	20～70，随烘烤时间变化	20～85
	耐蚀性	96h以上	500h以上	336h以上
	耐候性	良好，不粉化	半年后粉化，须加面漆	良好

6.4 表面微细加工技术

表面微细加工技术指那些能够制造微小尺寸元器件或薄膜图形的方法，微细加工的加工尺寸一般在亚毫米（常指低于 100 微米）至纳米级范围内，而加工的单元则从微米级、纳米级到原子级（Å 级）。

根据微细加工的机理不同，可以将其分为三种类型：①分离型或者去除型加工，即以分解、蒸发、溅射、刻蚀、切削、破碎等方法将材料中所希望去掉的部分分离出来的加工方法；②生长型加工方法，即以一种材料作为基材，在其上添加另一种材料，形成所需的形状或图形的加工方法，按此定义，物理气相沉淀、化学气相沉淀、离子注入、电镀、化学镀都属于微细加工技术；③变形加工，指材料形状发生变化的加工，如塑性变形、流体变形等。许多的微细加工是通过前两种方式的组合来完成的，如先沉积导电薄膜，然后利用光刻技术选择性腐蚀，将其制成导电图形。

实际上，上述三种方式在普通的加工（非微细加工）中都存在，区别只在于微细加工时的对象和每次加工的单元尺寸小，加工的方法更加精细。

在集成电路制造和其他微小型零件的制作中，常常将微细加工技术进一步分解为横向微细加工技术和纵向微细加工技术两种方式。横向微细加工是按照器件的设计要求，在材料的表面制作各种所需要的图形，纵向微细加工则是根据器件的要求，在材料的纵深方向制作各种薄膜结构。一般情况下，这种微细加工的尺度在微米或者亚微米级。

以集成电路的制造为核心的微电子工业的发展在很大程度上取决于微细加工技术的发展。当加工精度以微米、纳米，甚至以原子单位（0.1～0.2nm）为目标时，常规加工方法已无能为力，需要借助特种加工的方法，如离子溅射和离子注入、电子束曝射、激光束加工、金属蒸镀和分子束外延等，极细微地控制表面层物质去除或添加的量，达到微细加工的目的。

当前，不断发展的微细加工技术正在向纳米制造技术（nano technology）延伸，后者涵盖了近年来由微电子与微机械集成的微机电系统、由微电子与生物工程结合而发展起来的生物芯片技术等，被公认为将影响 21 世纪科技发展的三大技术领域之一。人们预期，这些技术将实现人类在认识自然和改造自然方面的能力的又一次飞跃，对信息、材料、生物医疗、航空航天等领域产生重大影响。

6.4.1 常用微细加工技术——光刻工艺

利用照相复制与化学腐蚀相结合的技术，在工件表面制取精密、微细和复杂薄层图形的化学加工方法，就称为光刻腐蚀，简称光刻。光刻原理虽然在 19 世纪就为人们所知，但长期以来由于缺乏优良的光致抗蚀剂而未得到应用。直到 20 世纪 50 年代，美国制成高分辨率和优异抗蚀性能的柯达光致抗蚀剂（KPR）之后，光刻技术才迅速发展起来，并开始用在半导体工业方面。光刻是制造半导体器件和大规模集成电路的关键工序之一，并已用于刻划光栅、线纹尺和度盘等精密线纹。

光刻的基本原理：利用光致抗蚀剂（或称光刻胶）感光后因光化学反应而形成耐蚀性的特点，将掩模板上的图形刻制到被加工的表面上。这里要特别说明掩模（mask）的概念。它是一块印有所需要加工图形的透光玻璃片。当光线照在掩模板上时，图形区与非图形区对光线的吸收与透过能力不同。光刻半导体晶片二氧化硅过程的主要步骤：①涂布光致抗蚀剂；②套准掩模板并曝光；③用显影液溶解未感光的光致抗蚀剂；④用腐蚀液溶解掉无光致抗蚀剂保护的二氧化硅层；⑤去除已感光的光致抗蚀剂。通过这些步骤，就可以将掩模板上的图形转化成为二氧化硅在衬底上的图形。

光致抗蚀剂是一种对光敏感的高分子溶液，种类很多，根据光化学反应的特点一般可分为正性和负性两大类。凡用显影液能把感光的部分溶解去除的称为正性光致抗蚀剂；用显影液能把未感光的部分溶解去除的称为负性光致抗蚀剂。一般要求所使用的光刻胶与基材粘附牢固，耐腐蚀性能好。刻蚀出来的图像重叠精度高，清晰，无毛刺与针孔等。

光刻的精度很高，可达微米数量级。为得到蚀刻线条清晰、边缘陡直、分辨率小于 $1\mu m$ 的超微细图形，近年来发展出远紫外曝光、X 射线曝光、电子束扫描曝光以及等离子体干法蚀刻等新技术。

6.4.2 典型微细加工实例

以微电子的微加工为基础的微米/纳米加工技术是近年来迅速发展的前沿领域。将微电子技术和微型机械技术结合制造微型机电系统（micro electro - mechanical system，MEMS），在开发物质潜在的信息和结构能力方面有极广阔的应用前景，有望实现单位体积信息处理和运动控制的能力的又一次飞跃，因此各国工业界及政府投入大量财力开发相关技术，以抢占战略制高点。

1987 年美国研制出转子直径为 $60\sim120\mu m$ 的硅微静电电机，它是采用微细加工技术（主要是刻蚀技术）和静电驱动原理，在硅材料上制作的三维可动机电系统，其执行器直径约为 $100\mu m$，转子与定子的间隙为 $1\sim2\mu m$，当工作电压为 35V 时，转速达 15000r/min。几年后又采用微电子中的硅平面工艺（即集成电路芯片制造工艺）生产出带有信号处理电路的微型加速度计，主要设计基础是梳状结构和微电容检测电路，实现了微小机械结构与电路的一体化集成。目前，他们的研究兴趣不只在小型化，也重视宏微观领域内的多学科交叉，发展出机、电、光、生、化的多学科结合的 MEMS 系统。

从微米/纳米技术研究的技术途径看，MEMS 制造过程有两种方法，一种是用光刻刻蚀等微细加工方法，将大的材料割小，形成结构或器件，并与电路集成，实现系统微型化，也称为由大到小（top - down）的途径；另一种是采用分子、原子组装技术的办法，即借助分子、原子内的作用力，把具有特定理化性质的功能分子、原子，精细地组成纳米尺度的分子线、膜和其他结构，进而由纳米结构与功能单元集成为微系统，称为由小到大（bottom - up）的途径。在此尺度下的物理、化学和力学特性与大尺寸材料有明显的差异。

国际上对微型机电系统尚无严格的统一定义。若从侧重于用集成电路可兼容加工元器件，把微电子和微机械集成在一起的观点出发，可以将微机电系统定义为：可以批量制作的，集微型机构、微型传感器、微型执行器以及信号处理和控制电路，直至接口、通信和电源等于一体的微型器件或系统。有时也可称为微型光机电系统（micro opto - electro - mechanical systems，MOEMS）。

综合起来，MEMS 制造具有如下特点。

1. 必须采用微细加工技术

用于 MEMS 的制造技术主要是以硅表面加工和体加工为主的硅微细加工、利用 X 射线光刻、电铸工艺和精密机械加工（如微细电火花加工、超声波加工、化学加工、激光精密加工等）。这些加工技术广义上均属于微细加工范畴。MEMS 的产品设计包括器件、电路、系统和封装 4 方面。MEMS 的加工技术尚不完善，可加工的结构和材料还不多，复杂结构的加工可靠性、成品率、可重复性也不理想，但随着技术的不断进步，这些问题将逐渐得到解决。

制作微机电系统所用的材料包括半导体、金属、陶瓷、聚合物、特种玻璃、石英和钻石等。表面性能优良的薄膜材料，微致动的功能材料，微系统的光学材料（如微小激光器材料）、能源材料等也同样适用于 MEMS 的制作。

2. 一般采用智能集成

MEMS 带来了全新的概念，它改变了现有系统把信息获取、计算（分析、判断或决策）和执行功能分割开来的状态，将上述功能集成起来，成为一个智能集成的微系统。例如，硅微加速度计便是一个系统集成的例子。它包括一个微细加工的多晶硅梳状结构和在同一芯片上的 BiMOS 信号处理电路，整个尺寸为 3mm×3mm。它的梳状结构是加速度传感部分（厚 $2\mu m$、重 $43\mu g$），又是 IC 电路的电容（3pF）；而 IC 电路是传感器的后续信号处理部分，承担梳状结构的反馈控制功能（控制质量块移动范围小于 10nm），包括振荡器、解调器、前置放大器、缓冲器、参考单元和反馈回路等。整个机械和电路要求把多晶硅微细加工工艺和已有的 $4\mu m$ 模拟 BiMOS 结合起来，能够大批量生产，器件的噪声非常小。

3. 具有明显学科交叉特点

微机电系统涉及电子、机械、光学、材料、制造、信息、物理、化学和生物等多种学科，属多学科交叉，必须综合运用多种加工技术，不断探索新原理和新设计，并将科研和产业化衔接起来，才能获得良性运行。事实上，当材料的特征尺寸达至微米和纳米量级时，许多物理现象与宏观世界有很大差别，从而提出了很多新的科学问题，如尺度效应、热传导、微流体特性、微光学特性、微构件材料性能、微结构表面效应和微观摩擦机理等。要发掘和利用微小尺度现象的潜能，才有高层次的创新。

例如，MIT 在硅片上制作出涡轮机，其目标是 1cm 直径的发动机产生 10～20W 的电力或 0.05～0.1N 的推力，最终达到 100W。整个微型涡轮发动机包括空气压缩机、涡轮机、燃烧室、燃料控制系统及电启动马达/发电机。显然，这一技术涉及尺度效应、热传导、微流体特性等理论。

又如，数字驱动微镜阵列芯片（digital micromirror device，DMD）涉及微光学特性、微构件材料性能、微结构表面效应等，用于投影显示装置。微镜阵列芯片是利用硅表面微细加工工艺开发的。在一片硅片上做出 100 万只微镜子，每个镜片尺寸为 $4\mu m×4\mu m$，可单独设定地址。这些镜片通过调整其倾斜角，同步地把高对比度的数字图像投影到屏幕上，使得投影画面无变形，照度均匀一致，色彩均匀，无笨重的光学聚焦系统等。市场上已经批量生产了采用数字驱动微镜阵列微机电系统的 768×576 像素彩色电视投影仪，2048×1152 像素的 DMD 芯片样机也已出现。

MEMS 的小巧和高度集成的特点，对于满足武器装备体积小、重量轻、能耗低和智能化的要求，具有独特的优势。例如，美国规划的一种微型飞行器（micro aerial vehicle，MAV）的技术指标为长、宽、高尺寸均小于 15cm，质量不超过 115g，巡航范围约 16km，速度为 32～64km/h，连续飞行 20～60min；能自主飞行，执行如传输实时图像等任务；军用于侦察、目标搜索、通信中继，监测化学、核武器或生物武器，甚至作为攻击武器；民用于搜寻灾难幸存者、有毒气体或化学物质源，农业及环境监测，消灭害虫等。MIT 林肯实验室正在研制的鸭式微型飞机约 57g，尺寸小于 15cm，飞行速度为 9～13m/s，可控半径为 5km，飞行高度为 100m，空中停留时间为 1h，它半自主式飞行，具有侦察及导航能力。

总之，MEMS 的发展将在多个学科开辟出广阔领域，带动一批新产业的发展，是未来制造领域中的一个重要发展方向。

6.4.3 纳米工艺

随着集成度的提高，要求元器件尺寸不断减小，1985 年，1MB 的 VLSI 集成度达到 200 万个元器件，元器件条宽仅为 $1\mu m$；1992 年，16MB 的芯片，集成度达到 3200 万个元器件，条宽减到 $0.5\mu m$，即 500nm；而后的 64MB 芯片，其条宽已达 $0.3\mu m$，即 300nm；目前已制作出了 1GB 的 ULSI 芯片，条宽只有约 $0.1\mu m$，即 100nm，单个芯片集成了 10 亿只晶体管。虽然微处理器性能的改进仍将继续保持高速度，但这样一种稳定的进展随着微细加工的极限的到来而会受阻。从物理角度度看，在 $1.0\mu m$ 时，晶体管是非常理想的开关，但在 $0.1\mu m$ 时，开关特性就变得不理想了。到了 $0.05\mu m$ 时开关特性就已消失了，而且，就目前的加工制造工艺来看，也可以证明是难以实现的。另一方面，使晶体管及其布线变得极小的一个复杂问题在由于量子效应开始干扰其功能，单个电子的位置变得难以规定，因此逻辑元件保存其数值 0 或 1 的可靠程度降低了。可见，从失去开关特性或逻辑功能的意义上讲，目前可以认为晶体管的极限是 $0.05\mu m$。为了超越这个极限，必然要进入纳米尺度下的各种研究领域，微细加工技术也要走进纳米加工工艺。一般来说，将尺度在 $0.1\sim100nm$ 范围的空间定义为纳米空间。在纳米空间电子的波动性质将以明显的优势显示出来。视电子为粒子的微电子技术将失去赖以工作的基础，于是纳米电子学应运而生。

1. 纳米电子技术

迄今为止，作为电子元器件只利用了电子波粒二象性的粒子性，其次，各种传统电子元器件都是通过控制电子数量来实现信号处理的。现有的硅和砷化镓器件无论怎样改进，其响应速度最高只能达到 $10^{-12}s$，功耗最低只能降低到 $1\mu W$。利用电子的量子效应原理制作的器件称为量子器件、纳米器件或单电子晶体管。在量子器件中，只要控制一个电子的行为即可完成特定的功能，即量子器件不单纯通过控制电子数目的多少，主要是通过控制电子波动的相位来实现某种功能的。因此，量子器件具有更高的响应速度和更低的功耗，从根本上解决日益严重的功耗问题。由于器件尺度为纳米级，集成度大幅度提高，同时还具有器件结构简单、可靠性高、成本低等诸多优点，因此，有理由相信纳米电子学的发展，必将在电子学领域中引起一次新的电子技术革命，从而把电子工业技术推向一个更高的发展阶段。

要实现量子效应，在工艺上要实施制作厚度和宽度都只有几到几十纳米的微小导电区域(称为势阱)，这样，当电子被关闭在此纳米导电区域中时，才有可能产生量子效应，这也是制作量子器件的关键所在。如果制作若干纳米级导电区域且导电区域之间形成薄薄的势垒区，由于电子的波动性质，可以从某势阱穿越势垒进入另一势阱，这就是量子隧道效应。势阱中形成电子能级，当电子受激发时，将从低能级跃迁到高能级，而当电子从高能级向低能级弛豫时，会发射出一定颜色的光。这样一些量子效应在纳米技术中将得到有效的应用。制作量子势阱的方法有分子束外延(MBE)、原子层外延(ALE)、等离子体增强化学气相沉积(PECVD)和有机金属化学气相沉积（MOCVD)等方法。

所以，纳米技术是指在 $0.1\sim100nm$ 尺度空间内，研究电子、原子和分子运动规律和特性的高新技术学科。它的最终目标是人类能按照自己的意志直接操纵单个原子，制造具有特定功能的产品，它包括纳米电子学、纳米物理学、纳米材料学、纳米机械学、纳米制造学、纳米生物学、纳米显微学和纳米计量学等。它是在现代物理学与先进工程技术相结合的基础上诞生的，是一门基础研究与应用探索紧密联系的新型科学技术。

2. 原子级加工(操纵)

扫描隧道显微镜(STM)是一种基于量子隧道效应的新型高分辨率显微镜。能从原子级空间分辨率来观测物质表面原子或分子的几何分布和态密度分布，确定物体局域光、电、磁、热和机械特性。STM 结构小巧，操作方便，人们可以在大气或液体中对样品进行原子级分辨的无损观测。利用 STM 可以实时测量物体表面的实空间三维图像，测量分辨率极高，对垂直和平行于表面分别为 0.01nm 和 0.1nm。用如此高的分辨率对物质表面原子结构进行直接观测，或在自然条件下对生物大分子进行原子级直接观察，可使人们看到一个多姿多彩的原子世界的真面目，从而实现人类长期以来孜孜不倦追求的直接观察原子真面目的愿望。STM 不仅具有原子级空间高分辨率，而且还具有广泛的适用性，如刻划纳米级微细线条，移动原子等当今最高层次的实际操作。因此，STM 已成为一种最重要的纳米机械装置，是纳米科学技术的主要工具。

借助纳米尺度上的加工技术和原子操纵技术，可使芯片设计达到常规光刻法之类的技术所无法达到的微型化水平。硅集成电路的高集成化和高性能化一直是遵照按比例缩小的原理和微细化工艺来实现的。前面已指出，加工尺寸小于 $0.1\mu m$，由于杂质的起伏、短沟道效应的出现，对现有结构的器件不能沿用比例缩小法则。例如，就 16MB 的 DRAM 而言，在一个电容上积累的电子数量为几十万个，因而通过栅电压可以控制沟道电流。但是几十纳米领域所涉及的电子数量只有几百个，不能由电流来控制这种电子数，而需要一种能准确控制电子数量的新型器件。另一方面，随着芯片上元件密度的不断增大，计算过程中产生的热量的排除也越来越困难了。为此，人们正在探索当一次计算结束时使电容器返回其初始状态的可能性，即所谓可逆逻辑门。由于可逆逻辑门实际上会重新吸收部分已耗用的能量，因此它们产生的废热较少。所以，随着 IC 技术的发展，器件的尺寸越来越小，以至于达到考虑单个电子的状态。微电子学的很多领域，不久就会变得需采用量子力学了，即所谓量子电子学或纳米电子学。而从加工的角度上看，纳米电子技术又要求微细加工技术要有新的突破。

6.5 常用电极修饰技术

化学修饰电极(CME)是当前电化学、电分析化学方面十分活跃的研究领域。1975 年化学修饰电极的问世，突破了传统电化学中只限于研究裸电极、电解液界面的范围，开创了从化学状态上人为控制电极表面结构的领域。通过对电极表面的分子剪裁，可按意图给电极预定功能，以便在其上有选择性地进行所期望的反应，在分子水平上实现了电极功能的设计。研究这种人为设计和制作的电极表面微结构和其界面反应，不仅对电极过程动力学理论的发展是一种新的推动，同时它显示出的催化、光电、电色、表面配合、富集和分离、开关和整流、立体有机合成、分子识别、掺杂和释放等效应和功能，使整个化学领域的发展显示出广阔的前景。化学修饰电极为化学和相关边缘学科开拓了一个创新的和充满希望的广阔研究领域。

电化学和电分析化学的研究内容丰富，其核心是研究电极、电解液界面的结构及组成和动力学以及有关物质的电化学行为和检测问题。化学修饰电极自问世开始，就以人为设计和制作分子表面而赋予电极预定功能为特点，扩展并着重研究电极、电解液界面区域范围，把传统的电化学、电分析化学研究推向一个更高的层次。在化学修饰电极研究中，首先需用近代的测定方法对电化学界面结构和动力学进行深入了解，利用已知分子的有关化学、物理和电化学性质去制作一个新的界面区，使其具有一种预计的结构和动力学性质。其目的是要控制电化学反应动力学、反应途径和最终的合成产物，提高有多种反应物共存下进行某种反应的选择性，加强可重复操作界面的耐久性以及提高用于化学传感器的电化学响应的灵敏度等。由此可见，化学修饰电极是电化学、电分析化学研究中的新兴领域，而仅仅是一种分析方法或是一种测试手段。

自 Lane 和 Hubbard 首创"改变电极表面化学结构以控制电化学反应过程"的新概念、Miller 等制作手征性电极和 Murray 以共价键合方法修饰电极表面的开拓性工作以来，化学修饰电极的研究发展已经过了将近20年历程。目前，化学修饰电极的研究已达到这样一个程度，即借建立起来的表面合成方法，可成功地制作预设计的电极/电解液界面区，达到在电极表面控制分子结构的能力。化学修饰电极的研究向人们展示了一个创新和充满希望的广阔研究领域。它已在能量转换、信息存储与显示、化学分析以及生物传感器等方面打开了新的局面，特别是在功能有机固体膜体系的超薄膜分子工程中用于分子器件越来越引起人们的重视，在电化学工业上有潜在的应用价值。这里典型的例子是，在氯碱工业中采用 RuO_2/TiO_2 薄膜修饰钛电极进行电催化，成功地制成尺寸稳定的阳极（DSA）用于氯气电解生产，可大幅度节能降耗、提高过程效率，为工业生产带来重大经济效益。但是，目前化学修饰电极在工业应用方面还有局限性，尚待进一步开发。化学修饰电极研究在阐明电极、电解液区的基本性质和建立修饰膜的电极过程动力学理论方面已取得了显著进步，今后将着重对电极界面上分子组合体及控制其中的能量和信息方面的基本问题进行研究，促进和扩大应用的进展。

化学修饰电极的制备一直受到人们的关注，很多文献中也介绍了多种可用于修饰电极制备的方法。

E. Fachinotti 等通过高温加热目标金属的可溶盐，如氯化物、硝酸化物，获得其氧化物。热分解法具有比表面积大、析氢过电位低、成分易控制等优点。因镍基复合电极具有高析氢活性和高稳定性，所以常被用于制作活性阴极的基体金属。

Xu Li-kun 等以电沉积法制备电极，以硫酸镍、钼酸钠、氯化铵、次亚磷酸钠为原料制备 Ni-Ru-Ir 氧化物电极，发现在硫酸镍 35g/L、钼酸钠 3g/L、氯化铵 30g/L、次亚磷酸钠 10.6g/L、柠檬酸钠 85～90g/L、电流密度 0.03A/cm²、温度40℃、pH9～10、沉积时间 60min 的条件下制备的电极，其电化学性质和稳定性最好。

Hu W.K. 等以熔炼法制备电极，在较高的温度和一定压强下加工目标合金使其结构发生变化，从而改进其电化学性能。目前常使用这种方法制备含锆铁基合金活性阴极和含稀土合金活性阴极。

以铁、镍、稀土金属为原料制备稀土合金活性阴极，发现用熔炼法制得的稀土合金阴极比已有的电镀法制得的活性镀层阴极具有永久性、长寿命的特点，没有镀层剥落失活之忧。且稀土合金阴极具有良好的析氢催化活性，考虑到稀土金属在我国储量较丰富，这对其制备方法进行推广将具有积极意义。

思 考 题

1. 在镀覆机理上离子镀与电镀、化学镀的不同点是什么？

2. 离子镀基本的工艺条件有哪些？

3. 在各种镀覆技术中为什么离子镀镀膜与基体的结合强度比较高？

4. 在离子镀中工作气和反应气各起什么作用？

5. 为什么离子镀不仅可以镀金属还可以镀化合物？

6. 请举出几个应用离子镀的例子，并说明在这些例子中应用离子镀的必要性？离子镀给它们带来了哪些效益？

7. 什么是涂装？

8. 什么是表面改性？

9. 什么是表面微细加工技术？

10. 什么是电极修饰技术？

第二篇

材料表面处理实验

学生实验须知

认真阅读"学生实验守则"、"实验室安全制度"和"仪器设备损坏丢失赔偿制度",遵守实验室的各项规章制度。了解消防设施和安全通道的位置。树立环境保护意识,尽量降低化学物质(特别是有毒有害试剂及洗液、洗衣粉等)的消耗。

实验应准备一个编有页码的实验记录本,不能使用单页纸或活页本,必须真实地、完整地记录实验过程、测量数据及有关资料。记录的原始数据不得随意涂改。

实验前,应充分预习实验的方法和原理、实验步骤、仪器使用等内容,做好必要的预习笔记。在实验记录本上,拟订好实验的操作步骤,预先记录必要的常数。还应事先画好记录数据的表格,以便有条理且不遗漏地记录数据。未预习者不得进行实验。

实验应紧张而有秩序地进行。实验过程中应认真观察思考,如实地记录数据和实验现象,还要始终保持实验场所的清洁、整齐和安静。每个学生都应遵守实验室规则,养成良好的实验习惯。药品、试剂、电、水、气体等都应节约使用,并要重视实验室安全。实验室中的仪器不要随意拨弄,以防损坏或发生其他事故。

实验结束后,由实验指导教师检查学生的数据记录和实验台卫生情况,合格后经指导教师签字后学生方可离开。

实验完成后,应及时写出实验报告。报告应包括:

(1) 实验题目、完成日期、姓名、合作者;

(2) 实验目的、简要原理、仪器及主要实验步骤;

(3) 实验数据及处理结果,实验的讨论。

报告中所列的实验数据和结论,应组织得有条理,合乎逻辑,表达简明正确,并附上应有的图表。

第 7 章 电化学原理实验

实验一 动电位扫描法测定镀锌溶液的阴极极化曲线

一、实验目的

(1) 掌握恒电位仪和超低频信号发生器的使用原理和方法；

(2) 学会用动电位扫描法测定电镀溶液的极化曲线；

(3) 了解有机添加剂对镀层性能的影响机理。

二、实验原理

本实验使用 XFD-8B 型超低频信号发生器产生一个线性变化的电位(动电位)，并施加到研究电极上，使电极发生阴极极化，同时用 X-Y 记录仪自动记录研究电极的电位—电流曲线。

电镀镀层的外观，如光亮、平整性与电沉积过程的过电位有关，通常情况下，在镀液中添加某种物质，就能提高过电位，得到结晶细致、外观光亮的镀层。

这种添加剂的作用机理比较复杂，一般以为，添加剂吸附在电极表面，阻碍了金属的电沉积过程，从而使过电位提高，镀层结晶细致。但是，人们发现某些与被沉积金属离子有较好络合性能的添加剂，同样也能使沉积过电位提高，镀层结晶细致。例如，在常温镀铁溶液中，添加某种有机物，就能得到结晶细致、外观光亮的镀层，而这种有机物被认为与铁离子有良好的络合作用。

测定极化曲线，并不能从本质上说明添加剂的作用，但由于它简便、快速，所以仍广泛用于对添加剂的初级评定。

三、实验装置和内容

1. 装置(图 7.1)

HDV-7C 型晶体管恒电位仪　　1 台

XFD-8B 型超低频信号发生器　1 台

LZ3-204 型 X-Y 记录仪　　　1 台

WYJ-4A 型稳压源　　　　　　1 台

H 型电解池　　　　　　　　　1 套

研究电极，辅助电极，参比电极(饱和甘汞)。

2. 实验内容

1) 测定镀锌基础溶液的阴极极化曲线

溶液 I：$ZnCl_2$　　　70g/L

　　　　KCl　　　　200g/L

　　　　H_3BO_3　　30g/L

2) 测定含添加剂 NDZ-1 的镀锌溶液的阴极极化曲线

溶液 II：$ZnCl_2$　　　70g/L

　　　　KCl　　　　200g/L

　　　　H_3BO_3　　30g/L

　　　　NDZ-1　　20mL/L

动电位扫描法测极化曲线如图 7.1 所示。

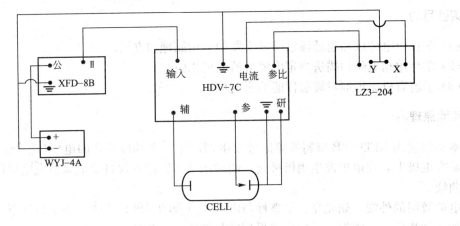

图 7.1　动电位扫描法测极化曲线

四、实验步骤

(1) 掌握 HDV-7C 型恒电位仪、XFD-8B 型信号器、LZ3-204 型 X-Y 记录仪各旋钮的使用方法。

(2) 调节 XFD-8B 型超低频信号发生器。具体如下。

工作选择：单阶跃。

波形选择：三角波。

半周期：1×10^3。

辅出调节：1。

衰减输出 II：$\times 0.1V$。

单阶跃开关：阴极极化放在"负"位置。

(3) 调节 HDV-7C 型恒电位仪，具体如下。

工作选择：恒电位。

电位测量选择：参比。

电源开关：关。

(4) 调节 LZ3-204 型 X-Y 记录仪，具体如下。

X 轴：100mV/cm

Y 轴：50mV/cm

(5) 将电解池洗净，注入待测溶液 I。

(6) 接好线路，经教师检查后方可启动各测量仪器的电源开关，预热 20min。

(7) 调节 HDV-7C 型恒电位仪，具体如下。

电源开关：自然。记下 $E_{自}$。

电位测量：外控。

工作选择：外扫描。调节直流稳压电源，使恒电位仪的电位表指示值等于 $E_{自}$。

电源开关：极化。

(8) 调节 XFD-8B 型信号发生器，具体如下。

单阶跃开关：阴极极化由"负"拨向"正"。

(9) 调节 X-Y 记录仪，具体如下。

记录笔拨向记录位置，并调节 X、Y 灵敏度得到合适大小的极化曲线。放笔记录，重新极化。

(10) 测量完毕，恒电位仪电源开关置"自然"。倒出溶液 I，注入溶液 II，重复步骤 (7)～(9)。

(11) 实验完毕，关闭所有电源(先关闭 X-Y 记录仪，然后关闭恒电位仪、信号发生器等)。拆除线路。

五、实验结果

(1) 由 φ/i 图作出 η/i 图。

(2) 比较 η/i 曲线，找出添加剂使过电位增加的最大值。

六、思考题

(1) 本实验中，研究电极的起始电位和终止电位各是多少？

(2) 本实验的电位扫描速度是多少？如何计算？

(3) 在测量极化曲线时，研究电极表面有气泡析出吗？气泡在研究电极表面的吸附和析出对测量结果有何影响？

实验二　重量法和容量法测定金属腐蚀速度

一、实验目的

(1) 掌握重量法和容量法测定金属腐蚀速度的原理和方法；

(2) 测定锌和铁在稀硫酸中的腐蚀速度，并评定其耐蚀性能的等级；

(3) 比较重量法和容量法的测定结果。

二、实验原理

金属受到均匀腐蚀的腐蚀速度表示方法一般有以下两种：一种是用在单位时间内、单位面积上金属损失（或增加）的质量表示，通常采用的单位是 g/(m² · h)；另一种是用单位时间内金属腐蚀的深度来表示，通常采用的单位是 mm/a。

目前测定金属腐蚀速度的方法很多，如重量法、容量法、极化曲线法、线性极化法、电阻法等。本实验采用重量法和容量法测定锌和铁在稀硫酸中的腐蚀速度。

重量法是根据腐蚀前后金属试件质量的变化来测定金属的腐蚀速度。重量法又可分为失重法和增重法两种。当金属表面上的腐蚀产物容易除净且不至于损坏金属本体时常用失重法；当腐蚀产物完全牢固地附着在试件表面时，则采用增重法。

对于失重法，可由下式计算腐蚀速度：

$$v^- = \frac{w_0 - w_1}{s \times t} \qquad (7-1)$$

式中，v^- 为金属的腐蚀速度($g/(m^2 \cdot h)$)；w_0 为试件腐蚀前的质量(g)；w_1 为经过腐蚀并除去腐蚀产物后试件的质量(g)；s 为试件的表面积(m^2)；t 为试件腐蚀的时间(h)。

对于增重法，即当金属表面的腐蚀产物全部附着在上面，或者腐蚀产物脱落下来可以全部收集起来时，可由式(7-2)计算腐蚀速度：

$$v^- = \frac{w_2 - w_0}{s \times t} \qquad (7-2)$$

式中，v^- 为金属的腐蚀速度($g/(m^2 \cdot h)$)；w_2 为带有腐蚀产物的试件的质量(g)。

对于密度相同的金属，可以用上述方法比较其耐蚀性能。对于密度不同的金属，尽管单位表面积的质量变化相同，其腐蚀深度却不一样。对此，用腐蚀深度表示更为合适，换算公式如下：

$$v_L = \frac{v^-}{\rho} \times \frac{24 \times 365}{1000} = 8.76 \times \frac{v^-}{\rho} \qquad (7-3)$$

式中，v_L 为用腐蚀深度表示的金属的腐蚀速度(mm/a)；ρ 为金属的密度(g/cm^3)。

对于伴随析氢或耗氧的腐蚀过程，可采用容量法即测定一定时间内的析氢量或耗氧量来计算金属的腐蚀速度。

许多金属在酸性溶液中，某些负电性较强的金属在中性甚至碱性溶液中，都会发生氢去极化作用而遭到腐蚀。在金属遭受腐蚀的同时，不断有氢气析出，金属溶解的量和氢析出的量相当，即有 1mol/L 的氢析出。由实验测出一定时间内的析氢体积 V_H(mL)，根据理想气体状态方程式：

$$pV_H = N_H RT \qquad (7-4)$$

因为 $p = p_a - p_{H_2O}$，所以

$$N_H = \frac{(p_a - p_{H_2O})V_H}{RT} \qquad (7-5)$$

则金属的腐蚀速度为：

$$v=\frac{MN_{\mathrm{H}}}{st}=\frac{M(p_{\mathrm{a}}-p_{H_2O})V_{\mathrm{H}}}{stRT}$$ (7-6)

式中，p_{a} 为实验时大气压(Pa)；p_{H_2O} 为实验温度下稀硫酸上水蒸气分压(Pa)；T 为绝对温度(K)；N_{H} 为析出氢气的物质的量(mol)；R 为气体常数，8.31415(J/mol·K)；M 为金属的摩尔质量(g)；s 为金属的暴露面积(m^2)；t 为金属腐蚀的时间(h)。

此时，容量法也可以用于耗氧的阴极过程，此时阴极反应如下：

$$\frac{1}{2}O_2+H_2O+2e\rightarrow 2OH^-$$

测定一定容积中氧气的减少量即可，计算方法类似于析氢过程，根据金属的腐蚀深度，可以将金属的耐腐蚀性能分为 10 级(表 7-1)。

表 7-1　金属耐蚀性的 10 级标准表

耐腐蚀性组别	腐蚀速度(mm/a)	级别
	<0.001	1
1. 完全不锈蚀	0.001~0.005	2
	0.005~0.01	3
2. 极耐蚀	0.01~0.05	4
3. 耐蚀	0.05~0.1	5
	0.1~0.5	6
4. 不甚耐蚀	0.5~1	7
5. 耐蚀性差	1~5	8
6. 完全不耐蚀	5~10	9
	>10	10

注：此表不适用于晶间腐蚀。

三、仪器与试剂

1. 实验装置

容量法测定腐蚀速度装置如图 7.2 所示。

2. 仪器

容量法测定腐蚀速度装置	1 套
分析天平	1 台
表面皿	1 块
恒温槽	1 套
气压计、温度计	公用

3. 药品与材料

铁片、锌片试件；5%H_2SO_4；无水乙醇；金钢砂布；脱脂棉；滤纸。

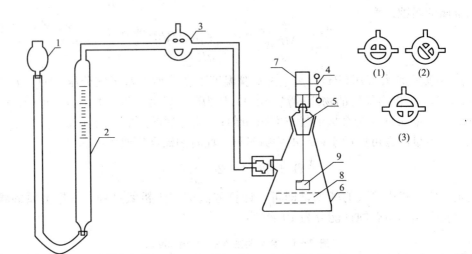

图7.2 容量法测定腐蚀速度装置图

1—水准瓶；2—量气管；3—三通活塞；4—弹簧夹；5—玻璃棒钩；

6—磨口吸滤瓶；7—橡皮管；8—腐蚀介质；9—试样

四、实验步骤

(1) 用金钢砂布将试件表面打磨干净，测量试件尺寸，计算其表面积。

(2) 用无水乙醇除去试件表面油污，用滤纸吸干(不要再去接触)，干燥后在分析天平上称重。

(3) 在磨口吸滤瓶中注入5％硫酸溶液，将试件挂在玻璃棒钩上，用弹簧夹将玻璃棒钩夹住固定，使试件悬于试液之上，塞紧磨口吸滤瓶，使其不漏气。

(4) 检查实验装置的气密性，方法如下：转动三通活塞，使量气管和磨口吸滤瓶相通，将水准瓶下移一定距离，并在此位置保持不动，此时量气管中水面稍有下降，随后即停止下降，量气管中水面和水准瓶中水面能保持一定的差值不变，即表示仪器各部分已不漏气，否则应检查漏气的环节，并设法使之气密，再试。

(5) 在装置不漏气之后，即旋转三通活塞到图7.2中(1)状态，使系统与大气相通。提高水准瓶位置，使量气管中水面上升到顶端读数附近，然后旋转活塞使之处于(3)状态，使量气管和磨口吸滤瓶相通，稍稍移动水准瓶，使两个水面等高，记下量气管的读数。

(6) 松开弹簧夹，使试件与硫酸溶液接触。注意此时量气管读数作为起始读数。随着腐蚀反应的发生，氢气的不断析出，量气管中水面的不断下降，将水准瓶缓缓下移，使二者水面仍保持等高时的读数，每隔一定时间(5~10min)记录一次读数，如此延续一段时间。

(7) 取出试件，用自来水冲洗掉试件上附着的酸液。

(8) 试件干燥后，用分析天平称重。

五、数据处理

1. 原始数据

室温：_____   气压：_____

(1) 锌片(表7-2)：

锌片面积：_____   锌片质量($m_前$)：_____   锌片质量($m_后$)：_____

表7-2   实验二锌片数据记录表

t/min				
V/mL				
t/min				
V/mL				

(2) 铁片(表7-3)：

铁片面积：_____   铁片质量($m_前$)：_____   铁片质量($m_后$)：_____

表7-3   实验二铁片数据记录表

t/min				
V/mL				
t/min				
V/mL				

2. 结果处理

(1) 分别绘制锌片、铁片的析氢体积—时间的曲线图。

(2) 根据重量法和容量法得到的实验数据，分别计算锌片、铁片的腐蚀深度，并判断它们的耐蚀级别；比较用两种方法计算得到的实验结果，进行讨论。

六、思考题

(1) 简述重量法和容量法测定金属腐蚀速度的优缺点及实用范围。

(2) 分析重量法和容量法测定金属腐蚀速度的误差来源，为什么重量法的测定结果一般高于容量法？

附表：

不同温度下水的饱和蒸气压(p_{H_2O})   (单位：Pa)

t/℃	5	6	7	8	9	10
p_{H_2O}	871.97	934.64	1001.30	1073.30	1147.96	1227.96
t/℃	11	12	13	14	15	16
p_{H_2O}	1311.96	1402.62	1497.28	1598.61	1705.27	1817.27
t/℃	17	18	19	20	21	22
p_{H_2O}	1937.27	2063.93	2197.26	2338.59	2486.58	2646.58
t/℃	23	24	25	26	27	28
p_{H_2O}	2809.24	2983.90	3167.89	3361.22	3565.21	3779.87

实验三　简单腐蚀模型试验

一、实验目的

（1）利用腐蚀电池模型研究氧去极化腐蚀；

（2）研究时间、充气、pH 等对电池腐蚀速度的影响；

（3）确定 Cu‑Zn 腐蚀电池模型在中性、酸性溶液中腐蚀速度的控制因素。

二、实验原理图

1. 仪器装置图

用数字电压表测量低欧姆电阻上的电压降来确定阳极和阴极之间的电流（图 7.3）。

A—试样接线板；B—容器，600mL；C—磁力搅拌器；D—数字电压表；电阻 $R5 \sim 10\Omega$；Cu、Zn：试片。

2. 试样与介质

试片用纯铜和纯锌，试样用细砂纸仔细打磨并用酒精两次清洗，迅速吹干。

溶液：3‰ NaCl，1mol/L HCl，pH 广泛试纸。

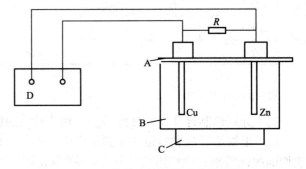

图 7.3　简单腐蚀模型试验装置图

三、实验步骤

（1）清洗好试样，按腐蚀电池模型原理图连接好线路。

（2）研究不同腐蚀参数的影响。

① 时间的影响：测量试片面积，把试片接到接线板上，连好线路；往容器中加入 3‰ NaCl 溶液，不搅拌；再把连接试片的接线板放入容器中，开始计时，直接测量电解液中两电极所产生的电池端电压。在 5min 内，每 20s 测量一次。

② 确定控制因素：先将阴极提出溶液 3/4（阳极不变），3min 后测量电压值；再将阴极浸入溶液，恢复原状，而把阳极提出溶液 3/4，3min 后测电压值。

③ 充气的影响：将阴、阳极都浸入溶液中，分别靠近阳极充气 1min 和靠近阴极充气 1min，记录各次电压值。

④ 搅拌的影响：启动搅拌器，3min 后记录电压值。

⑤ 加酸（pH）的影响：往溶液中加数毫升 1mol/L HCl，使溶液 pH 值变到 2~3。

a. 搅拌 3min 后测量电压值和溶液 pH 值；

b. 停止搅拌，按步骤②进行实验。

四、数据记录和计算

1. 将所测数据和计算的电流密度记录于表 7-4 和表 7-5 中。
2. 由下式计算阳极腐蚀电流密度 $i_{Zn}(\mathrm{mA/cm^2})$：

$$i_{Zn}=\frac{U}{R\cdot S} \tag{7-7}$$

式中，U 为 Cu-Zn 电池端电压(mV)；R 为短路电阻(Ω)；S 为试件面积($\mathrm{cm^2}$)。

表 7-4　腐蚀电流密度与时间的关系

时间	20″	40″	1′	1′20″	1′40″	2′	2′20″	2′40″	3′	3′20″	3′40″	4′	4′20″	4′40″	5′
电压/mV															
电流密度/(mA/cm³)															

表 7-5　各参数的影响

参数		端电压 U/mV	电流密度 i_{Zn}/(mA/cm²)
面积比(不搅拌)	$S_阴:S_阳=1:1$		
	$S_阴:S_阳=1/4:1$		
	$S_阴:S_阳=1:(1/4)$		
充气	阳极		
	阴极		
不搅拌			
搅拌			
加酸(pH)	搅拌 $S_阴:S_阳=1:1$		
	不搅拌 $S_阴:S_阳=1/4:1$		
	不搅拌 $S_阴:S_阳=1:(1/4)$		

五、结果评定与讨论题

(1) 绘出腐蚀电流密度—时间曲线。
(2) 分别写出 Cu-Zn 电池在中性、酸性溶液中的电极反应和总反应。
(3) 讨论在中性、酸性腐蚀介质中，Cu-Zn 电池的控制因素。
(4) 讨论搅拌、充气和 pH 对 Cu-Zn 电池腐蚀速度的影响。

第8章
转化膜实验

实验四 铝合金阳极氧化

一、实验目的

(1) 了解铝合金阳极氧化的基本原理；

(2) 学会硫酸阳极氧化和重铬酸钾封闭处理工艺及操作；

(3) 用点滴法检测填充前后的耐蚀性能。

二、实验原理

铝在硫酸溶液中进行阳极氧化，发生下列电化学反应：

$$2Al + 6OH^- - 6e = Al_2O_3 + 3H_2O$$

铝氧化而产生氧化膜。这层氧化膜厚度达几十微米至几百微米，它的防腐蚀性能、耐磨性能都比铝在大气中自然形成的氧化膜要好得多，而且它是多孔和无色的，具有高度的吸附能力，可以染上各种颜色，经封闭处理后，色彩耐久性好。

封闭处理的目的在于提高抗蚀性、耐磨性、绝缘性。封闭处理的方法有很多种，应根据具体情况选择使用。

铝合金阳极氧化依其应用性质不同，又分为硫酸阳极氧化、铬酸阳极氧化、草酸阳极氧化、硬质阳极氧化、瓷质阳极氧化、硫酸瓷质阳极氧化等。其工艺特点各有不同，用途也不同，应根据实际情况，选择合适的工艺。

三、实验要求

(1) 硫酸阳极氧化溶液的配方及工艺条件，并配制 1L 溶液。

(2) 重铬酸钾封闭处理溶液的配方及操作方法，并配制 0.2L 溶液。

(3) LY 12 铝合金阳极氧化的工艺流程；试件准备。

(4) 耐蚀性能检测—点滴法的操作方法。

利用填充前后的试件进行对比实验，说明封闭处理的必要性。

四、实验报告内容要求

（1）实验目的；

（2）实验原理；

（3）实验所需仪器及试剂、材料；

（4）实验步骤；

（5）实验结果分析；

（6）思考题。

五、思考题

（1）铝合金阳极氧化膜有何性能？

（2）铝合金硫酸阳极氧化时，出现氧化膜无光泽、疏松、有粉末、膜层耐蚀性差的原因是什么？如何解决？

（3）铝合金阳极氧化膜为什么要进行封闭处理？

（4）为什么铝合金阳极氧化后零件表面有浮灰？

（5）硫酸阳极氧化工艺中，若将电流密度加大，对零件有何影响？

附：

1. 硫酸阳极氧化工艺（以一般铝合金为例）：

H_2SO_4	180～200g/L
T	15～25℃
U	15～25V
$D_{阻}$	0.8～2.5A/dm²
t	视膜厚而定（实验室试验，时间控制在20～30min)
阴极材料	铅板

2. 重铬酸钾封闭处理工艺

$K_2Cr_2O_7$	40～70g/L
T	80～95℃
t	10～20min

3. 耐蚀性能检测——点滴溶液

HCl ($d=1.19$)	25mL
$K_2Cr_2O_7$	6g/L
蒸馏水	75mL

实验五　金属表面着色处理

一、实验目的

（1）了解金属表面着色基本原理；

（2）掌握化学转化法和电化学转化法着色；

（3）掌握不锈钢两种着色方法的工艺规范。

二、提要

金属表面着色是在特定的溶液中采用化学、电化学、置换或热处理等方法在金属表面形成一层颜色各异的膜或干扰膜层。由于各种金属氧化物颜色不同，从而使着色金属表面呈现不同的颜色，改变了原有金属的外观，达到模仿昂贵金属、仿古、装饰等目的。

金属着色溶液是以强氧化剂、硫化物、强酸、强碱或金属盐为主要成分。脱色后的外观取决于溶液成分的选择、工艺条件的控制与原材料金属表面的状态，有的金属着色膜层的耐蚀性、耐磨性和耐久性差，在表面涂上一层透明漆能延长其使用寿命，具有多孔性的膜层浸油或涂蜡也能提高膜层的使用性能。

通过电化学或化学方法可在不锈钢表面上形成一层无色透明的氧化膜层。在光的照射下，该膜层对光线产生反射、折射而显示出干涉色彩。当光的入射角一定时，干涉色彩的颜色主要由膜层厚度决定，一般膜层较薄时为蓝色或棕色，中等厚度时为黄色，膜层较厚时为红色或绿色。不锈钢经这种处理所得膜层虽然很薄，但色彩鲜艳，耐紫外线照射而不易变色，耐蚀性良好，有一定耐磨性。

不锈钢经酸洗后，为提高其耐蚀性可进行钝化处理。此时在不锈钢表面形成的钝化膜并不改变表面的外观。

三、实验要求

（1）制订不锈钢的转化膜处理工艺流程；

（2）不锈钢化学着色的配方及操作条件，并配制 0.3L 着色液；

（3）不锈钢电化学着色的配方及操作条件，并配制 0.3L 着色液；

（4）对不锈钢转化处理膜层进行固膜处理；

（5）对不锈钢转化处理膜层进行封闭处理。

四、实验结果及讨论

五、思考题

1. 不同组分的不锈钢材料进行转化处理，对膜层颜色有影响吗？

2. 为什么要对不锈钢转化膜层进行固膜处理？

附：（因方法较多，仅为参考）

1. 转化膜处理工艺流程

流程：脱脂→活化→ 转化膜处理→固膜→封闭→干燥

2. 铬酸化学转化膜溶液（因科法）

		最佳
铬酐（CrO_3）	200～400g/L	250g/L
硫酸（H_2SO_4）	35～700g/L	490g/L
T	70～90℃	
t	适当（取决于颜色）	

3. 不锈钢电化学转化膜溶液

重铬酸钾	20~40g/L
硫酸锰	10~20g/L
硫酸铵	20~50g/L
硼酸	10~20g/L
pH	3~4
$D_{阳}$	0.15~0.30A/dm²
U	2~4V
t	10~20min
T	<30℃

4. 固膜处理

重铬酸钾	15g/L
氢氧化钠	3g/L
pH	6.5~7.5
T	60~80℃
t	2~3min

5. 封闭处理

硅酸钠	10g/L
T	沸腾
t	5min

实验六　磷化处理工艺

一、实验目的

(1) 掌握磷化处理的重要意义和目的;

(2) 掌握常用的磷化种类及实用范围;

(3) 掌握中温锌系磷化处理工艺。

二、实验原理

　　钢铁零件在含有锰、铁、锌的磷酸盐溶液中经过化学处理,其表面生成一层难溶于水的磷酸盐保护膜,这种化学处理过程称为磷化。

　　由于基体材料及磷化处理工艺不同,磷化膜的外观可由暗灰色变化到黑灰色,具有微孔结构;经填充、浸油或涂漆处理后,在大气条件中具有较好的抗蚀性;膜层有良好的吸附能力,被广泛用作涂料的底层;膜层有良好的润滑性能,常用作零件冷墩、冷挤时的润滑层,减少摩擦,避免或减少表面产生拉伤或裂纹,并能延长模具的使用寿命;膜层还具有较高的电绝缘性能,一般用于变压器、电动机的转子及其他电磁装置的硅钢片等。经磷化处理后，钢铁的力学性能和磁性等基本保持不变，可以在管道、气瓶和形状复杂的钢铁零件的内表面上及难以用电化学方法获得保护层的零件表面上得到保护膜层。此外，磷化处理工艺所需设备简单，操作方便，成本低廉，生产效率高，因此，被广泛应用于钢铁零件的短期防锈。

磷化膜可根据其磷化液的主要成分和成膜离子的种类分为锌系、锰系、铁系等，各系性能及用途有所不同。磷化处理工艺可根据磷化液处理温度的高低分为高温、中温、低温（常温）磷化。磷化处理方式有浸渍法（半浸式和全浸式）、喷淋法、浸渍喷淋组合法及刷涂法等。

随着现代科技的发展和人民生活水平的提高，特别是汽车、冰箱等的高耐蚀性、高结合力和高装饰要求，促使磷化处理工艺进一步发展。对磷化膜的要求已由原来的粗晶厚膜型改变为微晶薄膜型；磷化液也由高浓度向低浓度转化；磷化温度由高、中温向常、低温转化；同时使用磷化、氧化综合表面处理工艺。

三、仪器与试剂

1. 仪器

恒温槽	1台
分析天平	1台
电炉	1台

2. 试剂

（1）中温磷化液配方：

磷酸（85%）	260～300g/L
氧化锌（98%）	60～100g/L
硝酸钙（50%）	550～600g/L
有机酸（柠檬酸或酒石酸）	5g/L
平平加-O 或 OP	1g/L
苯甲酸	0.5g/L
复合促进剂（硝酸镍、氯酸盐、双氧水、硝酸铜等选取一种重金属盐和一种氧化剂复合而成）	3g/L
自来水	余量

（2）标准硫酸铜点滴法测定磷化膜的耐蚀性的溶液配方：

$CuSO_4 \cdot 5H_2O$	41g/L
HCl（0.1mL/L）	13mL/L
NaCl	35g/L

（3）其他：无水乙醇；金钢砂布；细砂纸；脱脂棉；滤纸。

四、实验步骤

（1）磷化液的配制：①将计量的固体物料和计量的水溶解备用，平平加-O 用热水溶解；②在搅拌下将已计量并调成悬浊液的氧化锌慢慢加入计量的磷酸中，充分搅拌至全部反应完毕，溶液澄清透明；③依次加入计量的硝酸钙溶液、有机酸溶液、苯甲酸、复合促进剂和平平加-O溶液，搅匀；④补充自来水至所需体积。

（2）试件预处理：①先用砂轮机打磨铁片，除去表面的铁锈；②用金钢砂布、细砂纸进行打磨，使试件的表面平整；③用水进行清洗，将表面的打磨产物洗掉；④用无水乙醇除去试件表面的油污，用滤纸吸干。

（3）磷化处理：以 1 体积浓缩液与 10 体积自来水混合，搅拌均匀加热至 50℃即为磷化工作液，将预处理过的试件放入其中，浸渍 4～5min。

（4）将磷化处理过的试件放入热沸水中进行封闭，即得到了磷化膜。

（5）磷化膜性能测试：用标准硫酸铜点滴法测定磷化膜的耐蚀性。

五、数据处理

1. 原始数据

（1）磷化液成分：_____

（2）磷化温度：_____ 磷化时间：_____ 热封闭时间：_____

（3）磷化膜的外观描述：_____

（4）点滴液成分：_____

（5）点滴法测试耐蚀时间：_____

2. 结果讨论

根据实验的结果，分析得到磷化膜的质量和存在的问题，以及出现这些问题的原因。

六、思考题

1. 磷化膜的外观质量要求及检验方法是什么？
2. 磷化过程中主要控制哪几个指标，才能保证磷化质量？
3. 标准硫酸铜点滴法与硫酸铜点滴法测磷化膜的耐蚀性是一回事吗？
4. 磷化膜的厚度对涂装的附着力有影响吗？为什么？

第9章

电镀化学镀原理实验

实验七　镀前处理与镀层结合力试验

一、实验目的

(1) 了解镀前处理在电镀工艺过程中的作用；

(2) 掌握不同电镀工艺对镀层结合力的影响；

(3) 确定最佳结合力的工艺。

二、提示

电镀过程是在金属制品与电解液接触的界面上发生的，只有当二者良好地接触，电化学反应才能顺利地进行。当金属表面附有油污、氧化皮时，该处就没有电化学反应发生，因而也不会形成镀层。结果在镀件表面就会形成不连续的镀层；当镀件表面有局部的点状油污或氧化物时，会使镀层不密实而多孔，或者当镀件受热时，使镀层出现小气泡，甚至"鼓泡"；当镀件表面黏附有极薄的甚至是肉眼看不见的油膜或氧化膜时，虽然也能得到外观正常、结晶细致的镀层，但是，由于油膜或氧化膜的存在，使得镀层和基体的结合很不牢固。当零件在使用过程中受到冲击、弯曲或冷热变化时，镀层将会开裂和脱落。

金属前处理的目的在于除掉金属表面上的毛刺、结瘤、锈蚀、油污和氧化皮，使工件表面清洁、光滑、活化，从而获得结合力好、厚度均匀的良好电镀层，对工件起保护和装饰作用。镀前处理的方法有机械的、化学的或电化学的，其工艺有如下几个方面：

(1) 粗糙表面的整平：有机械磨光、机械抛光、电抛光、滚光、喷砂等处理方法。

(2) 除油：有有机溶剂除油、碱性化学除油、电化学除油等方法。

(3) 浸蚀：有强浸蚀、电化学浸蚀、弱浸蚀等方法。

由于组成工件的金属材料不同，且工件的表面状态的差异，对镀层的质量要求不一，以及尽可能地考虑生产效率和经济效益，因此必须合理地选择镀前处理工艺。

本实验在钢铁试片上，用不同的镀前处理工艺获得不同的镀层。然后，将试件加载于台虎钳上,反复弯曲试件,直至基体金属断裂,观察镀层有无开裂、起皮和脱落,由此可比较结合力的好坏。

采用弯曲法测结合力。

三、实验要求

1. 配制以下镀液

酸性镀铜:2L（CuSO₄200g/L,H₂SO₄60g/L,M 0.00008g/L,N0.0005g/L,P0.07g/L,十二烷基硫酸钠0.07g/L)。

暗镍:1L(NiSO₄130g/L,NaCl7~9g/L,H₃BO₃35g/L,Na₂SO₄60g/L)。

光亮镀镍:1L(NiSO₄240g/L,NiCl₂40g/L,H₃BO₃40g/L,光亮剂少量)。

根据工艺配方,列出工艺规范。

2. 按以下工艺流程进行实验

(1)除油→水洗→浸蚀(除锈)→水洗→酸性镀铜→水洗→光亮镀镍→水洗→吹干。

(2)除油→水洗→浸蚀(除锈)→水洗→镀暗镍→水洗→酸性镀铜→水洗→光亮镀镍→水洗→吹干。

(3)除油→水洗→浸蚀→水洗→空停10min→镀暗镍→水洗→酸性镀铜→水洗→光亮镀镍→水洗→吹干。

(4)除油→水洗→镀暗镍→水洗→酸性镀铜→水洗→光亮镀镍→水洗→吹干。

(5)水洗→镀暗镍→水洗→酸性镀铜→水洗→光亮镀镍→水洗→吹干。

3. 实验结果分析与讨论

将用不同前处理工艺获得的各试片((1)~(5)各工件)镀层的状况及结合力情况进行比较,并分析原因,确定最佳工艺。

四、思考题

(1)什么是镀前处理?它主要包括哪些内容?

(2)在酸性镀铜前,加镀暗镍的目的是什么?

(3)经酸洗(浸蚀)后的工件,为什么要马上进入下一道工序?

实验八　无氰镀锌

一、实验目的

(1)掌握电流效率的测定方法;

(2)掌握碱性无氰镀锌溶液的配置及电镀操作。

二、实验原理

镀锌方法较多,本实验采用碱性无氰镀锌。此方法的特点是溶液成分简单且无毒。

1. 溶液组成及其应用

ZnO：电镀锌的主盐，在溶液中以 ZnO_2^{2-} 存在；

NaOH：其作用一方面络合 ZnO，另一方面可提高导电能力；

三乙醇胺及六次甲基四胺：改善镀层的组织及外观，提高电解液的分散能力；

明胶：一种表面活性剂，可增强镀层组织的细腻及精密程度。

2. 电镀液中的主要反应

$$ZnO + 2NaOH \rightarrow Na_2ZnO_2 + H_2O$$
$$Na_2ZnO_2 \rightarrow 2Na^+ + ZnO_2^{2-}$$
$$ZnO_2^{2-} + H_2O \rightarrow Zn^{2+} + 4OH^-$$
$$Zn^{2+} + 2e^- \rightarrow Zn$$

3. 镀层厚度(δ)、电镀时间(t)及电流效率的计算

1）镀层厚度(δ)计算

如果零件在电镀前后是能够称重的，则镀层的厚度可由式(9-1)计算：

$$\delta = \frac{P \times 10000}{S\rho} \tag{9-1}$$

式中，δ 为覆盖层的平均厚度(μm)；P 为电镀前后的质量差(g)；S 为试件面积(cm^2)；ρ 为镀层金属的密度(g/cm^{-3})。

2）电镀时间(t)的计算

$$t = \frac{60\delta\rho S}{10000 I K N_m} \tag{9-2}$$

式中，I 为电流(A)；K 为电流效率(%)；N_m 为金属的电化当量($g/(A \cdot h)$)。

3）电流效率(K)的计算

如果镀层是在时间 t(h)之内，电流为 I(A)时镀上的，那么理论上在阴极可析出金属的量

$$m = \frac{ItC_m}{26.8}(g) \tag{9-3}$$

式中，C_m 为金属的物质的量。

根据电流效率定义可知

$$K = \frac{m_0}{m} \times 100\% \tag{9-4}$$

将式(9-4)代入式(9-5)中，则得

$$K = \frac{26.8 m_0}{ItC_m} \times 100\%$$

本次实验利用库仑计测电流效率。即把库仑计中的电量利用率认为是 100%，而镀槽中电量的利用率为实际电量，则根据电流效率的定义

$$K = \frac{实际电量}{理论电量} = \frac{镀槽电量}{库仑计电量} = \frac{\dfrac{m_0}{C'_m}}{\dfrac{a}{C''_m}} \tag{9-5}$$

式中，m_0 为镀槽阴极析出金属的量(g)；

a 为库仑计阴极析出金属的量(g)；C'_m 为镀槽阴极析出金属的物质的量；C''_m 为库仑计阴极析出金属的物质的量。

如果库仑计与镀槽中阴极析出的金属是同一种金属，则 $C'_m = C''_m$，那么

$$K = \frac{m_0}{a}$$

如果知道 S 及金属的密度 ρ，则可根据实际析出的金属量计算镀层的厚度、电流效率及电镀时间。

因为 $m_0 = S\delta\rho$，则

$$K = \frac{26.8 S\delta\rho}{ItC_m} \tag{9-6}$$

$$\delta = \frac{DtN_H K}{60\rho} \tag{9-7}$$

式中，D 为电流密度，$D = 1/S(A/dm^2)$；N_H 为金属的电化当量(g/(A·h))；t 为电镀时间(min)；ρ 为析出金属的密度(g/cm³)；δ 为覆盖层的厚度(μm)。

如果镀前确定出镀层厚度，则可以计算电镀时间 t。

$$t(\text{min}) = \frac{60\delta\rho}{DN_H K}(\text{min}) \tag{9-8}$$

三、仪器与试剂

稳压电源	1 台	千分尺	1 只
电流表	1 台	电吹风	1 只
电压表	1 台	打字钢号	1 套
金相试样磨光机	公用	导线	
恒温箱	公用	圆头钢棒	
分析天平	公用	耐水砂纸	
锌片(20mm×15mm×5mm)4 片		三乙醇胺	AR
钢片(A3，20mm×15mm×5mm)2 片		明胶	CP
脱脂棉		氢氧化钠	AR
氧化锌	AR	六次甲基四胺	AR
饱和硫酸锌溶液			

四、实验步骤

1. 配制电镀液及库仑计中镀液

(1) 镀锌电镀液组成及操作条件如下：

ZnO	12～15g/L
NaOH	70～80g/L
三乙醇胺(TEA)	30～40g/L
六次甲基四胺	40～50g/L
明胶	0.5～1g/L

计算配制 100mL 镀液所需要各种药品的量。

用计量水溶解 NaOH，用少量 NaOH 溶液将 ZnO 调成糊状。将氢氧化钠溶液加热至 70～90℃，然后将糊状 ZnO 极慢地(或少量多次)加入到氢氧化钠溶液中(切忌多加快加)。ZnO 全部溶解之后溶液是澄清无色透明的。把计量好的三乙醇胺和六次甲基四胺慢慢加入溶液中，用余下的 1/3 的水冲洗烧杯，使全部的三乙醇胺和六次甲基四胺转移干净。

(2) 库仑计镀液的配制：配制饱和 $ZnSO_4$ 溶液。

2. 测定电流效率 K 值实验装置

测定电流效率 K 值的实验装置如图 9.1 所示。

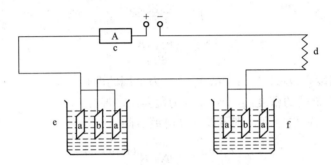

图 9.1　测定金属阴极电流效率装置

a— 阳极(锌片)；b—阴极(预镀试片)；c—电流表；d—变阻器
e—库仑计槽(注入库仑计镀液)；f—电镀槽(注入镀锌电镀液)

3. 试片预处理

(1) 将 4 片锌片打字编号，用 800# 耐水砂纸打磨光亮，用水冲洗后再用无水乙醇擦拭，用电吹风吹干，待用。

(2) 欲镀试片(钢片 2 片)打字编号后，先用 600# 耐水砂纸将钢片打磨光亮，再经过 2 次 NaOH 溶液(75～80℃)热浸处理 1～2min，最后用热水、冷水清洗干净，用脱脂棉擦干。一片为库仑计阴极，一片为镀槽阴极。测量其面积(两阴极面积应大致相等)，根据此面积计算出电镀时控制的电流(因为电镀时电流密度为 $1～1.5A/dm^2$)。电镀前将两试片(已处理)在分析天平上准确称量。

4. 测 K 值

按测定电流效率装置图连好线路，分别向两镀槽中加入各自的镀液。注意两镀槽液的高度均应比阴极部位高出 3～5mm。接通电流后，用变阻器调整所需电流强度，要在库仑计中完全利用电流，阴极上的电流密度必须控制在规定的范围内($1～1.5A/dm^2$)。若电流密度超出上述范围，沉积金属就不能很好地附着在阴极上。当电流密度小于上述范围时，一部分电流就会消耗在 $Me^{2+}+e \rightarrow Me^+$ 的反应中。

电镀时间以使阴极上金属沉积量增加较多为宜。

电镀结束后，切断电源。自库仑计和电镀槽中取出阴极，用水冲洗干净，并用滤纸擦去残留的水分，置于恒温箱中，在 105～110℃下进行干燥，冷却后，在分析天平上准确称量。

5. 镀锌

测定了电流效率之后，计算电镀 1h(或 0.5h、40min 等)所得镀层厚度，或者计算出欲镀规定的厚度的镀层所需电镀时间。计算好后，开始镀锌。

镀锌装置如图 9.2 所示。

镀锌结束，切断电源，取出阴极，在显微镜下观察镀层质量。

6. 镀层性能试验

(1) 结合力强度测试：在面积小于 $6cm^2$ 的镀层表面上，用一根直径为 10mm、末端为光滑半球形的圆钢摩擦 15s，摩擦时所施加的压力只擦光而不能削割镀层。如随着摩擦的继续进行而出现长大鼓泡，则说明镀层结合力差。也可采用切割试验法。

(2) 镀层厚度测定：用千分尺测定镀层厚度。

(3) 镀层耐蚀性测定：盐雾试验。

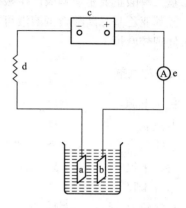

图 9.2　镀锌装置示意图
a— 阳极(锌片)；b—阴极(试片)；
c—电源；d—变阻器；e—电流表

五、数据记录与结果处理

将实验所得数据填入表 9-1 中。

表 9-1　实验八数据记录表

容器	阴极质量/g		金属增加量/g	电流效率(%)
	镀前	镀后		
库仑计				
电镀槽				

镀层厚度：＿＿＿＿＿＿
评价镀层质量：＿＿＿＿＿＿

六、思考与讨论

(1) 镀锌的方法有哪些？碱性无氰镀锌有什么优点？
(2) 电镀液包含哪些成分？各自的作用是什么？

实验九　羟基亚乙基二磷酸镀铜

一、实验目的

(1) 掌握羟基亚乙基二磷酸镀铜的方法；
(2) 熟悉实验室电镀装置。

二、实验原理

羟基亚乙基二磷酸(HEDP)是一种络合剂，分子式 $C_2H_8O_7P_2$，它可有效地络合

Cu^{2+}，在高 pH 情况下仍很稳定，低毒无公害，在 200℃下有良好阻垢作用，在 250℃以上分解，能同铁、铜、铝、锌等多种金属形成稳定的络合物，因此可用于无氰电镀。羟基亚乙基二磷酸主要是使阴极产生极化，以保证镀层质量。

羟基亚乙基二磷酸镀铜溶液可在钢铁件上直接电镀，溶液成分简单，均镀能力好，但污水处理较麻烦。

三、仪器与试剂

稳压电源	1 台	脱脂棉	
电流表	1 只	羟基亚乙基二磷酸($C_2H_8O_7P_2$)	AP
电吹风	1 个	硫酸铜($CuSO_4 \cdot 5H_2O$)	AP
游标卡尺	1 只	酒石酸钾($K_2C_4H_4O_6$)	AP
千分卡尺	1 个	碳酸钾	AP
打字钢号	1 套	硝酸钾	AP
铜片		双氧水	
A3 钢片	3 片		

四、实验步骤

（1）按照 HEDP 镀铜工艺规范（表 9-2）分别配制出 3 种 HEDP 镀铜溶液。

表 9-2　HEDP 镀铜工艺规范

镀液成分及工艺条件	配方 1	配方 2	配方 3
硫酸铜($CuSO_4 \cdot 5H_2O$)/(g/L)	40～60		10～20
铜(Cu)/(g/L)		8～12	
HEDP($C_2H_8O_7P_2$)/(g/L)	180～250	80～130	50～60
酒石酸钾($K_2C_4H_4O_6$)/(g/L)	5～10	6～12	
碳酸钾(K_2CO_3)/(g/L)		40～60	
硝酸钾(KNO_3)/(g/L)			15
双氧水(H_2O_2)(30%)/(g/L)		2～4	
温度/℃	20～40	30～50	室温
pH	8.5～9.5	9～10	8～9
阴极电流密度/(A/dm²)	0.5～1	1～1.5	1.5～2.0

（2）试片预处理：用打字钢号将欲镀试片（A3 钢片）打上字号，然后，将加工至一定粗糙度的试件依次用 400#、600# 及 800# 耐水砂纸打磨，用游标卡尺测量试件的尺寸，把试件安装在夹具上分别用丙酮和乙醇去除表面的油脂，用电吹风吹干待用。再用 2mol/L NaOH(75～80℃)热浸处理 1～2min，最后用热水、冷水清洗干净，用电吹风吹干。

（3）以铜棒为阳极，处理好的 A3 钢试片作阴极，连接好稳压电源，将它们放入配制好的 HEDP 镀铜溶液中开始镀铜。

(4) 待 A3 钢试片上出现比较明显的铜后，关闭稳压电源，镀铜结束，取出 A3 钢试片，用金相显微镜观察镀层形貌，评价镀层质量。

(5) 用千分尺测量镀层厚度。

(6) 进行腐蚀膏试验或中性盐雾试验，测定镀层的耐蚀性。

五、数据记录与结果处理

1 号 A3 钢片镀层厚度：__________ μm；在盐雾中的腐蚀速度：__________ mm/a。

2 号 A3 钢片镀层厚度：__________ μm；在盐雾中的腐蚀速度：__________ mm/a。

3 号 A3 钢片镀层厚度：__________ μm；在盐雾中的腐蚀速度：__________ mm/a。

对比采用 3 种不同 HEDP 镀铜溶液进行镀铜后，3 块 A3 钢试片表面的镀层厚度及耐蚀性。

六、思考与讨论

(1) HEDP 在电镀铜中的作用是什么?

(2) 采用 HEDP 镀铜溶液有何优点? 为什么目前在工业中没有大量应用?

实验十 酸性光亮镀锌、镀铜

一、实验目的

(1) 掌握电镀溶液的配制方法；

(2) 掌握酸性光亮镀锌、镀铜工艺及操作规范；

(3) 学会镀液电流效率的测定方法。

二、实验原理

锌的标准电极电势为−0.76V，对钢铁基体来说，锌镀层属于阳极性镀层，它主要用于防止钢铁的腐蚀。其防护性能的优劣与镀层厚度关系很大。

由于铜的电极电势比铁正，因此对铁而言，铜镀层属阴极性镀层。把它镀在钢件上不是理想的保护层。但铜层的抛光性能好，故常作为钢铁工件的防护-装饰性镀层的底层或中间层，铜层结晶细致，空隙少，常作为防止局部渗碳工件的保护层，无空隙的铜中间层能提高耐蚀性，如镀氰化铜—镀光亮铜—镀镍—镀铬。

电流效率(η)就是在电极上析出某种物质(指镀层)所需要的电量(Q)与通过电解槽的总电量(Q_0)之比，常以百分数表示。电流效率的大小反映了通过镀槽的电量的利用率，当电流密度相同时，电流效率越高，则该镀槽的阴极沉积速度越快，反之则越慢。不同镀种，电流效率不同；同一镀种不同配方，电流效率也不一样，因此电流效率是评定电镀工艺性能优劣的指标之一。

电流效率计算方法如下：

$$K_e = \frac{M}{nF}, \quad m_{\text{理论}} = K_e \cdot I \cdot t, \quad m_{\text{实际}} = m_{\text{后}} - m_{\text{前}}, \quad \eta = \frac{m_{\text{实际}}}{m_{\text{理论}}} \times 100\% \qquad (9-9)$$

式中，K_e 为电化当量；M 为所镀金属的相对分子质量；n 为转移的电子数；I 为反应时设定的电流；t 为电镀所用的时间；$m_{\text{理论}}$ 为电镀时理论电镀产物质量；$m_{\text{实际}}$ 为电镀时实际电镀产物质量；$m_{\text{后}}$ 为电镀后基体质量；$m_{\text{前}}$ 为电镀前基体质量。

三、仪器与试剂

1. 仪器

电镀电源	1台
分析天平	1台
砂轮机	1台

2. 试剂

(1) 镀锌溶液：$ZnCl_2$，KCl，H_3BO_3，光亮剂，OP。

(2) 镀铜溶液：$CuSO_4 \cdot 5H_2O$，H_2SO_4，光亮剂，OP。

(3) 其他：酒精，$NaOH$，H_2SO_4，无水乙醇，金钢砂布，细砂纸，脱脂棉，滤纸。

四、实验步骤

(1) 配制镀锌、镀铜溶液各 250mL（根据所给的配方进行配制）。

(2) 试件预处理。①镀锌：a. 用金钢砂布、细砂纸将铜片进行打磨，使试件的表面平整；b. 用水进行清洗，将表面的打磨产物洗掉；c. 先用 5%NaOH 溶液进行清洗，然后用水清洗；d. 用 5%H_2SO_4 溶液进行清洗，然后用水清洗。②镀铜：a. 先用砂轮机打磨铁片，除去表面的铁锈；b. 用金钢砂布、细砂纸进行打磨，使试件的表面平整；c. 用水进行清洗，将表面的打磨产物洗掉；d. 先用 5%NaOH 溶液进行清洗，然后用水清洗；e. 用 5%H_2SO_4 溶液进行清洗，然后用水清洗。

(3) 将待镀的铜片、铁片干燥后称重 $m_{\text{前}}$，量出待镀试件的面积 S。

(4) 进行电镀，根据待镀试件的面积，设定电流，记下电流 I 和时间 t。

(5) 将电镀后的试件进行清洗、干燥，称量电镀后的重量 $m_{\text{后}}$。

五、数据处理

1. 原始数据

1) 镀锌

镀液成分：_____。

铜片试件：$m_{\text{前}}$ = _____；面积 S = _____；$m_{\text{后}}$ = _____。

电镀时：电流 I = _____；时间 t = _____。

镀层外观描述：_____。

2) 镀铜

镀液成分：_____。

铁片试件：$m_{\text{前}}$ = _____；面积 S = _____；$m_{\text{后}}$ = _____。

电镀时：电流 $I=$ _____；时间 $t=$ _____。

镀层外观描述：_____。

2. 结果讨论

(1) 计算镀锌、镀铜的电流效率，并进行比较；

(2) 分析得到的镀层级别。

六、思考题

1. 氯化钾镀锌溶液的特点有哪些？硼酸在镀液中起什么作用？

2. 铜镀层有何用途？酸性光亮镀铜操作时有哪些注意事项？

附（仅供参考）：

1. 酸性氯化钾镀锌溶液的配方以及工艺规范

$ZnCl_2$	60~80g/L
KCl	180~220g/L
H_3BO_3	30~50g/L
OP	20mL/L
pH	4.5~5.5
温度	室温
阴极电流密度	0.5~3.0A/dm²

2. 酸性光亮硫酸铜镀铜溶液的配方以及工艺规范

$CuSO_4 \cdot 5H_2O$	180~220g/L
H_2SO_4	50~70g/L
光亮剂	1~10mL/L
OP	1~10ml/L
温度	室温
阴极电流密度	1~3.0A/dm²

3. 目测法评定镀层的光亮度

目测法评定镀层的光亮度是以检验人员在实践中积累的经验，观察镀层表面的反光性强弱作为依据，将光亮度分为 1~4 级，以 1 级光亮度最佳。此法通常用于多数轻工产品的光亮度检验，具有一定效果。目测光亮度经验评定法的分级参考标准参考 4.10.2 节内容。

实验十一　化学镀镍

一、实验目的

(1) 了解化学镀镍的简单原理和工艺条件；

(2) 比较化学镀和电镀的优缺点；

（3）掌握化学镀镍（酸性或碱性）的工艺。

二、提示

化学镀是不用外加电流，而利用化学还原作用的镀法，它是在镀液中加入某种化学药品作为金属的还原剂，在一定的条件下，金属离子被还原为金属，而作为还原剂的药品则被氧化，故也被称为自催化或无电镀。

与电镀相比，化学镀具有镀层厚度均匀、孔隙少、不需直流电源设备、能在非导体上沉积和具有某些特殊性能等特点，但成本比电镀高，主要用于不适于电镀的特殊场合。

化学镀溶液的成分一般包括金属盐、还原剂、络合剂、缓冲剂、pH 调节剂、稳定剂、加速剂、润湿剂和光亮剂等。

以次亚磷酸钠为还原剂的化学镀镍应用最为广泛，这类镀层具有非晶态的层状结构、含有一定数量的 Ni-P 合金、抗蚀、硬度高、易于钎焊等特点，主要用于化工设备的抗蚀镀层、复杂机械零件的耐磨镀层、电子元器件的钎焊镀层、电子仪器的电磁屏蔽层及非导体的金属化等。其镀液又分为酸性溶液和碱性溶液，酸性溶液的特点是稳定易控制，沉积速度较快，镀层含磷量高（7%～11%）；碱性溶液的特点是 pH 范围比较宽，镀层含磷量较低（3%～7%），操作温度低，稳定性较差，难以维护。一般以工件的使用要求来确定化学镀镍液的工艺规范。

化学镀镍实验装置如图 9.3 所示。

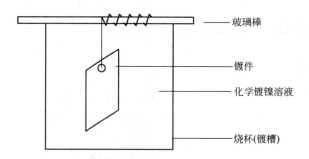

图 9.3　化学镀镍实验装置示意图

三、实验要求

（1）选择化学镀镍液的实验配方及工艺参数。

（2）配制酸性化学镀镍和碱性化学镀镍溶液各 400mL。

（3）在铁片和不锈钢材料上化学镀镍（比较结合力）。

（4）测定酸性化学镀镍液的沉积速率（重量法）。

（5）对化学镀镍层进行性能评价（如外观、光亮度、硬度等）。

（6）镀层孔隙率测定（湿润滤纸贴置法）。

四、实验结果及讨论

（1）用报告格式列出实验内容、方法、结果。

（2）体会化学镀的实用意义。

（3）比较酸性化学镀镍和碱性化学镀镍的优缺点及适用范围。

五、思考题

（1）与电镀镍相比，化学镀镍有何优点？主要应用有哪些？请举例。

（2）影响化学镀镍沉积速度的因素有哪些？

（3）测定孔隙率有何意义？

附参考配方：

1. 酸性化学镀镍

$NiSO_4 \cdot 6H_2O$	25g/L
$NaH_2PO_2 \cdot H_2O$	30g/L
$Na_3C_6H_5O_7 \cdot 2H_2O$	15g/L
$C_4H_6O_4$（丁二酸）	1g/L
氨基乙酸	2g/L
铝酸铵	4mg/L
T	85～90℃
pH	4.5～5.0

2. 碱性化学镀镍

$NiSO_4 \cdot 6H_2O$	25g/L
NH_4Cl	30g/L
$NaOH$	10g/L
$NaH_2PO_2 \cdot H_2O$	30g/L
T	40～60℃
pH	9～10

3. 孔隙率测定——湿润纸贴置法试验溶液（钢铁基体上化学镀镍）

铁氰化钾〔$K_3[Fe(CN)_6]$〕	10g/L
氯化钠（NaCl）	20g/L
t	5min

第 10 章
镀液分析和涂层性能评价

实验十二　镀液的故障分析

一、实验目的

(1) 通过实验了解霍尔槽在电镀工艺性能方面的应用；

(2) 学会分析镀液故障的一般步骤；

(3) 掌握霍尔槽分析镀液故障的方法及技能；

(4) 分析镀锌溶液的故障。

二、实验原理

霍尔槽，也称梯形槽。是由 R. O. Hull 在 1935 年提出，1939 年被定型列入美国专利。霍尔槽结构如图 10.1 所示。

槽体一般用耐酸碱的透明有机玻璃以氯仿为粘合剂粘结而成，以便观察实验现象，常用槽体的体积为 267mL，如图 10.2 所示。

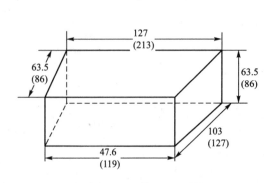

图 10.1　霍尔槽结构示意图

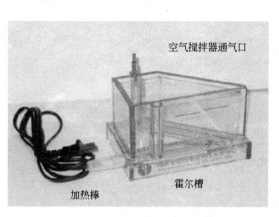

图 10.2　霍尔槽

霍尔槽是利用电流密度在远近阴极上分布不同的特点而设计出来的，可以简便而迅速地确定获得外观合格镀层的工艺条件，如合适的电流密度范围、工作温度和 pH 等；还可以用于研究镀液的各成分及添加剂的影响，选择合理的组成，帮助分析溶液产生故障的原因，如一般化学分析方法难以解决的微量杂质或添加剂对镀层的影响。因此，霍尔槽试验在维护正常生产和电镀新工艺试验中获得了广泛应用。

三、仪器与试剂

1. 仪器

霍尔槽	1 套
霍尔槽试验议	1 台
分析天平	1 台
砂轮机	1 台

2. 试剂

(1) 镀锌溶液：$ZnCl_2$，KCl，H_3BO_3，光亮剂。

(2) 其他：乙醇溶液，NaOH，H_2SO_4，无水乙醇，金钢砂布，细砂纸，脱脂棉，滤纸。

四、实验步骤

(1) 配制镀锌溶液 1000mL（根据所给的配方进行配制，不用加入 OP）。

(2) 试件预处理：①用金钢砂布、细砂纸将铜片进行打磨，使试件的表面平整；②用水进行清洗，将表面的打磨产物洗掉；③先用 5% NaOH 溶液进行清洗，然后用水清洗；④用 5% H_2SO_4 溶液进行清洗，然后用水清洗；⑤干燥后记录待镀试件的表面积 S。

(3) 取 3 份各 250mL 的镀液，分别加入 2mL、4mL、6mL 的 OP。

(4) 分别用 3 份加了 OP 的镀液进行电镀，根据待镀试件的面积，设定电流，记下电流 I 和时间 t。

(5) 将镀制得到的产品用水清洗，待干燥后对外观进行描述。

五、数据处理

1. 原始数据

1）镀锌溶液及试件

镀锌溶液成分_____；铜片试件面积 $S=$_____。

2）电镀时参数

加 OP　2mL：_____电流 $I=$_____；时间 $t=$_____。

加 OP　4mL：_____电流 $I=$_____；时间 $t=$_____。

加 OP　6mL：_____电流 $I=$_____；时间 $t=$_____。

3）镀层外观描述

加 OP　2mL：_____；

加 OP　4mL：_____；

加 OP 6mL：_____。

2. 结果讨论

绘制由不同的 OP 加入量的镀液得到的镀层外观图，如图 10.3 所示，对实验的结果进行总结。

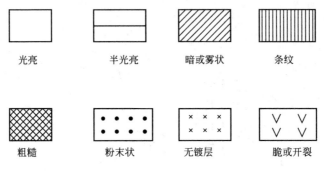

图 10.3 镀层外观示意图

六、思考题

（1）霍尔槽试验一般能解决什么问题？

（2）霍尔槽试验条件有何规定？

实验十三 电镀溶液的分析

一、实验目的

（1）了解电镀溶液分析的重要性；

（2）掌握常用电镀溶液分析的基本方法和主要成分分析方法；

（3）巩固分析仪器的正确操作。

二、提要

电镀溶液分析是电镀生产不可缺少的组成部分，在电镀生产过程中，必须对镀液进行周期性的化验，以便及时了解镀槽的成分与杂质含量，正确判断故障产生的原因和调整镀液的成分，从而采取必要的措施，控制镀液成分在工作条件范围内，保证正常生产。

在实际生产中，每一项新工艺的推广，都必须有镀液分析的紧密配合，才能使新工艺进一步得到推广和完善。

电镀生产中的"三废"治理，也离不开对"三废"中组分含量进行分析，从而采取相应的治理方法。

电镀溶液分析一般分常量分析和微量分析。常量分析主要用于一般镀液中的主要组成和含量大于 1% 的杂质离子；而微量分析主要用于分析含量小于 1% 的杂质离子及有机添加剂。本实验重点学习镀液中主要组分含量的分析。

三、分析方法

(1) 酸性氯化钾镀锌溶液中 $ZnCl_2$、KCl、H_3BO_3 的分析;

(2) 光亮镀镍溶液中 $NiSO_4$、$NiCl_2$、H_3BO_3 的分析;

四、实验要求

(1) 配制标准镀液 100mL,并分析测定(镀锌液或镀镍液)。

(2) 对待测溶液进行取样、分析测定(实验室准备待测溶液 $1^\#$、$2^\#$、$3^\#$)。

五、实验结果及分析讨论

(1) 分析测定的原始数据记录;

(2) 计算所测组分的含量(g/L)。

六、思考题

(1) 电镀溶液分析准确性的关键是什么?

(2) 配制标准镀液并分析测定有何意义?

附分析步骤:

氯化钾镀锌溶液分析方法

一、氯化锌

1. 方法摘要

在 pH 为 10 的溶液中,锌与 EDTA 生成稳定的络合物,以铬黑 T 为指示剂,反应式如下:

$$Zn^{2+} + HIn^{2-} \longrightarrow ZnIn^- + H^+$$

铬黑 T　　锌-铬黑 T

(蓝色)　　(红色)

$$ZnIn^- + H_2Y^{2-} \longrightarrow ZnY^{2-} + HIn^{2-} + H^+$$

锌-铬黑 T　EDTA　　锌- EDTA　铬黑 T

(红色)　　　　　　　　　　　(蓝色)

2. 试剂

(1) 缓冲溶液(pH 为 10):溶解 54g 氯化铵于水中,加入 350mL 氨水(比密度 0.89),加水稀释至 1L。

(2) 铬黑 T 指示剂。

(3) 标准 0.05mol EDTA 溶液:称取 EDTA 20g,以水加热溶解后,冷却,稀释至 1L。

标定:称取分析纯金属锌 0.4g(四位有效数字)于 100mL 小烧杯中,以少量 1:1 盐酸溶解(加盖小表面皿于小烧杯上),加热使溶解完全,冷却,移入 100mL 容量瓶中,加水稀释至刻度,摇匀。用移液管吸取 20mL 于 250mL 锥形瓶中,加水 50mL,以氨水调节至微氨性，加入 pH 为 10 的缓冲溶液 10mL 及铬黑 T 指示剂数滴，摇匀，以配制好的约 0.05mol EDTA 标准溶液滴定至红色变蓝色为终点。

$$M = \frac{P \times \frac{20}{100} \times 100}{V \times 65.38} \qquad (10-1)$$

式中，M 为标准 EDTA 溶液的摩尔浓度；V 为耗用标准 EDTA 溶液的毫升数；P 为锌质量(g)。

3. 分析方法

用移液管吸取镀液 2mL 于 250mL 锥形瓶中，加水 50mL，加缓冲溶液 10mL，铬黑 T 数滴，立刻以 EDTA 滴定至溶液由酒红色变为蓝色为终点。

4. 计算

含氯化锌　　$ZnCl_2 = \frac{M \times V \times 136.4}{2}$ (g/L) $\qquad (10-2)$

式中，M 为标准 EDTA 溶液的摩尔浓度；V 为耗用标准 EDTA 溶液的毫升数。

5. 附注

(1) 本方法只适用于杂质不太多的镀液；

(2) 取样加水后，夏天可用冷浴冷却(各个试液的冷却时间要一样长)，使终点较为美观；

(3) 滴定速度以稍快一些为好；

(4) 也可加焦磷酸钠或氟化钾以掩蔽铁后，用 EDTA 滴定。或加 1％铜试剂 3mL 作为铜的掩蔽剂。

二、氯化钾

1. 方法摘要

以标准硝酸银与氯化钾生成氯化银沉淀，过量的银与铬酸钾生成砖红色的铬酸银为终点。

$$KCl + AgNO_3 \longrightarrow KNO_3 + AgCl \downarrow$$
$$2Ag^+ + CrO_4^{2-} \longrightarrow Ag_2CrO_4 \downarrow$$

2. 试剂

(1) 1％铬酸钾溶液。

(2) 标准 0.1mol 硝酸银溶液。

配制：取分析纯硝酸银于 120℃干燥 2h，在干燥器内冷却，准确称取 17.000g，溶解于水，在容量瓶中稀释至 1000mL。储于棕色瓶中，不需标定。

3. 分析方法

用移液管吸取镀液 1mL 于 250mL 锥形瓶中，加水 50mL、1％铬酸钾 2～5 滴，以 0.1mol 硝酸银溶液滴定至由黄色变为砖红色为终点。

4. 计算

$$含氯化钾(KCl) = 74.5 \times C_{AgNO_3} \times V_{AgNO_3} - 1.094 \times W_{ZnCl_2} \ (g/L) \qquad (10-3)$$

三、硼酸

1. 方法摘要

在微酸性溶液中,加入一定量 EDTA(与滴定锌的毫升数相同),然后加入含有较多羟基的有机物与硼酸生成较强的络合物,以酚酞为指示剂,用标准氢氧化钠滴定。

2. 试剂

(1) 0.05mol EDTA 溶液。

(2) 甲基红指示剂:0.1g 甲基红溶解于 60mL 乙醇中,溶解后加水稀释至 100mL。

(3) 中性甘油:取甘油 50mL,加水 50mL,加酚酞 2 滴,用 0.1mol 氢氧化钠滴定至微红色。

(4) 0.1mol 氢氧化钠标准溶液。

配制:称 4.0g 氢氧化钠溶于水,稀释至 1L。

标定:称取在 120℃ 干燥过的分析纯邻苯二甲酸氢钾 4g(四位有效数字)于 250mL 烧杯中,加水 100mL,温热使它溶解,加入酚酞指示剂 2 滴,用配制好的氢氧化钠溶液滴定至淡红色为终点。

$$M = \frac{P \times 100}{V \times 204.2} (mol/L) \qquad (10-4)$$

式中,M 为标准氢氧化钠溶液的摩尔浓度;V 为耗用标准氢氧化钠溶液的毫升数;P 为邻苯二甲酸氢钾质量(g)。

(5) 酚酞指示剂配制:1g 酚酞溶解于 80mL 乙醇中,溶解后加水稀释至 100mL。

3. 分析方法

吸取镀液 1mL,加 0.05mol EDTA 溶液若干毫升(与滴定锌的毫升数相同,以络合锌),加甲基红 2 滴,再用 0.1mol 氢氧化钠滴至甲基红恰变为黄色(不记读数),加入酚酞数滴,中性甘油 10mL,摇匀(开始记体积),以 0.1mol 氢氧化钠标准溶液滴定至粉红色,再加入中性甘油 10mL,继续滴定至加入甘油后,粉红色不消失为终点。

4. 计算

$$硼酸(H_3BO_3)含量 = C_{NaOH} \times V_{NaOH} \times 61.8 \quad (g/L)$$

5. 附注

若没有甘油,用甘露醇也可。

光亮镀镍溶液分析方法

一、硫酸镍和氯化镍中镍总量的测定

1. 方法摘要

在碱性溶液中,镍与 EDTA 生成稳定的络合物,以紫脲酸铵为指示剂,反应如下:

$$Ni^{2+} + H_2Y^{2-} \longrightarrow NiY^{2-} + 2H^+$$

2. 试剂

(1) 标准 0.05mol EDTA 溶液;

(2) 缓冲溶液(pH＝10):溶解 54g 氯化铵于水中,加入 350mL 氨水(d＝0.89)加水稀释至 1L;

(3) 紫脲酸铵指示剂。

3. 分析方法

取分析镀液 10mL 于 100 容量瓶中,加水稀释至刻度,摇匀。吸取此稀释液 10mL 于 250mL 锥形瓶中,加水 80mL,缓冲溶液 10mL,加入紫脲酸铵指示剂少许,以标准 0.05mol EDTA 滴定至由橙黄色恰变为紫色为终点。

$$C_{Ni^{2+}}(总) = M_{EDTA} \times V_{EDTA} \times 58.8(g/L) \qquad (10-5)$$

二、氯化镍中氯离子含量的测定

1. 方法摘要

氯离子与硝酸银定量地生成白色氯化银沉淀,以铬酸钾为指示剂,反应式如下:

$$Cl^- + AgNO_2 \longrightarrow AgCl \downarrow (白色) + NO_3^-$$
$$2Ag^+ + K_2CrO_4 \longrightarrow Ag_2CrO_4 \downarrow (砖红色) + 2K^+$$

2. 分析方法

用移液管吸取镀液 10mL 于 100mL 容量瓶中,加水稀释至刻度,摇匀。吸取此稀释液 10mL 于 250mL 锥形瓶(若测 Ni^{2+} 总量已稀释,可直接吸取稀释液)。加水 50mL 及 1%铬酸钾溶液 2～5 滴,用 0.1mol 标准硝酸银滴定至最后一滴硝酸银生成的白色沉淀略带淡红色为终点。

三、硼酸的测定

1. 方法摘要

硼酸是一元弱酸,不能直接用碱滴定。但甘油、甘露醇和转化糖等含多羟基的有机物,能和硼酸生成较强的络合物,可用碱滴定,以酚酞为指示剂。

2. 试剂

(1) 甘油混合液:称柠檬酸钠 60g 溶于少量水中,加入甘油 600mL,再加入 2g 酚酞(溶于少量温热乙醇),加水稀释至 1L。

(2) 标准 0.1mol 氢氧化钠溶液。

3. 分析方法

吸取稀释液 10mL 于 250mL 锥形瓶中,加水 10mL,加甘油混合液 25mL,以 0.1mol 标准氢氧化钠滴定至溶液由淡绿色变为灰蓝色为终点。

附注:终点编号由淡绿→灰蓝→紫红。例如,灰蓝色终点不易控制,可滴至紫红色再减去过量的毫升数(约 0.2mL)。

实验十四　涂膜性能检测

物理性能检测

一、实验目的

1. 学会涂膜的制备方法；
2. 了解涂膜物理性能检测的意义及重要性；
3. 学会附着力、耐冲击性等物理性能的检测方法。

二、实验提示

随着科学技术的飞速发展，为适应现代化工业的需要，涂料、涂膜的性能测试项目也日益增多，除了一般的性能测试外，还需要进行一些专门的性能测试。涂料、涂膜的性能测试所涉及的技术相当广泛，从对涂料本身的了解到测试仪器的正确使用，以及新型测试方法的确定等，不但能达到控制涂料及其所需涂膜的质量目的，而且还能发现所用涂料及涂装施工中存在的问题及今后的方向，从而对涂料工业的发展起到一定的促进作用。

涂料虽然也是一种化工产品，但它的质量检查和一般的化工产品不同，它的特征如下：①以武力方法检测为主。涂料是作为一种工程材料来使用的，判定其质量情况，主要是检查其性能如何，判定其是否符合所要求的性能，而对其化学组成的检测，则列为从属地位。②以检测涂料质量为主。涂料的性能是靠其变成的涂膜来表现的，通过检测涂膜情况，才能判定涂料的性能及涂料的使用价值。这就决定了涂料质量检查的内容，既要检查涂料产品，更要检查它所制成的涂膜，检查涂膜又以检查其物理性能为主。③必须重视施工性能的检查。因为涂料的某些性能，需要通过施工成膜后才能体现出来，而涂料的施工性能直接影响用户的施工应用。例如，涂料的干性差会影响施工周期，涂膜（特别是腻子涂层）打磨性差，会明显增加劳动强度和降低生产效益等，这一切都涉及用户的经济效益。有些涂料尽管其性能相当好，但往往由于其施工性能差，而无法采用。所以涂料往往要规定其施工性能的检查。④必须考虑涂料特定性能的检查。涂料作为装饰、保护材料而使用，它的涂膜不仅能满足一般的要求，更重要的是能发挥它的特定保护性能（这一点非常重要），以满足特定的要求。这就决定了涂膜质量检查的内容，不仅要检查涂膜在通常情况下的质量情况，而且要检查涂膜在涂饰物件后在特定条件下的质量情况，这样才能判定涂料质量是否符合要求。例如，对耐腐蚀漆，就要检查它的涂膜在耐酸碱溶剂等腐蚀溶液或气体中的性能；对用于长期接触油的涂料，就必须检查其耐油的特性等。随着现代化工业的发展及人们对涂装要求不断提高，对涂料特定性能的要求项目越来越多，对涂料特定性能的检查越来越重要。

涂膜是要长期发挥作用的。因此，要根据涂料试剂使用条件的不同，来确定对其进行的检查项目。判定某种涂料是否符合质量要求，要从多方面对其进行检查，需通过某些综合性能来确定。由此可见，对涂料质量的检查，比一般化工产品的检查更为复杂。

三、实验要求

1. 涂膜一般的制备方法

参见 GB 1727—1992《漆膜一般制备法》,此方法适用于测定涂膜一般性能的样板制备,将试样均匀涂于各种底板上制备涂膜,供检查涂膜的各种性能用。

2. 常用涂膜物理性能检测项目

1)附着力测定

重点掌握 GB 1720—1979《漆膜附着力测定法》——画圈法、GB/T 9286—1998/ISO 2409:1992《漆膜的划格试验》——划格法和粘结法。

2)冲击性能测定

按 GB/T 1732—1993《漆膜耐冲击测定法》进行测定。注意冲击器的校正和正确使用。

3)光泽性测定

采用 KGZ-1A 型镜向光泽度仪,参照 GB/T 9754—2007/ISO 2813:1994 测定。

注意事项:

(1)样板种类:根据漆膜的光泽性,选择样板。如黑板——高光,白板——半光。

(2)选择角度:20°镜头——高光泽,如油漆、塑料;60°镜头——中光泽,如陶瓷、大理石;85°镜头——低光泽,如伪装涂层,纸张。

(3)预热 10min 以上。

(4)KGZ-1A 型镜向光泽仪属精密仪器,保持干燥、整洁。

4)硬度测定

按 GB/T 1730—2007《摆杆阻尼试验》,采用科尼格和珀萨兹摆杆式阻尼试验硬度计。

按 GB/T 6739—2006/ISO 15184:1998《铅笔法测定漆膜硬度》,采用铅笔划痕硬度仪。

5)厚度测定

按 GB/T 13452.2—2008/ISO 2808:2007《漆膜厚度测定》执行。

(1)湿膜厚度的测定:采用仪器——轮规。

(2)干膜厚度的测定:采用符合 ISO 463 要求的机械千分表和电子千分表的测量精度通常分别为 $5\mu m$ 和 $1\mu m$,或者更好。千分表应配有能抬起测量触点的装置。应根据需要测量厚度的涂层材料的硬度选择测量触点的形状(对硬材料选择球形,对软材料选择平面形。)

此外,还可以进行干燥时间测定、柔韧性测定、耐热性测定、回黏性测定等。

3. 物理性能检测

物理性能检测时,必须按照国家标准规定的实验条件进行,如材料的种类、材料大小尺寸、制膜方法、检测前的状态调节等。

4. 指定检测步骤

指定涂装工艺检测步骤(可用流程图形式列出)。

四、实验检测结果及讨论

（1）应注明在何种实验环境下（温度、湿度及特定条件）进行实验检测，并正确表示检测结果。

（2）对实验方法、实验结果评定进行分析讨论，提出要改进的地方。

化学性能检测

一、实验目的

1. 掌握涂膜化学性能检测的特殊制膜方法；
2. 了解涂膜化学性能检测方法的特点；
3. 掌握耐化学试剂等化学性能的测定方法。

二、实验提示

涂膜性能检测中化学性能的检测与物理性能的检测相比，化学性能的检测在涂膜一般制备后，必须封边处理，以防溶液溶入（一般多指水溶液）；另外，实验周期较长。

三、实验要求

（1）制膜之后，在一定条件下调节状态，再进行试板封边处理。学会封边处理的技巧。

（2）掌握耐水性、耐化学试剂的测定方法。

a. 耐水性测定：依据 GB/T 1733—1993 中的方法进行，分浸水试验法和沸水试验法。

在进行沸水试验法时，应注意：沸水始终保持沸腾状态，用正在沸腾的水补充已蒸发的水，以保持体积不变；试板四周 3mm 以内的破坏现象不作观察。

b. 耐化学试剂测定：依据 GB/T 10834—2008《耐盐水性的测定》和 GB/T 9274—1988《耐液体介质的测定》，全部采用浸泡法。

耐盐水法	常温耐盐水法	
	加温耐盐水法	
耐酸碱性法		

注意：

① 制备烘干漆和自干漆的涂膜试板时，制备方法有所不同。

② NaCl 水溶液一经混浊，必须更换。

③ 采用烘干制备涂膜的方法，可代替自然干燥。

（3）掌握耐盐雾、耐湿热的测定方法。

① 耐盐雾测定：依据 GB/T 1771—2007/ISO 7253：1996，采用 NSS 试验，用于涂膜耐盐雾性能的测定。

② 耐湿热测定：依据 GB/T 1740—2007，采用恒温恒湿箱，控制一定的湿度、温度、时间进行试验。

③ 按 GB/T 1765—1979《测定耐湿热，耐盐雾，耐候性（人工加速）的漆膜制备法》制备试板。

（4）根据所需测定的项目选择材料的种类、尺寸大小、制膜方法及封边方法。

（5）制定实验检测步骤及注意事项。

四、实验检测结果及讨论

（1）分析涂膜化学性能检测实验结果与试剂环境下的结果的可比性。

（2）实验方法中有哪些地方有待改进。

实验十五　中性盐雾试验

一、实验目的

（1）掌握中性盐雾腐蚀的基本原理；

（2）了解中性盐雾气氛中金属腐蚀的试验方法。

二、实验原理

盐雾实验是评价金属材料的耐蚀性及涂层（无机涂层、有机涂层）对基本金属保护的加速试验方法，该方法已广泛用于确定各种保护涂层的厚度均匀性和孔隙率，作为评定批量产品或筛选涂层的试验方法。近年来，某些循环酸性盐雾试验已被用来检验铝合金的剥落腐蚀敏感性。盐雾试验也被认为是模拟涵养大气对不同金属（有保护涂层或无保护涂层）最有用的实验室加速腐蚀试验方法。盐雾试验一般包括：中性盐雾（NSS）试验、醋酸盐雾（ASS）试验及铜加速的醋酸盐雾（CASS）试验。中性盐雾试验是最常用的加速腐蚀试验方法。

盐雾试验的基本原理实际就是失重或增重试验的原理，只不过是做成一定形状和大小的金属试样储于一定的盐雾中，金属试样经过一定的时间加速腐蚀后，取出并测量其质量和尺寸的变化，计算其腐蚀速度：

$$V_{失} = \frac{m_0 - m_1}{St} \qquad (10-6)$$

式中，$V_{失}$ 为金属的腐蚀速度（g/(m²·h)）；m_0 为试件腐蚀前的质量（g）；m_1 为腐蚀并经除去腐蚀产物后试件的质量（g）；S 为试件暴露在腐蚀环境中的表面积（m²）；t 为试件腐蚀的时间（h）。

对于增重法，当金属表面的腐蚀产物全部附着在上面，或者腐蚀产物脱落下来可以全部被收集起来时，可由下式计算腐蚀速度：

$$V_{增} = \frac{m_2 - m_0}{St} \qquad (10-7)$$

式中，$V_{增}$ 为金属的腐蚀速度（g/(m²·h)）；m_2 为带有腐蚀产物的试件的质量（g）。

对于密度相同的金属，可以用上述方法比较其耐蚀性能。对于密度不同的金属，尽管单位表面积的质量变化相同，其腐蚀深度却不一样，对此，用腐蚀深度表示腐蚀速度更合适。其换算公式如下：

$$V_{深} = 8.76 \times \frac{V_{失}}{\rho} \qquad (10-8)$$

式中，$V_{深}$ 为用腐蚀深度表示的腐蚀速度，mm/a；ρ 为金属的密度，g/cm^3；$V_{失}$ 为腐蚀的失重指标，$g/(m^2 \cdot h)$。

中性盐雾试验是使用非常广泛的一种人工加速腐蚀的试验方法，适用于检验多种材料和涂层。将样品暴露于盐雾试验箱中，试验时喷入经雾化的试验溶液，细雾在自重的作用下均匀地沉降在试样表面。试验溶液为 5%NaCl(质量)溶液，pH 范围为 6.5～7.2，试验时盐雾箱内的温度恒定在(35±1)℃。

试样放入盐雾箱时，应使受检验的主要表面与垂直方向呈 15°～30°角。试样间的距离应使盐雾能自由沉降在所有试样上，且试样表面的盐水溶液不应滴在其他试样上。试样彼此互不接触，也不得和其他金属或吸水的材料接触。

三、仪器与试剂

盐雾试验箱(图 10.4)	1 台	A3 钢试片	3 片
金相试样磨光机	1 台	精密 pH 试纸	
分析天平 1/10 000	1 台	盐酸	AP
游标卡尺	1 只	氢氧化钠	AP
电吹风	1 个	氯化钠	AP

图 10.4　盐雾试验箱

四、实验步骤

1. 溶液配制：在常温下，用去离子水配制浓度为(50±5)g/L 的氯化钠溶液，用盐酸或氢氧化钠调整氯化钠溶液的 pH 为 6.5～7.2，用 pH 试纸检测即可。

2. 调节盐雾箱中温度为(35±1)℃，盐雾沉降量经 24h 连续喷雾后每 80cm² 上为 1～2mL/h。

3. 将加工到一定粗糙度的 A3 钢试件依次用 400#、600# 及 800# 耐水砂纸打磨，用游标卡尺测量试件的尺寸，把试件安装在夹具上分别用丙酮和乙醇脱除表面的油脂，用电吹风吹干。干燥 24h 后用天平精确称重，并观察试片的表面形态，然后放入盐雾箱内，试片的被试面朝上，并与垂直方向呈(20±5)°角。

4. A3 钢试片放入盐雾箱中 4h 后取出试片，用不高于 40℃流动水清洗除掉表面残留的盐溶液，无水乙醇擦洗后用电吹风吹干，用天平称重，观察试片表面形态。

五、数据记录与结果处理

A3 钢试片的尺寸：＿＿＿＿＿＿ mm。

实验前 A3 钢试片质量 m_0：＿＿＿＿＿＿ g。

实验后 A3 钢试片质量 m_1：＿＿＿＿＿＿ g。

计算腐蚀速率：＿＿＿＿＿＿ $g/(m^2 \cdot h)$。

比较腐蚀前后试片表面状态的变化。

六、思考与讨论

实验过程中试样放置应注意哪些问题？

第三篇

材料表面处理综合实训

第11章
电镀工艺综合实训

一、实训目的

(1) 学生根据学校综合实训电镀装置情况，选择一套电镀工艺；

(2) 工艺内容应包括预处理、电镀、性能检测；

(3) 掌握电镀工艺现场操作，学会编写电镀工艺检测报告。

二、实训要求

(1) 根据学校综合实训电镀装置情况，选择一套电镀工艺。例如：

a. 装饰镀铬(钢铁件)包括预镀铜—酸性光亮镀铜—光亮镀镍—装饰铬；或者，镀暗镍—酸性光亮镀铜—光亮镀镍—装饰铬。

b. 非导电材料包括敏化—活化—化学镀铜(或镍)—电镀等。

(2) 明确所选电镀工艺的实用性及意义。

(3) 制定电镀工艺流程和工艺参数。

(4) 联系实训老师审查工艺。

(5) 明确镀层性能检测的内容及目的。

(6) 熟悉电镀装置设备操作规程及安全规范。

(7) 按制定的工艺进行电镀。

(8) 进行镀层性能检测或镀液成分分析。

(9) 总结。

三、实训结果及讨论

1. 以实习报告的形式完成电镀实训安全操作的要点叙述。

2. 以检验报告形式完成电镀工件结果的计算和评定。

3. 总结实训体会。

第12章
涂装工艺综合实训

一、实训目的

(1) 学生根据学校综合实训涂装装置情况，选择一套涂装工艺；

(2) 工艺内容应包括预处理、制膜（涂装）、性能检测；

(3) 掌握涂装工艺现场操作，学会编写涂装工艺检测报告。

二、实训要求

(1) 根据学校综合实训涂装装置情况，有针对性地选择实用涂装技术工艺。

(2) 明确所选涂装工艺的实用价值及意义。

(3) 选择制膜材料、制膜工艺、状态调节等涂装工艺参数。

(4) 根据应用实际（如使用环境等）制定涂膜所必需的检测内容。

(5) 制定涂装工艺的操作步骤；联系实训老师审查工艺。

(6) 熟悉涂装设备操作规程及安全规范。

(7) 按制定的工艺进行涂装。

(8) 进行涂膜性能检测。

(9) 总结实训操作工艺和评价涂膜检测结果。

三、实训结果及讨论

(1) 以实习报告的形式完成涂装实训安全操作的要点叙述。

(2) 以检验报告形式完成涂膜检测结果评价。

(3) 总结实训体会。

参 考 文 献

[1] 曾晓雁. 表面工程学 [M]. 北京：机械工业出版社，2001.

[2] 严岢年，刘虎. 表面处理 [M]. 南京：东南大学出版社，2001.

[3] 王凤平，朱再明，李杰兰. 材料保护实验 [M]. 北京：化学工业出版社，2005.

[4] 王桂香，张晓红. 电镀添加剂与电镀工艺 [M]. 北京：化学工业出版社，2011.

[5] 李乃平. 微电子器件工艺 [M]. 武汉：华中理工大学出版社，1995.

[6] 渡边辙，陈祝平，杨光. 纳米电镀 [M]. 北京：化学工业出版社，2007.

[7] 徐红娣，邹群. 电镀溶液分析技术 [M]. 北京：化学工业出版社，2003.

[8] 张景双，石金声，石磊. 电镀溶液与镀层性能测试 [M]. 北京：化学工业出版社，2003.

[9] 陈天玉. 镀镍故障处理及实例 [M]. 北京：化学工业出版社，2010.

[10] 姜晓霞，沈伟. 化学镀原理与实践 [M]. 北京：国防工业出版社，1999.

[11] 柏云杉. 锌钙系列快速磷化液 [J]. 化工时刊，1996，10(5)：29-30.

[12] 杜安，李士杰，何生龙. 金属表面着色技术 [M]. 北京：化学工业出版社，2012.

北京大学出版社材料类相关教材书目

序号	书　名	标准书号	主　编	定价	出版日期
1	金属学与热处理	7-5038-4451-5	朱兴元，刘　忆	24	2007.7
2	材料成型设备控制基础	978-7-301-13169-5	刘立君	34	2008.1
3	锻造工艺过程及模具设计	978-7-5038-4453-5	胡亚民，华　林	30	2012.3
4	材料成形 CAD/CAE/CAM 基础	978-7-301-14106-9	余世浩，朱春东	35	2008.8
5	材料成型控制工程基础	978-7-301-14456-5	刘立君	35	2009.2
6	铸造工程基础	978-7-301-15543-1	范金辉，华　勤	40	.2009.8
7	铸造金属凝固原理	978-7-301-23469-3	陈宗民，于文强	43	2014.1
8	材料科学基础（第 2 版）	978-7-301-24221-6	张晓燕	44	2014.6
9	无机非金属材料科学基础	978-7-301-22674-2	罗绍华	53	2013.7
10	模具设计与制造	978-7-301-15741-1	田光辉，林红旗	42	2013.7
11	造型材料	978-7-301-15650-6	石德全	28	2012.5
12	材料物理与性能学	978-7-301-16321-4	耿桂宏	39	2012.5
13	金属材料成形工艺及控制	978-7-301-16125-8	孙玉福，张春香	40	2013.2
14	冲压工艺与模具设计(第 2 版)	978-7-301-16872-1	牟　林，胡建华	34	2013.7
15	材料腐蚀及控制工程	978-7-301-16600-0	刘敬福	32	2010.7
16	摩擦材料及其制品生产技术	978-7-301-17463-0	申荣华，何　林	45	2010.7
17	纳米材料基础与应用	978-7-301-17580-4	林志东	35	2013.9
18	热加工测控技术	978-7-301-17638-2	石德全，高桂丽	40	2013.8
19	智能材料与结构系统	978-7-301-17661-0	张光磊，杜彦良	28	2010.8
20	材料力学性能	978-7-301-17600-3	时海芳，任　鑫	32	2012.5
21	材料性能学	978-7-301-17695-5	付　华，张光磊	34	2012.5
22	金属学与热处理	978-7-301-17687-0	崔占全，王昆林等	50	2012.5
23	特种塑性成形理论及技术	978-7-301-18345-8	李　峰	30	2011.1
24	材料科学基础	978-7-301-18350-2	张代东，吴　润	36	2012.8
25	材料科学概论	978-7-301-23682-6	雷源源，张晓燕	36	2013.12
26	DEFORM-3D 塑性成形 CAE 应用教程	978-7-301-18392-2	胡建军，李小平	34	2012.5
27	原子物理与量子力学	978-7-301-18498-1	唐敬友	28	2012.5
28	模具 CAD 实用教程	978-7-301-18657-2	许树勤	28	2011.4
29	金属材料学	978-7-301-19296-2	伍玉娇	38	2013.6
30	材料科学与工程专业实验教程	978-7-301-19437-9	向　嵩，张晓燕	25	2011.9
31	金属液态成型原理	978-7-301-15600-1	贾志宏	35	2011.9
32	材料成形原理	978-7-301-19430-0	周志明，张　弛	49	2011.9
33	金属组织控制技术与设备	978-7-301-16331-3	邵红红，纪嘉明	38	2011.9
34	材料工艺及设备	978-7-301-19454-6	马泉山	45	2011.9
35	材料分析测试技术	978-7-301-19533-8	齐海群	28	2014.3
36	特种连接方法及工艺	978-7-301-19707-3	李志勇，吴志生	45	2012.1
37	材料腐蚀与防护	978-7-301-20040-7	王保成	38	2014.1
38	金属精密液态成形技术	978-7-301-20130-5	戴斌煜	32	2012.2
39	模具激光强化及修复再造技术	978-7-301-20803-8	刘立君，李继强	40	2012.8
40	高分子材料与工程实验教程	978-7-301-21001-7	刘丽丽	28	2012.8
41	材料化学	978-7-301-21071-0	宿　辉	32	2012.8
42	塑料成型模具设计	978-7-301-17491-3	江昌勇，沈洪雷	49	2012.9
43	压铸成形工艺及模具设计	978-7-301-21184-7	江昌勇	38	2012.9
44	工程材料力学性能	978-7-301-21116-8	莫淑华，于久灏等	32	2013.3
45	金属材料学	978-7-301-21292-9	赵莉萍	43	2012.10
46	金属成型理论基础	978-7-301-21372-8	刘瑞玲，王　军	38	2012.10
47	高分子材料分析技术	978-7-301-21340-7	任　鑫，胡文全	42	2012.10
48	金属学与热处理实验教程	978-7-301-21576-0	高聿为，刘　永	35	2013.1
49	无机材料生产设备	978-7-301-22065-8	单连伟	36	2013.2
50	材料表面处理技术与工程实训	978-7-301-22064-1	柏云杉	30	2014.12
51	腐蚀科学与工程实验教程	978-7-301-23030-5	王吉会	32	2013.9
52	现代材料分析测试方法	978-7-301-23499-0	郭立伟，朱　艳等	36	2014.2
53	UG NX 8.0+Moldflow 2012 模具设计模流分析	978-7-301-24361-9	程　钢，王忠雷等	45	2014.8

相关教学资源如电子课件、电子教材、习题答案等可以登录 www.pup6.cn 下载或在线阅读。

　　扑六知识网(www.pup6.cn)有海量的相关教学资源和电子教材供阅读及下载(包括北京大学出版社第六事业部的相关资源)，同时欢迎您将教学课件、视频、教案、素材、习题、试卷、辅导材料、课改成果、设计作品、论文等教学资源上传到 pup6.com，与全国高校师生分享您的教学成就与经验，并可自由设定价格，知识也能创造财富。具体情况请登录网站查询。

　　如您需要免费纸质样书用于教学，欢迎登陆第六事业部门户网(www.pup6.com.cn)填表申请，并欢迎在线登记选题以到北京大学出版社来出版您的大作，也可下载相关表格填写后发到我们的邮箱，我们将及时与您取得联系并做好全方位的服务。

　　扑六知识网将打造成全国最大的教育资源共享平台，欢迎您的加入——让知识有价值，让教学无界限，让学习更轻松。

　　联系方式：010-62750667，童编辑，13426433315@163.com，pup_6@163.com，欢迎来电来信。